HTML5+CSS3 网页设计与制作案例课堂
(第 3 版)

刘春茂 编著

清华大学出版社
北京

内 容 简 介

本书是针对零基础读者编写的网页设计入门教材，侧重案例实训，并提供微课来讲解当前热点的案例。

全书分为23章，内容包括新一代Web前端技术、HTML 5网页的文档结构、HTML 5网页中的文本、超链接和图像、使用HTML 5创建表格、使用HTML 5创建表单、HTML 5中的多媒体、使用HTML 5绘制图形、CSS 3概述与基本语法、使用CSS 3美化网页字体与段落、使用CSS 3美化网页图片、使用CSS 3美化网页背景与边框、使用CSS 3美化超级链接和光标、使用CSS 3美化表格和表单、使用CSS 3美化网页菜单、使用滤镜美化网页元素、CSS 3中的动画效果、HTML 5中的文件与拖放、定位地理位置技术、数据存储和通信技术、处理线程和服务器发送事件、CSS 3定位与DIV布局核心技术。最后通过两个热点综合项目，进一步巩固读者的项目开发经验。

本书可以让初学者快速掌握网页设计技术。此外，本书也适合作为大专院校相关专业的指导教材。

本书封面贴有清华大学出版社防伪标签，无标签者不得销售。
版权所有，侵权必究。举报：010-62782989，beiqinquan@tup.tsinghua.edu.cn。

图书在版编目(CIP)数据

HTML5+CSS3网页设计与制作案例课堂/刘春茂编著. —3版. —北京：清华大学出版社，2023.5(2024.8重印)
ISBN 978-7-302-63608-3

Ⅰ.①H… Ⅱ.①刘… Ⅲ.①超文本标记语言—程序设计—教材 ②网页制作工具—教材 Ⅳ.①TP312.8 ②TP393.092.2

中国国家版本馆CIP数据核字(2023)第087760号

责任编辑：张彦青
装帧设计：李　坤
责任校对：李玉茹
责任印制：杨　艳
出版发行：清华大学出版社
　　　　　网　　址：https://www.tup.com.cn, https://www.wqxuetang.com
　　　　　地　　址：北京清华大学学研大厦A座　邮　编：100084
　　　　　社 总 机：010-83470000　　　　　　　邮　购：010-62786544
　　　　　投稿与读者服务：010-62776969, c-service@tup.tsinghua.edu.cn
　　　　　质量反馈：010-62772015, zhiliang@tup.tsinghua.edu.cn
印 装 者：北京鑫海金澳胶印有限公司
经　　销：全国新华书店
开　　本：190mm×260mm　　　印　张：24　　　字　数：581千字
版　　次：2015年1月第1版　2023年6月第3版　印　次：2024年8月第2次印刷
定　　价：86.00元

产品编号：096268-01

前　　言

"网页设计与制作案例课堂"系列图书是专门为网站开发初学者量身定做的一套学习用书。整套书具有以下特点。

- 前沿科技

精选的是较为前沿或者用户群较大的领域，帮助大家认识和了解最新动态。

- 权威的作者团队

组织国家重点实验室和资深应用专家联手编著该套图书，融入了丰富的教学经验与优秀的管理理念。

- 学习型案例设计

以技术的实际应用过程为主线，全程采用图解和多媒体同步结合的教学方式，生动、直观、全面地剖析使用过程中的各种应用技能，降低难度，提升学习效率。

- 扫码看视频

通过微信扫码看视频，可以随时在移动端学习技能对应的视频操作。

为什么要写这样一本书

随着用户页面体验要求的提高，页面前端技术日趋重要。HTML 5 的技术成熟，在前端技术中凸显优势。随着各大厂商浏览器提供支持，它会更加盛行，特别是响应式网页的设计技术，可以自动适应电脑和移动端的设备，越来越受到广大网页设计师的喜爱，对最新HTML 5+CSS 3 网页设计的学习也成为网页设计师的必修功课。目前，学习和关注网页设计的人越来越多，对于初学者来说，实用性强和易于操作是最大的需求。本书内容针对想学习网页设计的初学者，能快速让初学者入门并提高实战水平。通过本书的案例实训，大学生可以快速上手流行的网页样式和布局方法，并提高职业能力，从而帮助解决公司与学生的双向需求问题。

本书特色

- 零基础、入门级的讲解

无论您是否从事计算机相关行业，也无论您是否接触过网页样式和布局，都能从本书找到最佳起点。

- 实用、专业的范例和项目

本书在编排上紧密结合深入学习网页设计的过程，从 HTML5 基本概念开始，逐步带领读者学习网页设计的各种应用技巧，侧重实战技能，使用简单易懂的实际案例进行分析和操作指导，让读者学起来简明轻松，操作起来有章可循。

- 全程同步教学录像

涵盖本书所有知识点，详细讲解每个实例和项目的制作过程及技术关键点，让读者能比看书更轻松地掌握书中的所有网页制作和设计知识，而且扩展的讲解部分能使读者得到超出书中内容的收获。

- 超多容量王牌资源

赠送大量王牌资源，包括实例源代码、教学幻灯片、本书精品教学视频、教学教案、88个实用类网页模板、12部网页开发必备参考手册、HTML 5标记速查手册、精选的JavaScript实例、CSS 3属性速查表、JavaScript函数速查手册、CSS+DIV布局赏析案例、精彩网站配色方案赏析、网页样式与布局案例赏析、Web前端工程师常见面试题等。

读者对象

本书是一本完整介绍网页设计技术的教程，内容丰富、条理清晰、实用性强，适合以下读者学习使用：

- 零基础的网页设计自学者。
- 希望快速、全面掌握HTML 5+CSS 3网页设计的人员。
- 高等院校或培训机构的老师和学生。
- 参加毕业设计的学生。

如何获取本书配套资料和帮助

为帮助读者高效、快捷地学习本书知识点，我们不但为读者准备了与本书知识点有关的配套素材文件，而且还设计并制作了精品视频教学课程，同时还为教师准备了PPT课件资源。购买本书的读者，可以通过以下途径获取相关的配套学习资源。

读者在学习本书的过程中，使用手机浏览器、QQ或者微信的"扫一扫"功能，扫描本书标题旁边的二维码，在打开的视频播放页面中可在线观看视频课程，也可以将课程下载并保存到手机中离线观看。

本书由刘春茂编著。在编写过程中，我们虽竭尽所能希望将最好的讲解呈现给读者，但难免有疏漏和不妥之处，敬请读者不吝指正。

编　者

12部网页开发必备参考手册　　88个实用类网页模板　　附赠电子书

精美幻灯片　　精选的JavaScript实例　　实例源代码

目 录

第 1 章 新一代 Web 前端技术 1

1.1 HTML 的基本概念 2
1.1.1 HTML 的发展历程 2
1.1.2 什么是 HTML 2
1.2 HTML 5 的优势 3
1.2.1 解决了跨浏览器问题 3
1.2.2 新增了多个新特性 3
1.2.3 用户优先的原则 3
1.2.4 化繁为简的优势 4
1.3 HTML 5 网页的开发环境 5
1.3.1 使用记事本手工编写 HTML 5
1.3.2 使用 WebStorm 编写 HTML 文件 5
1.4 使用浏览器查看 HTML 5 文件 8
1.4.1 查看页面效果 8
1.4.2 查看源代码 8
1.5 疑难解惑 9
1.6 跟我学上机 9

第 2 章 HTML 5 网页的文档结构 11

2.1 HTML 5 文件的基本结构 12
2.1.1 HTML 5 页面的整体结构 12
2.1.2 HTML 5 新增的结构标记 12
2.2 HTML 5 基本标记详解 13
2.2.1 文档类型说明 13
2.2.2 HTML 标记 13
2.2.3 头标记 13
2.2.4 主体标记 16
2.2.5 页面注释标记 17
2.3 HTML 5 语法的变化 17
2.3.1 标记不再区分大小写 17
2.3.2 允许属性值不使用引号 18
2.3.3 允许部分属性的值省略 18
2.4 疑难解惑 19

2.5 跟我学上机 19

第 3 章 HTML 5 网页中的文本、超链接和图像 21

3.1 标题 22
3.1.1 标题标记 22
3.1.2 标题的对齐方式 23
3.2 设置文字格式 24
3.2.1 文字的字体、字号和颜色 24
3.2.2 文字的粗体、斜体和下划线 26
3.2.3 文字的上标和下标 27
3.3 设置段落格式 28
3.3.1 段落标记 28
3.3.2 段落的换行标记 28
3.3.3 段落的原格式标记 29
3.4 文字列表 30
3.4.1 无序列表 30
3.4.2 有序列表 31
3.4.3 建立不同类型的无序列表 31
3.4.4 建立不同类型的有序列表 32
3.4.5 自定义列表 33
3.4.6 建立嵌套列表 34
3.5 超链接标记 35
3.5.1 设置文本和图片的超链接 35
3.5.2 创建指向不同目标类型的超链接 36
3.5.3 设置以新窗口显示超链接页面 37
3.5.4 链接到同一页面的不同位置 38
3.6 图像热点链接 38
3.7 在网页中插入图像 40
3.8 编辑网页中的图像 41
3.8.1 设置图像的大小和边框 41
3.8.2 设置图像的间距和对齐方式 43
3.8.3 设置图像的替换文字和提示文字 44

| 3.9 疑难解惑 | 45 |
| 3.10 跟我学上机 | 46 |

第 4 章 使用 HTML 5 创建表格 47

- 4.1 表格的基本结构 48
- 4.2 创建表格 49
  - 4.2.1 创建普通表格 49
  - 4.2.2 创建一个带有标题的表格 50
- 4.3 编辑表格 50
  - 4.3.1 定义表格的边框类型 51
  - 4.3.2 定义表格的表头 51
  - 4.3.3 设置表格背景 52
  - 4.3.4 设置单元格的背景 53
  - 4.3.5 合并单元格 54
  - 4.3.6 表格的分组 57
  - 4.3.7 设置单元格的行高与列宽 58
- 4.4 完整的表格标记 59
- 4.5 设置悬浮变色的表格 60
- 4.6 疑难解惑 63
- 4.7 跟我学上机 63

第 5 章 使用 HTML 5 创建表单 65

- 5.1 表单概述 66
- 5.2 表单基本元素的使用 66
  - 5.2.1 单行文本输入框 66
  - 5.2.2 多行文本输入框 67
  - 5.2.3 密码域 68
  - 5.2.4 单选按钮 68
  - 5.2.5 复选框 69
  - 5.2.6 列表框 70
  - 5.2.7 普通按钮 71
  - 5.2.8 提交按钮 72
  - 5.2.9 重置按钮 73
- 5.3 表单高级元素的使用 74
  - 5.3.1 url 属性的使用 74
  - 5.3.2 email 属性的使用 74
  - 5.3.3 日期和时间属性的使用 75
  - 5.3.4 number 属性的使用 76
  - 5.3.5 range 属性的使用 77

- 5.3.6 required 属性的使用 77
- 5.4 疑难解惑 78
- 5.5 跟我学上机 78

第 6 章 HTML 5 中的多媒体 81

- 6.1 audio 标记 82
  - 6.1.1 audio 标记概述 82
  - 6.1.2 audio 标记的属性 83
  - 6.1.3 浏览器支持 audio 标记的情况 83
- 6.2 在网页中添加音频文件 83
- 6.3 video 标记 85
  - 6.3.1 video 标记概述 85
  - 6.3.2 video 标记的属性 86
  - 6.3.3 浏览器对 video 标记的支持情况 86
- 6.4 在网页中添加视频文件 87
- 6.5 疑难解惑 88
- 6.6 跟我学上机 89

第 7 章 使用 HTML 5 绘制图形 91

- 7.1 添加 canvas 的步骤 92
- 7.2 绘制基本形状 92
  - 7.2.1 绘制矩形 92
  - 7.2.2 绘制圆形 93
  - 7.2.3 使用 moveTo 与 lineTo 绘制直线 94
  - 7.2.4 使用 bezierCurveTo 绘制贝济埃曲线 96
- 7.3 绘制渐变图形 97
  - 7.3.1 绘制线性渐变 97
  - 7.3.2 绘制径向渐变 98
- 7.4 绘制变形图形 99
  - 7.4.1 绘制平移效果的图形 100
  - 7.4.2 绘制缩放效果的图形 100
  - 7.4.3 绘制旋转效果的图形 101
  - 7.4.4 绘制组合效果的图形 103
  - 7.4.5 绘制带阴影的图形 104
- 7.5 使用图像 105
  - 7.5.1 绘制图像 105

	7.5.2	平铺图像 106
	7.5.3	裁剪图像 108
	7.5.4	图像的像素化处理 109
7.6	绘制文字 111
7.7	疑难解惑 113
7.8	跟我学上机 113

第 8 章 CSS 3 概述与基本语法 ... 115

8.1	CSS 3 概述 116
	8.1.1	CSS 3 的功能 116
	8.1.2	浏览器与 CSS 3 116
	8.1.3	CSS 3 的基础语法 117
	8.1.4	CSS 3 的常用单位 117
8.2	在 HTML 5 中使用 CSS 3 的方法 122
	8.2.1	行内样式 122
	8.2.2	内嵌样式 123
	8.2.3	链接样式 124
	8.2.4	导入样式 125
	8.2.5	优先级问题 126
8.3	CSS 3 的常用选择器 128
	8.3.1	标记选择器 128
	8.3.2	类选择器 129
	8.3.3	ID 选择器 130
	8.3.4	全局选择器 131
	8.3.5	组合选择器 132
	8.3.6	选择器继承 132
	8.3.7	伪类选择器 133
8.4	选择器声明 134
	8.4.1	集体声明 134
	8.4.2	多重嵌套声明 135
8.5	疑难解惑 136
8.6	跟我学上机 136

第 9 章 使用 CSS 3 美化网页字体与段落 ... 139

9.1	美化网页文字 140
	9.1.1	设置文字的字体 140
	9.1.2	设置文字的字号 141
	9.1.3	设置字体风格 142

	9.1.4	设置加粗字体 143
	9.1.5	将小写字母转换为大写字母 ... 144
	9.1.6	设置字体的复合属性 144
	9.1.7	设置字体颜色 145
9.2	设置文本的高级样式 146
	9.2.1	设置文本阴影效果 146
	9.2.2	设置文本的溢出效果 147
	9.2.3	设置文本的控制换行 148
	9.2.4	保持字体尺寸不变 149
9.3	美化网页中的段落 150
	9.3.1	设置单词之间的间隔 150
	9.3.2	设置字符之间的间隔 151
	9.3.3	设置文字的修饰效果 152
	9.3.4	设置垂直对齐方式 153
	9.3.5	转换文本的大小写 154
	9.3.6	设置文本的水平对齐方式 ... 155
	9.3.7	设置文本的缩进效果 157
	9.3.8	设置文本的行高 157
	9.3.9	文本的空白处理 158
	9.3.10	文本的反排 160
9.4	疑难解惑 161
9.5	跟我学上机 161

第 10 章 使用 CSS 3 美化网页图片 ... 163

10.1	图片缩放 164
	10.1.1	通过描述标记 width 和 height 缩放图片 164
	10.1.2	使用 CSS 3 中的 max-width 和 max-height 缩放图片 164
	10.1.3	使用 CSS 3 中的 width 和 height 缩放图片 165
10.2	设置图片的对齐方式 166
	10.2.1	设置图片的横向对齐 166
	10.2.2	设置图片的纵向对齐 167
10.3	图文混排 169
	10.3.1	设置文字环绕效果 169
	10.3.2	设置图片与文字的间距 170
10.4	疑难解惑 171
10.5	跟我学上机 172

第 11 章　使用 CSS 3 美化网页背景与边框 173

- 11.1　使用 CSS 3 美化背景 174
  - 11.1.1　设置背景颜色 174
  - 11.1.2　设置背景图片 175
  - 11.1.3　背景图片重复 176
  - 11.1.4　背景图片显示 177
  - 11.1.5　背景图片的位置 179
  - 11.1.6　背景图片的大小 180
  - 11.1.7　背景的显示区域 181
  - 11.1.8　背景图像的裁剪区域 182
  - 11.1.9　背景复合属性 183
- 11.2　使用 CSS 3 美化边框 184
  - 11.2.1　设置边框的样式 185
  - 11.2.2　设置边框的颜色 186
  - 11.2.3　设置边框的线宽 187
  - 11.2.4　设置边框的复合属性 189
- 11.3　设置边框的圆角效果 189
  - 11.3.1　设置圆角边框 190
  - 11.3.2　指定两个圆角半径 190
  - 11.3.3　绘制四个不同角的圆角边框 ... 191
  - 11.3.4　绘制不同种类的边框 193
- 11.4　疑难解惑 194
- 11.5　跟我学上机 195

第 12 章　使用 CSS 3 美化超级链接和光标 197

- 12.1　使用 CSS 3 来美化超级链接 198
  - 12.1.1　改变超级链接的基本样式 198
  - 12.1.2　设置带有提示信息的超级链接 199
  - 12.1.3　设置超级链接的背景图 200
  - 12.1.4　设置超级链接的按钮效果 201
- 12.2　使用 CSS 3 美化光标特效 202
  - 12.2.1　使用 CSS 3 控制光标箭头 202
  - 12.2.2　设置光标变幻式超链接 204
- 12.3　设计一个简单的导航栏 205
- 12.4　疑难解惑 206
- 12.5　跟我学上机 207

第 13 章　使用 CSS 3 美化表格和表单 209

- 13.1　美化表格的样式 210
  - 13.1.1　设置表格边框的样式 210
  - 13.1.2　设置表格边框的宽度 212
  - 13.1.3　设置表格边框的颜色 213
- 13.2　美化表单样式 214
  - 13.2.1　美化表单中的元素 214
  - 13.2.2　美化提交按钮 216
  - 13.2.3　美化下拉菜单 217
- 13.3　疑难解惑 219
- 13.4　跟我学上机 219

第 14 章　使用 CSS 3 美化网页菜单 221

- 14.1　使用 CSS 3 美化项目列表 222
  - 14.1.1　美化无序列表 222
  - 14.1.2　美化有序列表 223
  - 14.1.3　美化自定义列表 225
  - 14.1.4　制作图片列表 226
  - 14.1.5　缩进图片列表 227
  - 14.1.6　列表的复合属性 228
- 14.2　使用 CSS 3 制作网页菜单 230
  - 14.2.1　制作无须表格的菜单 230
  - 14.2.2　制作水平和垂直菜单 232
- 14.3　疑难解惑 234
- 14.4　跟我学上机 234

第 15 章　使用滤镜美化网页元素 237

- 15.1　滤镜概述 238
- 15.2　设置基本滤镜效果 239
  - 15.2.1　高斯模糊滤镜 239
  - 15.2.2　明暗度滤镜 240
  - 15.2.3　对比度滤镜 241
  - 15.2.4　阴影滤镜 242
  - 15.2.5　灰度滤镜 243
  - 15.2.6　反相滤镜 244
  - 15.2.7　透明度滤镜 244
  - 15.2.8　饱和度滤镜 245
- 15.3　使用滤镜制作动画效果 246

目录

15.4 疑难解惑 247
15.5 跟我学上机 248

第 16 章　CSS 3 中的动画效果 249

16.1 了解过渡效果 250
16.2 添加过渡效果 250
16.3 了解动画效果 252
16.4 添加动画效果 253
16.5 了解 2D 转换效果 254
16.6 添加 2D 转换效果 255
　　16.6.1 添加移动效果 255
　　16.6.2 添加旋转效果 256
　　16.6.3 添加缩放效果 257
　　16.6.4 添加倾斜效果 258
16.7 添加 3D 转换效果 259
16.8 疑难解惑 261
16.9 跟我学上机 262

第 17 章　HTML 5 中的文件与拖放 263

17.1 选择文件 264
　　17.1.1 选择单个文件 264
　　17.1.2 选择多个文件 264
17.2 使用 FileReader 接口读取文件 265
　　17.2.1 检测浏览器是否支持
　　　　　FileReader 接口 265
　　17.2.2 FileReader 接口的方法 265
17.3 使用 HTML 5 实现文件的拖放效果 ... 269
　　17.3.1 认识文件拖放的过程 269
　　17.3.2 浏览器支持情况 270
　　17.3.3 在网页中拖放图片 270
17.4 在网页中来回拖放图片 271
17.5 在网页中拖放文字 272
17.6 疑难解惑 274
17.7 跟我学上机 275

第 18 章　定位地理位置技术 277

18.1 Geolocation API 获取地理位置 278
　　18.1.1 地理定位的原理 278
　　18.1.2 获取定位信息的方法 278
　　18.1.3 常用地理定位方法 278

　　18.1.4 判断浏览器是否支持 HTM L 5
　　　　　获取地理位置信息 279
　　18.1.5 指定纬度和经度坐标 280
　　18.1.6 获取当前位置的经度与纬度 ... 281
　　18.1.7 处理错误和拒绝 282
18.2 目前浏览器对地理定位的支持情况 ... 283
18.3 在网页中调用 Google 地图 283
18.4 疑难解惑 286
18.5 跟我学上机 286

第 19 章　数据存储和通信技术 287

19.1 认识 Web 存储 288
　　19.1.1 本地存储和 Cookie 的区别 288
　　19.1.2 Web 存储方法 288
19.2 使用 HTML 5 Web Storage API 288
　　19.2.1 测试浏览器的支持情况 289
　　19.2.2 使用 sessionStorage 方法
　　　　　创建对象 289
　　19.2.3 使用 localStorage 方法创建
　　　　　对象 291
　　19.2.4 Web Storage API 的其他
　　　　　操作 292
　　19.2.5 使用 JSON 对象存取数据 293
19.3 常见浏览器对 Web 存储的支持
　　 情况 295
19.4 跨文档消息传输 295
　　19.4.1 跨文档消息传输的基本知识 ... 295
　　19.4.2 跨文档通信应用测试 296
19.5 WebSocket API 298
　　19.5.1 什么是 WebSocket API 298
　　19.5.2 WebSocket 通信基础 298
　　19.5.3 服务器端使用
　　　　　WebSocket API 299
　　19.5.4 客户机端使用
　　　　　WebSocket API 302
19.6 制作简单 Web 留言本 303
19.7 编写简单的 WebSocket 服务器 305
19.8 疑难解惑 309
19.9 跟我学上机 309

第20章　处理线程和服务器发送事件 311

- 20.1 Web Worker 312
  - 20.1.1 Web Worker 概述 312
  - 20.1.2 线程中常用的变量、函数与类 312
  - 20.1.3 与线程进行数据的交互 313
- 20.2 线程嵌套 315
  - 20.2.1 单层线程嵌套 315
  - 20.2.2 多个子线程中的数据交互 317
- 20.3 服务器发送事件概述 318
- 20.4 服务器发送事件的实现过程 319
  - 20.4.1 检测浏览器是否支持 Server-Sent 事件 319
  - 20.4.2 使用 EventSource 对象 319
  - 20.4.3 编写服务器端代码 320
- 20.5 创建 Web Worker 计数器 321
- 20.6 服务器发送事件实战 322
- 20.7 疑难解惑 323
- 20.8 跟我学上机 324

第21章　CSS 3 定位与 DIV 布局核心技术 325

- 21.1 了解块元素和行内元素 326
  - 21.1.1 块元素和行内元素的应用 326
  - 21.1.2 div 元素和 span 元素的区别 328
- 21.2 盒子模型 329
  - 21.2.1 盒子模型的概念 329
  - 21.2.2 定义网页的 border 区域 329
  - 21.2.3 定义网页的 padding 区域 331
  - 21.2.4 定义网页的 margin 区域 332
- 21.3 CSS 3 新增的弹性盒模型 335
  - 21.3.1 定义盒子的布局方向 (box-orient) 336
  - 21.3.2 定义盒子元素的排列顺序 (box-direction) 337
  - 21.3.3 定义盒子元素的位置 (box-ordinal-group) 338
  - 21.3.4 定义盒子的弹性空间 (box-flex) 340
  - 21.3.5 管理盒子空间 (box-pack 和 box-align) 342
  - 21.3.6 盒子空间的溢出管理 (box-lines) 343
- 21.4 设计淘宝导购菜单 345
- 21.5 疑难解惑 348
- 21.6 跟我学上机 348

第22章　项目实训1——设计在线购物网站 351

- 22.1 整体布局 352
  - 22.1.1 设计分析 352
  - 22.1.2 排版架构 352
- 22.2 模块分割 353
  - 22.2.1 Logo 与导航区 353
  - 22.2.2 Banner 与资讯区 355
  - 22.2.3 产品类别区域 356
  - 22.2.4 页脚区域 358
- 22.3 设置链接 358

第23章　项目实训2——设计商业门户网站 359

- 23.1 整体设计 360
  - 23.1.1 颜色应用分析 360
  - 23.1.2 架构布局分析 360
- 23.2 主要模块设计 361
  - 23.2.1 网页整体样式 362
  - 23.2.2 网页局部样式 363
  - 23.2.3 顶部模块代码 365
  - 23.2.4 中间主体代码 366
  - 23.2.5 底部模块代码 369
- 23.3 网站调整 369
  - 23.3.1 部分内容调整 369
  - 23.3.2 模块调整 369
  - 23.3.3 调整后预览 371

第 1 章
新一代 Web 前端技术

目前，网络已经成为人们娱乐、工作中不可缺少的一部分，网页设计也成为计算机知识的重要组成内容之一。制作网页可采用可视化编辑软件，但是无论采用哪种网页编辑软件，最后都是将所设计的网页转化为 HTML。

HTML 是网页设计的基础语言，本章就来介绍 HTML 的基本概念和编写方法，以及浏览 HTML 文件的方法，使读者初步了解 HTML，为后面的学习打下基础。

1.1 HTML 的基本概念

互联网上的信息是以网页形式展示给用户的,网页是网络信息的载体。网页文件是用标记语言书写的,这种语言称为超文本标记语言(Hyper Text Markup Language,HTML)。

1.1.1 HTML 的发展历程

HTML 是一种描述语言,而不是一种编程语言,主要用于描述超文本中内容的显示方式。超文本标记语言从诞生至今,经历了 20 多年,发展过程中也有很多曲折,经历的版本及发布日期如表 1-1 所示。

表 1-1 超文本标记语言的发展过程

版 本	发布日期	说 明
超文本标记语言(第 1 版)	1993 年 6 月	作为互联网工程工作小组(IETF)工作草案发布(并非标准)
HTML 2.0	1995 年 11 月	作为 RFC 1866 发布,在 RFC 2854 于 2000 年 6 月发布之后被宣布已经过时
HTML 3.2	1996 年 1 月 14 日	W3C 推荐标准
HTML 4.0	1997 年 12 月 18 日	W3C 推荐标准
HTML 4.01	1999 年 12 月 24 日	微小改进,W3C 推荐标准
ISO HTML	2000 年 5 月 15 日	基于严格的 HTML 4.01 语法,是国际标准化组织和国际电工委员会的标准
XHTML 1.0	2000 年 1 月 26 日	W3C 推荐标准(修订后于 2002 年 8 月 1 日重新发布)
XHTML 1.1	2001 年 5 月 31 日	较 1.0 版本有微小改进
XHTML 2.0 草案	没有发布	2009 年,W3C 停止了 XHTML 2.0 工作组的工作
HTML 5	2014 年 10 月	HTML 5 标准规范最终制定完成

1.1.2 什么是 HTML

HTML 5 用于描述超文本中的内容和结构。HTML 最基本的语法是<标记符></标记符>。标记符通常都是成对使用,有一个开头标记和一个结束标记。结束标记只是在开头标记的前面加一个斜杠"/"。当浏览器收到 HTML 文件后,就会解释里面的标记符,然后把标记符相对应的功能表达出来。

例如,在 HTML 中用<p></p>标记符来定义一个换行符。当浏览器遇到<p></p>标记符时,会把该标记中包含的内容自动形成一个段落。当遇到
标记符时会自动换行,并且该标记符后的内容会从一个新行开始。这里的
标记符是单标记,没有结束标记,标记后的"/"符号可以省略;但为了使代码规范,一般建议加上。

1.2 HTML 5 的优势

从 HTML 4.0、XHTML 到 HTML 5，从某种意义上讲，这是 HTML 描述性标记语言的更加规范的过程，因此，HTML 5 并没有给开发者带来很大的冲击。但 HTML 5 也增加了很多非常实用的新功能，本节就来介绍 HTML 5 的一些优势。

1.2.1 解决了跨浏览器问题

浏览器是网页的运行环境，因此浏览器的类型是在设计网页时要考虑的一个问题。由于各个软件厂商对 HTML 标准的支持有所不同，导致同样的网页在不同的浏览器下会有不同的表现。同时，HTML 5 新增的功能在各个浏览器中的支持程度也不一致，因此，浏览器对应用 HTML 5 网页的影响相比以往传统的网页变得更加严重。

为了保证设计出来的网页在不同浏览器上效果一致，HTML 5 让问题简单化，使用 HTML 设计出的网页具备友好的跨浏览器性能。针对不支持新标记的老式 IE 浏览器，用户只要简单地添加 JavaScript 代码，就可以让它们使用新的 HTML 5 元素。

1.2.2 新增了多个新特性

HTML 经历了巨大的变化，从单一的文本显示功能到图文并茂的多媒体显示功能，许多特性经过多年的完善，使 HTML 成为一种非常重要的标记语言。尤其是 HTML 5，对多媒体的支持功能更强，它具备如下功能。

(1) 新增了语义化标记，使文档结构明确。
(2) 使用新的文档对象模型(DOM)。
(3) 实现了 2D 绘图的 Canvas 对象。
(4) 可控媒体播放。
(5) 离线存储。
(6) 文档编辑。
(7) 拖放。
(8) 跨文档消息。
(9) 浏览器历史管理。
(10) 提供 MIME 类型和协议注册。

有了这些新功能，支持 HTML 5 的浏览器在处理 HTML 5 代码错误的时候会更灵活，而那些不支持 HTML 5 的浏览器将忽略 HTML 5 代码。

1.2.3 用户优先的原则

HTML 5 标准的制定是以用户优先为原则的，一旦遇到无法解决的冲突，规范会把用户放到第一位，其次考虑网页的作者，再次考虑浏览器，接着考虑规范制定者(W3C/WHATWG)，最后才考虑理论的纯粹性。总体来看，HTML 5 的绝大部分特性还是实用的，只是在有些情况下还不够完美。

例如，下述三行代码虽然有所不同，但在 HTML 5 中都能被正确识别：

```
id="html5"
id=html5
ID="html5"
```

在以上代码中，除了第一行，另外两行代码的语法都不严格，而这种不严格语法的广泛使用，受到一些技术人员的反对。但是无论语法严格与否，对网页查看者来说没有任何影响，他们只需要看到想要的网页效果就可以了。

为了增强 HTML 5 的使用体验，还加强了以下两方面的设计。

1. 安全机制的设计

为确保 HTML 5 的安全，在设计 HTML 5 时做了很多针对安全的设计。HTML 5 引入了一种新的基于来源的安全模型，该模型不仅易用，而且对各种不同的 API 都通用。

2. 表现和内容分离

表现和内容分离是 HTML 5 设计中的另一个重要特点，HTML 5 在所有可能的地方都努力进行了分离，也包括 CSS。实际上，表现和内容的分离早在 HTML 4 中就有设计，但当时分离得并不彻底。为了避免可访问性差、代码高复杂度、文件过大等问题，HTML 5 规范中更细致、清晰地分离了表现和内容。但是考虑到 HTML 5 的兼容性问题，一些旧的表现和内容代码还是可以使用的。

1.2.4　化繁为简的优势

在设计 HTML 5 时，严格遵循了"简单至上"的原则，主要体现在以下几个方面。

(1) 新的简化的字符集声明。

(2) 新的简化的 DOCTYPE。

(3) 简单而强大的 HTML 5 API。

(4) 以浏览器原生能力替代复杂的 JavaScript 代码。

为了实现以上这些简化操作，HTML 5 规范要比以前更加细致、精确，比以往任何版本的 HTML 规范都要精确。

在 HTML 5 规范细化的过程中，为了避免造成误解，几乎对所有内容都给出了彻底、完全的定义，特别是对 Web 应用。

基于多种改进过的、强大的错误处理方案，使 HTML 5 具备了良好的错误处理机制。具体来讲，HTML 5 提倡重大错误的平缓恢复，也就是它再次把最终用户的利益放在了第一位。例如，如果页面中有错误的话，以前可能会影响整个页面的显示，而 HTML 5 中不会出现这种情况，取而代之的是以标准方式显示"broken"标记，这要归功于 HTML 5 中精确定义的错误恢复机制。

1.3　HTML 5 网页的开发环境

有两种方式可以产生 HTML 文件：一种是自己写 HTML 文件，事实上这并不是很困难，也不需要特别的技巧；另一种是使用 HTML 编辑器，它可以辅助使用者进行编写工作。

1.3.1　使用记事本手工编写 HTML 5

前面介绍过，HTML 5 是一种标记语言，标记语言代码是以文本形式存在的，因此，所有的记事本工具都可以作为它的开发环境。

HTML 文件的扩展名为.html 或.htm，将 HTML 源代码输入到记事本并保存之后，可以在浏览器中打开文档以查看其效果。

使用记事本编写 HTML 文件的具体操作步骤如下。

01 单击 Windows 桌面上的"开始"按钮，选择"所有程序"→"附件"→"记事本"命令，打开一个记事本窗口，输入 HTML 代码，如图 1-1 所示。

02 编辑完 HTML 文件后，选择"文件"→"保存"命令或按 Ctrl+S 快捷键，弹出"另存为"对话框，选择"保存类型"为"所有文件"，然后将文件扩展名设置为.html 或.htm，如图 1-2 所示。

图 1-1　编辑 HTML 代码

图 1-2　"另存为"对话框

03 单击"保存"按钮，即可保存文件。打开网页文档，在浏览器中预览网页，效果如图 1-3 所示。

图 1-3　网页的浏览效果

1.3.2　使用 WebStorm 编写 HTML 文件

WebStorm 是一款前端页面开发工具。该工具的主要优势是有智能提示、可智能补齐代码、格式化显示代码、联想查询和代码调试等功能。WebStorm 不仅功能强大，而且非常容易上手操作，被广大前端开发者誉为 Web 前端开发神器。

下面以 WebStorm 英文版为例进行讲解。首先打开浏览器，输入网址 https://www.jetbrains.com/webstorm/download/#section=windows，进入 WebStorm 官网下载页面，如图 1-4 所示。单击 Download 按钮，即可开始下载 WebStorm 安装程序。

图 1-4　WebStorm 官网下载页面

下载完成后，即可进行安装。由于安装过程比较简单，这里不再赘述。下面重点学习如何创建和运行 HTML 文件。

01 单击 Windows 桌面上的"开始"按钮，选择"所有程序"→JetBrains WebStorm 2019 命令，打开 WebStorm 欢迎界面，如图 1-5 所示。

02 单击 Create New Project 按钮，打开 New Project 对话框，在 Location 文本框中输入项目存放的路径，也可以单击 📂 按钮选择路径，如图 1-6 所示。

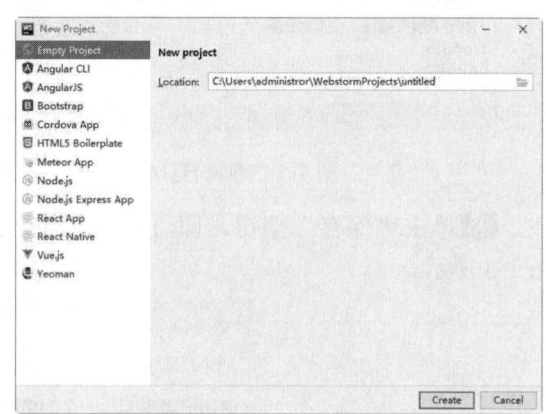

图 1-5　WebStorm 欢迎界面　　　　　　图 1-6　设置项目存放的路径

03 单击 Create 按钮，进入 WebStorm 主界面，选择 File→New→HTML File 命令，如图 1-7 所示。

04 打开 New HTML File 对话框，输入文件名称为 index.html，选择文件类型为 HTML 5 file，如图 1-8 所示。

第 1 章 新一代 Web 前端技术

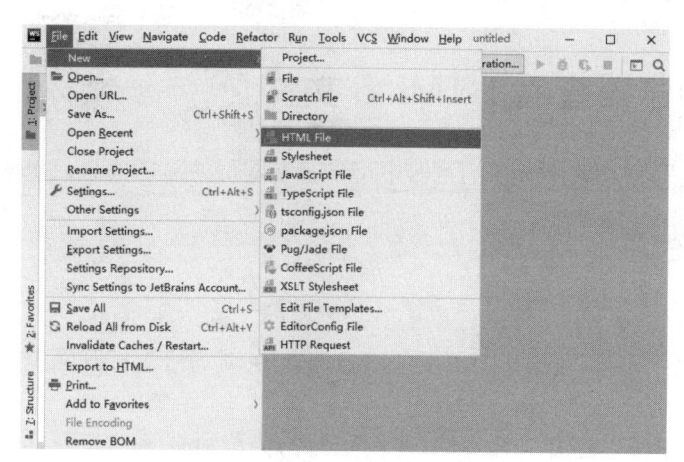

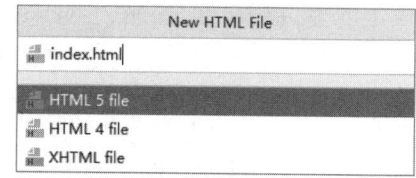

图 1-7 创建一个 HTML 文件

图 1-8 输入文件的名称

05 按 Enter 键即可查看新建的 HTML 5 文件，接着就可以编辑 HTML 5 文件了。例如，在<body>标记中输入文字"使用工具好方便啊！"，如图 1-9 所示。

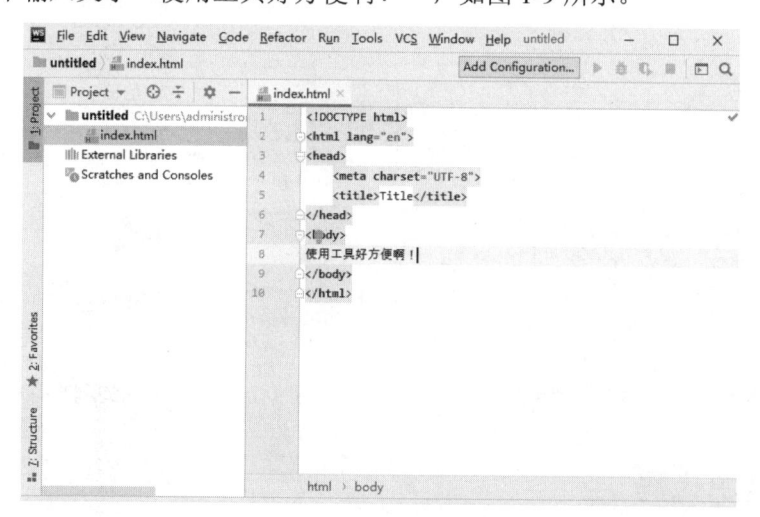

图 1-9 输入文字

06 编辑完代码后，选择 File→Save As 命令，打开 Copy 对话框，可以保存文件或者另存为一个文件，还可以选择保存路径。设置完成后单击 OK 按钮即可，如图 1-10 所示。

07 选择 Run→Run 命令，即可在浏览器中运行文件，如图 1-11 所示。

图 1-10 保存文件

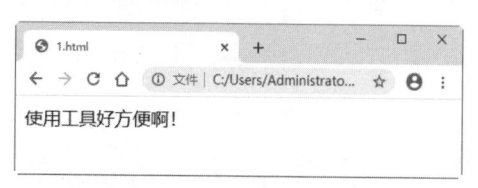

图 1-11 运行 HTML 5 文件

1.4 使用浏览器查看 HTML 5 文件

开发者经常需要查看 HTML 源代码及其效果。在浏览器中可以查看网页的显示效果，也可以在浏览器中直接查看 HTML 源代码。

1.4.1 查看页面效果

为了测试网页的兼容性，可以在不同的浏览器中打开网页。在非默认浏览器中打开网页的方法有很多种，在此介绍两种常用的方法。

方法一：选择浏览器中的"文件"→"打开"命令(有些浏览器的菜单命令为"打开文件")，选择要打开的网页即可，如图 1-12 所示。

方法二：在 HTML 文件上右击，从弹出的快捷菜单中选择"打开方式"，然后选择需要的浏览器即可，如图 1-13 所示。如果浏览器没有出现在菜单中，可以选择"选择其他应用"命令，在计算机中查找浏览器程序。

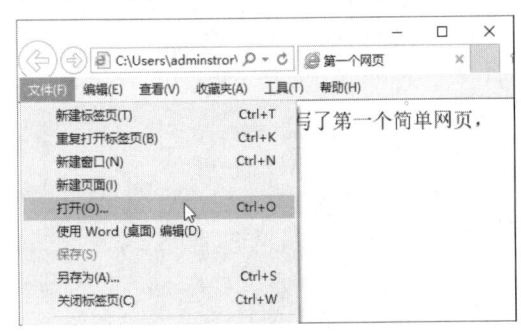

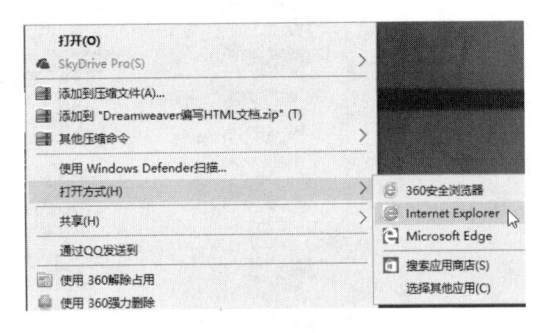

图 1-12　"文件"菜单　　　　　图 1-13　选择不同的浏览器来打开网页

1.4.2 查看源代码

查看网页源代码的方法比较简单。在页面空白处右击，从弹出的快捷菜单中选择"查看网页源代码"命令即可，如图 1-14 所示。

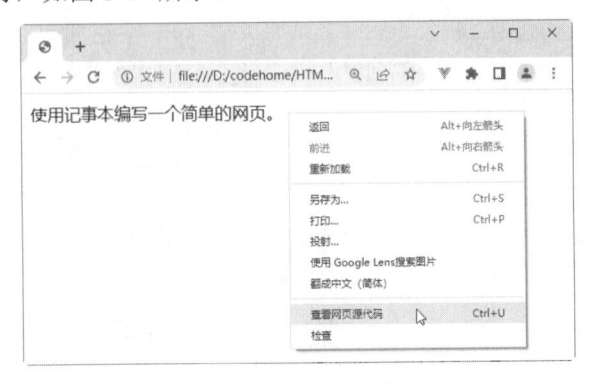

图 1-14　选择"查看网页源代码"命令

> **注意**　由于浏览器的规定各不相同，有些浏览器将"查看网页源代码"命名为"查看源代码"，但是操作方法类似。

1.5　疑难解惑

疑问 1：为何使用记事本编辑的 HTML 文件无法在浏览器中预览，而是直接在记事本中打开？

很多初学者在保存文件时，没有将 HTML 文件的扩展名.html 或.htm 作为文件的后缀，导致文件还是以.txt 为扩展名，因此无法在浏览器中查看。如果读者是通过鼠标右击创建记事本文件的，在为文件重命名时，一定要以.html 或.htm 作为文件的后缀。特别要注意的是，当 Windows 系统隐藏扩展名时，更容易出现这样的错误，读者可以在"文件夹选项"对话框中查看是否显示扩展名。

疑问 2：HTML 5 代码有什么规范？

很多学习网页设计的人员对 HTML 的代码规范知之甚少。作为一名优秀的网页设计人员，很有必要学习好的代码规范。对于 HTML 5 代码规范，主要有以下几点。

(1) 使用小写标记名

在 HTML 5 中，元素名称可以大写，也可以小写，推荐使用小写元素名。主要原因如下：

- 混合使用大小写元素名的代码是非常不规范的。
- 小写字母容易编写。
- 小写字母让代码看起来整齐而清爽。
- 网页开发人员往往使用小写，这样便于统一规范。

(2) 要记得添加结束标记

在 HTML 5 中，大部分标记都是成对出现的，所以要记得添加结束标记。

1.6　跟我学上机

上机练习 1：使用记事本新建一个网页

使用记事本新建一个简单的网页，然后预览效果，最后通过浏览器查看源代码。

上机练习 2：使用 WebStorm 编写 HTML 文件

使用 WebStorm 创建一个项目，然后新建一个简单的网页并预览效果，最后通过浏览器查看源代码。

第 2 章
HTML 5 网页的文档结构

　　一个完整的 HTML 5 网页文档包括标题、段落、列表、表格、绘制的图形以及各种嵌入对象，这些对象统称为 HTML 5 元素。本章就来详细介绍 HTML 5 网页文档的基本结构。

案例效果

2.1　HTML 5 文件的基本结构

在一个 HTML 5 文档中，必须包含<HTML></HMTL>标记，并且放在一个 HTML 5 文档中的开始和结束位置，即每个文档以<HTML>开始，以</HTML>结束。<HTML></HMTL>之间通常包含两个部分，分别为<HEAD></HEAD>和<BODY></BODY>。其中，HEAD 标记包含 HTML 头部信息，例如文档标题、样式定义等；BODY 标记包含文档主体部分，即网页内容。需要注意的是，HTML 标记不区分大小写。

2.1.1　HTML 5 页面的整体结构

为了便于读者从整体上把握 HTML 5 的文档结构，下面通过一个 HTML 5 页面来介绍 HTML 5 页面的整体结构，示例代码如下：

```
<!DOCTYPE HTML>
<HTML>
<HEAD>
    <TITLE>网页标题</TITLE>
</HEAD>
<BODY>
    网页内容
</BODY>
</HTML>
```

从上面的代码可以看出，一个基本的 HTML 5 页面由以下几部分构成。

(1) <!DOCTYPE HTML>声明：该声明必须位于 HTML 5 文档中的第一行，也就是位于<HTML>标记之前。该标记告知浏览器文档所使用的 HTML 规范。<!DOCTYPE HTML>声明不属于 HTML 标记，它是一条指令，告诉浏览器编写页面所用的标记的版本。由于 HTML 5 版本还没有得到浏览器的完全认可，后面介绍时还是采用以前的通用标准。

(2) <HTML></HTML>标记：说明本页面是用 HTML 编写的，使浏览器软件能够准确无误地解释和显示。

(3) <HEAD></HEAD>标记：这是 HTML 的头部标记，头部信息不显示在网页中，此标记内可以包含一些其他标记，用于说明文件标题和整个文件的一些公用属性，如可以通过<style>标记定义 CSS 样式表，通过<script>标记定义 JavaScript 脚本文件。

(4) <TITLE></TITLE>标记：TITLE 是 HEAD 中的重要组成部分，它包含的内容显示在浏览器的窗口标题栏中。如果没有 TITLE，浏览器标题栏将显示本页的文件名。

(5) <BODY></BODY>标记：BODY 包含 HTML 页面的实际内容，显示在浏览器窗口的客户区中。例如，在页面中，文字、图像、动画、超链接以及其他与 HTML 相关的内容都是定义在 BODY 标记里面的。

2.1.2　HTML 5 新增的结构标记

HTML 5 新增的结构标记有<footer></footer>和<header></header>标记，但是这两个标记还没有获得大多数浏览器的支持，这里只简单介绍一下。

<header>标记定义文档的页眉(介绍信息)，使用示例如下：

```
<header>
<h1>欢迎访问主页</h1>
</header>
```

<footer>标记定义 section 或 document 的页脚。在典型情况下，该元素会包含创作者的姓名、文档的创作日期或者联系信息。使用示例如下：

```
<footer>作者：元澈  联系方式：1301234XXXX</footer>
```

2.2　HTML 5 基本标记详解

HTML 文档最基本的结构主要包括文档类型说明、HTML 标记、头标记、主体标记和页面注释标记。

2.2.1　文档类型说明

基于 HTML 5 设计准则中的"化繁为简"原则，Web 页面的文档类型说明(DOCTYPE)被极大地简化了。

在使用 Dreamweaver CC 创建 HTML 5 文档时，文档头部的类型说明代码如下：

```
<!DOCTYPE html PUBLIC "-//W3C//DTD XHTML 1.0 Transitional//EN"
 "http://www.w3.org/TR/xhtml1/DTD/xhtml1-transitional.dtd">
```

上面为 XHTML 文档类型说明，可以看到，这段代码既麻烦又难记，HTML 5 对文档类型进行了简化，简单到 15 个字符就可以了，代码如下：

```
<!DOCTYPE html>
```

2.2.2　HTML 标记

HTML 标记代表文档的开始。由于 HTML 5 的语法结构松散，该标记可以省略。但是为了使之符合 Web 标准和体现文档的完整性，读者应养成良好的编写习惯，这里建议不要省略该标记。

HTML 标记以<html>开头，以</html>结尾，文档的所有内容书写在开头和结尾的中间部分。语法格式如下：

```
<html>
...
</html>
```

2.2.3　头标记

头标记用于说明文档头部的相关信息，一般包括标题信息、元信息、定义 CSS 样式和脚本代码等。HTML 的头部信息以<head>开始，以</head>结束，语法格式如下：

```
<head>
...
</head>
```

> **说明**   <head>元素的作用范围是整篇文档,定义在 HTML 文档头部的内容往往不会在网页上直接显示。

在头标记<head>与</head>之间还可以插入标题标记 title 和元信息标记 meta 等。

1. 标题标记 title

HTML 页面的标题一般用来说明页面用途,它显示在浏览器的标题栏中。在 HTML 文档中,标题信息设置在<head>与</head>之间。标题标记以<title>开始,以</title>结束,语法格式如下:

```
<title>
...
</title>
```

在标记中间的"..."就是标题的内容,它可以帮助用户更好地识别页面。预览网页时,设置的标题在浏览器的左上方标题栏中显示,如图 2-1 所示。此外,在 Windows 任务栏中显示的也是这个标题。页面的标题只有一个,位于 HTML 文档的头部。

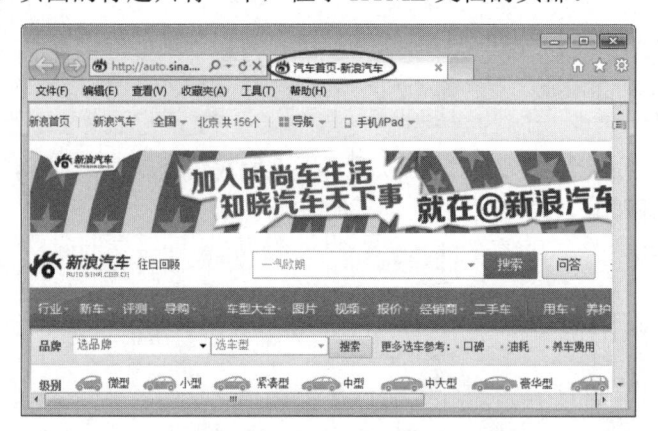

图 2-1 标题在浏览器中的显示效果

2. 元信息标记 meta

<meta>元素可提供有关页面的元信息(meta-information),比如,针对搜索引擎和更新频度的描述和关键词。<meta>标记位于文档的头部,不包含任何内容。<meta>标记的属性定义了与文档相关联的名称/值对。<meta>标记提供的属性及取值见表 2-1。

表 2-1   <meta>标记提供的属性及取值

属 性	值	描 述
charset	character encoding	定义文档的字符编码
content	some_text	定义与 http-equiv 或 name 属性相关的元信息

续表

属　性	值	描　述
http-equiv	content-type expires refresh set-cookie	把 content 属性关联到 HTTP 头部
name	author description keywords generator revised others	把 content 属性关联到一个名称

1) 字符集 charset 属性

在 HTML 5 中，有一个新的 charset 属性，它使字符集的定义更加容易。例如，下面的代码告诉浏览器，网页使用 ISO-8859-1 字符集显示：

```
<meta charset="ISO-8859-1">
```

2) 搜索引擎的关键词

在早期，meta keywords 关键词对搜索引擎的排名算法起到一定的作用，也是很多人进行网页优化的基础。关键词在浏览时是看不到的，使用格式如下：

```
<meta name="keywords" content="关键词,keywords" />
```

> **说明** 不同的关键词之间应使用半角逗号(英文输入状态下)隔开，不要使用"空格"或"|"间隔。注意单词是 keywords，不是 keyword。

关键词标记中的内容应该是一个个短语，而不是一段话。

例如，定义针对搜索引擎的关键词，代码如下：

```
<meta name="keywords" content="HTML, CSS, XML, XHTML, JavaScript" />
```

关键词标记 keywords 曾经是搜索引擎排名中很重要的因素，但现在已经被很多搜索引擎完全忽略。如果我们加上这个标记，对网页的综合表现没有坏处，不过，如果使用不恰当的话，对网页非但没有好处，还有欺诈的嫌疑。在使用关键词标记 keywords 时，要注意以下几点：

- 关键词标记中的内容要与网页核心内容相关，应当确认使用的关键词出现在网页文本中。
- 应当使用用户易于通过搜索引擎检索的关键词，过于生僻的词汇不太适合作为 meta 标记中的关键词。
- 不要重复使用关键词，否则可能会被搜索引擎惩罚。
- 一个网页的关键词标记里最多包含 3~5 个最重要的关键词，不要超过 5 个。
- 每个网页的关键词应该不一样。

> **注意** 由于设计者或 SEO 优化者以前对 meta keywords 关键词的滥用，导致目前它在搜索引擎排名中的作用很小。

3) 页面描述

meta description 元标记(描述元标记)用来简略描述网页的主要内容，通常是搜索引擎用在搜索结果页上展示给最终用户看的一段文字。页面描述在网页中并不显示出来。页面描述的使用格式如下：

```
<meta name="description" content="网页的介绍" />
```

例如，定义对页面的描述，代码如下：

```
<meta name="description" content="免费的Web技术教程。" />
```

4) 页面定时跳转

使用<meta>标记可以使网页在经过一定时间后自动刷新，这可通过将 http-equiv 属性值设置为 refresh 来实现。content 属性值可以设置为更新时间。

在浏览网页时，经常会看到一些欢迎信息的页面，在经过一段时间后，这些页面会自动转到其他页面，这就是网页的跳转。页面定时刷新跳转的语法格式如下：

```
<meta http-equiv="refresh" content="秒;[url=网址]" />
```

> **说明** 上面的[url=网址]部分是可选项，如果有这部分，页面定时刷新并跳转；如果省略该部分，页面则只定时刷新，不进行跳转。

例如，实现每 5 秒刷新一次页面，将下述代码放入 head 标记中即可：

```
<meta http-equiv="refresh" content="5" />
```

2.2.4 主体标记

网页所要显示的内容都放在网页的主体标记内，它是 HTML 文件的重点所在。在后面章节所介绍的 HTML 标记都将放在主体标记内。主体标记并不仅仅是一个形式上的标记，它本身也可以控制网页的背景颜色或背景图像，这将在后面进行介绍。主体标记是以<body>开始，以</body>结束的，语法格式如下：

```
<body>
...
</body>
```

> **注意** 在创建 HTML 结构时，标记不允许交错出现，否则会造成错误。

在下列代码中，<body>开始标记出现在<head>标记内，这是错误的：

```
<html>
<head>
<title>标记测试</title>
<body>
```

```
</head>
</body>
</html>
```

2.2.5　页面注释标记

注释是在 HTML 代码中插入的描述性文本，用来解释该代码或提示其他信息。注释只出现在代码中，浏览器对注释代码不进行解释，并且在浏览器的页面中不显示。在 HTML 源代码中适当地插入注释语句是一种非常好的习惯，对于设计者日后的代码修改、维护工作很有帮助；另外，如果将代码交给其他设计者，其他人也能很快读懂前人所撰写的内容。

页面注解语法如下：

```
<!--注释的内容-->
```

注释语句元素由前后两半部分组成，前半部分由一个左尖括号、一个半角感叹号和两个连字符组成，后半部分由两个连字符和一个右尖括号组成，例如：

```
<html>
<head>
    <title>标记测试</title>
</head>
<body>
    <!--这里是标题-->
    <h1>HTML 5网页设计</h1>
</body>
</html>
```

页面注释可以对 HTML 中的一行或多行代码进行解释说明，如果希望某些 HTML 代码在浏览器中不显示，也可以将这部分内容放在<!--和-->之间。例如，将上述代修改如下：

```
<html>
<head>
    <title>标记测试</title>
</head>
<body>
    <!--
    <h1>HTML 5网页</h1>
    -->
</body>
</html>
```

修改后的代码将<h1>标记作为注释内容处理，在浏览器中将不会显示这部分内容。

2.3　HTML 5 语法的变化

为了兼容各个不统一的页面代码，HTML 5 在语法方面做了以下改变。

2.3.1　标记不再区分大小写

标记不再区分大小写是 HTML 5 语法变化的重要体现，例如以下例子的代码：

```
<P>这里的标记大小写不一样</p>
```

虽然"<P>这里的标记大小写不一样</p>"中开始标记和结束标记不匹配，但是这完全符合 HTML 5 的规范。用户可以通过 W3C 提供的在线验证页面来测试上面的网页，验证网址为 http://validator.w3.org/。

2.3.2 允许属性值不使用引号

在 HTML 5 中，属性值不放在引号中也是正确的。例如以下代码片段：

```
<input checked="a" type="checkbox"/>
<input readonly type="text"/>
<input disabled="a" type="text"/>
```

上述代码片段与下面的代码片段效果是一样的：

```
<input checked=a type=checkbox/>
<input readonly type=text/>
<input disabled=a type=text/>
```

> **提示**：尽管 HTML 5 允许属性值可以不使用引号，但是仍然建议加上引号。因为如果某个属性的属性值中包含空格等容易引起混淆的字符串，可能会引起浏览器的误解。例如以下代码：
>
> ```
> <img src=mm ch02/01.jpg />
> ```
>
> 此时浏览器就会误以为 src 属性的值就是 mm，这样就无法解析路径中的 01.jpg 图片。如果想正确解析到图片的位置，只有添加上引号。

2.3.3 允许部分属性的值省略

在 HTML 5 中，部分标志性属性的值可以省略。例如，以下代码是完全符合 HTML 5 规则的：

```
<input checked type="checkbox"/>
<input readonly type="text"/>
```

其中，checked="checked"省略为 checked，而 readonly="readonly"省略为 readonly。
在 HTML 5 中，可以省略属性值的属性如表 2-2 所示。

表 2-2　可以省略属性值的属性

属　　性	省略属性值
checked	省略属性值后，等价于 checked="checked"
readonly	省略属性值后，等价于 readonly="readonly"
defer	省略属性值后，等价于 defer="defer"
ismap	省略属性值后，等价于 ismap="ismap"
nohref	省略属性值后，等价于 nohref="nohref"
noshade	省略属性值后，等价于 noshade="noshade"

续表

属　　性	省略属性值
nowrap	省略属性值后，等价于 nowrap="nowrap"
selected	省略属性值后，等价于 selected="selected"
disabled	省略属性值后，等价于 disabled="disabled"
multiple	省略属性值后，等价于 multiple="multiple"
noresize	省略属性值后，等价于 noresize="noresize"

2.4　疑　难　解　惑

疑问 1：在网页中，语言的编码方式有哪些？

在 HTML 5 网页中，<meta>标记的 charset 属性用于设置网页的内码语系，也就是字符集的类型。因为国内经常要显示汉字，通常设置为 gb2312(简体中文)和 UTF-8 两种。英文是 ISO-8859-1 字符集，此外，还有其他的字符集，这里不再介绍。

疑问 2：网页中的基本标记是否必须成对出现？

在 HTML 5 网页中，大部分标记都是成对出现的。不过也有部分标记可以单独出现，例如<p/>、
、<img/>和<hr/>等。

2.5　跟我学上机

上机练习 1：制作符合 W3C 标准的古诗网页

制作一个符合 W3C 标准的古诗网页，最终效果如图 2-2 所示。

上机练习 2：制作有背景图的网页

通过 body 标记渲染一个有背景图的网页，运行效果如图 2-3 所示。

图 2-2　古诗网页的预览效果

图 2-3　带背景图的网页

第 3 章

HTML 5 网页中的文本、超链接和图像

文字和图像是网页中常用的元素。在互联网高速发展的今天，网站已经成为一个展示与宣传自我的工具，公司或个人可以通过网站介绍公司的服务与产品或介绍自己，而这些都离不开网站中的网页。网页的内容主要是通过文字、超链接和图像来体现的，本章就来介绍 HTML 5 网页中的文本、超链接和图像的使用方法与技巧。

案例效果

3.1 标　　题

在 HTML 文档中，文本除了以行和段的形式出现之外，还可以作为标题存在。通常一篇文档就是由若干不同级别的标题和正文组成的。

3.1.1 标题标记

HTML 文档中包含各种级别的标题，各种级别的标题由<h1>～<h6>元素来定义，<h1>～<h6>标题标记中的字母 h 是英文 headline(标题行)的简称。其中，<h1>代表 1 级标题，级别最高，文字也最大，其他标题元素依次递减，<h6>级别最低。语法格式如下：

```
<h1>这里是 1 级标题</h1>
<h2>这里是 2 级标题</h2>
<h3>这里是 3 级标题</h3>
<h4>这里是 4 级标题</h4>
<h5>这里是 5 级标题</h5>
<h6>这里是 6 级标题</h6>
```

注意　作为标题，它们的重要性是有区别的，其中，<h1>的重要性最高，<h6>的重要性最低。

实例 1：巧用标题标记，编写一个短新闻(实例文件：ch03\3.1.html)

本实例巧用<h1>标记、<h4>标记、<h5>标记，实现一个短新闻页面效果。其中，新闻的标题放到<h1>标记中，发布者放到<h5>标记中，新闻正文内容放到<h4>标记中。具体代码如下：

```
<!DOCTYPE html>
<html>
<head>
<!--指定页面编码格式-->
<meta charset="UTF-8">
<!--指定页头信息-->
<title>巧编短新闻</title>
</head>
<body>
<!--表示新闻的标题-->
<h1>"雪龙"号再次远征南极</h1>
<!--表示相关发布信息-->
<h5>发布者：老码识途课堂</h5>
<!--表示对话内容-->
<h4>经过 3 万海里航行，2020 年 3 月 10 日，"雪龙"号极地考察破冰船载着中国第 35 次南极科考队队员安全抵达上海吴淞检疫锚地，办理进港入关手续。这是"雪龙"号第 22 次远征南极并安全返回。自 2020 年 11 月 2 日从上海起程执行第 35 次南极科考任务，"雪龙"号载着科考队员风雪兼程，创下南极中山站冰上和空中物资卸运历史纪录，在咆哮西风带布下我国第一个环境监测浮标，更经历意外撞上冰山的险情及成功应对。</h4>
</body>
</html>
```

运行效果如图 3-1 所示。

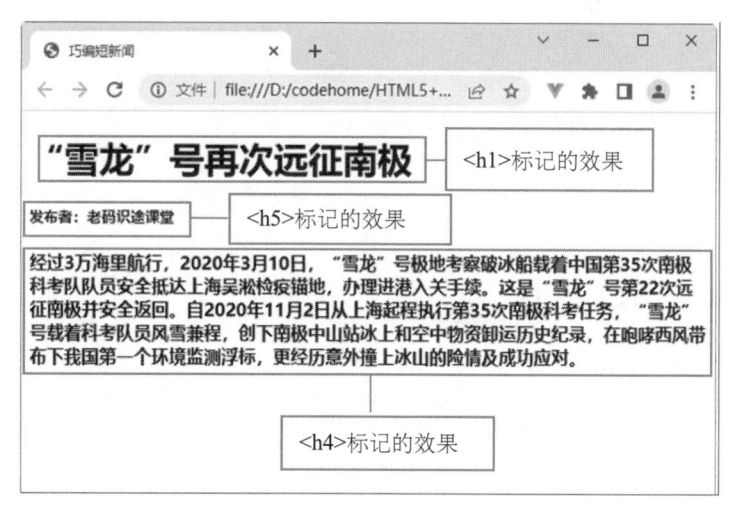

图 3-1　短新闻页面效果

3.1.2　标题的对齐方式

默认情况下，网页中的标题是左对齐的。通过 align 属性可以设置标题的对齐方式，语法格式如下：

```
<h1 align="对齐方式">文本内容</h1>
```

这里的对齐方式包括 left(文字左对齐)、center(文字居中对齐)、right(文字右对齐)。需要注意的是，对齐方式一定要添加双引号。

实例 2：混合排版一首古诗(实例文件：ch03\3.2.html)

本实例通过<body background="gushi.jpg">来定义网页背景图片，通过 align="center"来实现标题的居中效果，通过 align="right"来实现标题的靠右效果，具体代码如下：

```
<!DOCTYPE html>
<html>
<head>
    <!--指定页面编码格式-->
    <meta charset="UTF-8">
    <!--指定页头信息-->
    <title>古诗混排</title>
</head>
<!--显示古诗图背景-->
<body background="gushi.jpg">
<!--显示古诗名称-->
<h2 align="center">望雪</h2>
<!--显示作者信息-->
<h5 align="right">唐代：李世民</h5>
<!--显示古诗内容-->
<h4 align="center">冻云宵遍岭，素雪晓凝华。</h4>
<h4 align="center">入牖千重碎，迎风一半斜。</h4>
<h4 align="center">不妆空散粉，无树独飘花。</h4>
```

```
<h4 align="center">萦空惭夕照，破彩谢晨霞。</h4>
</body>
</html>
```

运行效果如图 3-2 所示。

图 3-2　混合排版古诗页面效果

3.2　设置文字格式

在网页编程中，直接在<body>标记和</body>标记之间输入文字，这些文字就可以显示在页面中。多种多样的文字修饰效果可以呈现出一个美观大方的网页，会让人有美轮美奂、流连忘返的感觉。本节将介绍如何设置网页文字的修饰效果。

3.2.1　文字的字体、字号和颜色

font-family 属性用于指定文字字体类型，如宋体、黑体、隶书、Times New Roman 等，即在网页中展示文字不同的形状。具体的语法如下：

```
style="font-family:黑体"
```

font-size 属性用于设置文字大小，其语法格式如下：

```
Style="font-size：数值| inherit | xx-small | x-small | small | medium | large | x-large | xx-large | larger | smaller | length"
```

其中，"数值"用来定义文字大小，例如，用 font-size:10px 定义文字大小为 10 像素。此外，还可以通过 medium 等参数定义文字的大小，其参数含义如表 3-1 所示。

表 3-1　设置字体大小的参数

参　　数	说　　明
xx-small	绝对文字尺寸。根据对象字体进行调整。最小
x-small	绝对文字尺寸。根据对象字体进行调整。较小

续表

参　数	说　明
small	绝对文字尺寸。根据对象文字进行调整。小
medium	默认值。绝对文字尺寸。根据对象文字进行调整。正常
large	绝对文字尺寸。根据对象文字进行调整。大
x-large	绝对文字尺寸。根据对象文字进行调整。较大
xx-large	绝对文字尺寸。根据对象文字进行调整。最大
larger	相对文字尺寸。相对于父对象中文字尺寸进行相对增大，使用成比例的 em 单位计算
smaller	相对文字尺寸。相对于父对象中文字尺寸进行相对减小，使用成比例的 em 单位计算
length	百分数或由浮点数字和单位标识符组成的长度值，不可为负值。其百分比取值是基于父对象中文字的尺寸

color 属性用于设置颜色，其属性值通常使用下面方式设定，如表 3-2 所示。

表 3-2　颜色设定方式

属 性 值	说　明
color_name	规定颜色值为颜色名称的颜色(例如 red)
hex_number	规定颜色值为十六进制值的颜色(例如#ff0000)
rgb_number	规定颜色值为 RGB 代码的颜色(例如 rgb(255,0,0))
inherit	规定应该从父元素继承颜色
hsl_number	规定颜色值为 HSL 代码的颜色(例如 hsl(0,75%,50%))，此为新增加的颜色表现方式
hsla_number	规定颜色值为 HSLA 代码的颜色(例如 hsla(120,50%,50%,1))，此为新增加的颜色表现方式
rgba_number	规定颜色值为 RGBA 代码的颜色(例如 rgba(125,10,45,0.5))，此为新增加的颜色表现方式

实例 3：活用文字描述商品信息(实例文件：ch03\3.3.html)

本实例通过 style="font-family:宋体;font-size:15pt" 来设置字体和字号，然后通过 style="color:red" 来设置字体颜色，具体代码如下：

```
<!DOCTYPE html>
<html>
<head>
<!--指定页头信息-->
<title>活用文字描述商品信息</title>
</head>
<body>
<!--显示商品图片,并居中显示-->
<h1 align=center><img src="goods.jpg"></h1>
<!--显示图书的名称，文字的字体为黑体，大小为 20-->
<p style="font-family:黑体; font-size:20pt;align=center ">商品名称：
HTML5+CSS3+JavaScript 网页设计案例课堂(第 2 版)</p>
<!--显示图书的作者，文字的字体为宋体，大小为 15 像素-->
<p style="font-family:宋体;font-size:15pt" >作者：刘春茂</p>
<!--显示出版社信息，文字的字体为华文彩云-->
```

```
<p style="font-family:华文彩云"  >出版社：清华大学出版社</p>
<!--显示商品的出版时间,文字的颜色为红色-->
<p style="color:red">出版时间：2018年1月</p>
</body>
</html>
```

运行效果如图3-3所示。

图3-3 文字描述商品信息

3.2.2 文字的粗体、斜体和下划线

重要文本通常以粗体、强调方式或加强调方式显示。HTML 中的<b>标记、<em>标记和<strong>标记分别实现了这3种显示方式。

(1) <b>标记实现了文本的粗体显示，放在<b></b>之间的文本将加粗。

(2) <i>标记实现了文本的倾斜显示，放在<i></i>之间的文本将以斜体显示。

(3) <u>标记可以为文本添加下划线，放在<u></u>之间的文本将以添加下划线方式显示。

实例4：文字的粗体、斜体和下划线效果(实例文件：ch03\3.4.html)

下面的实例将综合应用<b>标记、<em>标记、<strong>标记、<i>标记和<u>标记。

```
<!DOCTYPE html>
<html>
<head>
<title>文字的粗体、斜体和下划线</title>
</head>
<body>
<!--显示粗体文字效果-->
<p><b>吴兴自东晋为善地，号为山水清远。其民足于鱼稻蒲莲之利，寡求而不争。宾客非特有事于其地者不至焉。</b></p>
<!--显示强调文字效果-->
<p><em>故凡守郡者，率以风流啸咏、投壶饮酒为事。</em></p>
<!--显示加强调文字效果-->
<p><strong>自莘老之至，而岁适大水，上田皆不登，湖人大饥，将相率亡去。</strong></p>
<!--显示斜体字效果-->
<p><i>莘老大振廪劝分，躬自抚循劳来，出于至诚。富有余者，皆争出谷以佐官，所活至不可胜计。</i></p>
```

```
<!--显示下划线效果-->
<p><u>当是时,朝廷方更化立法,使者旁午,以为莘老当日夜治文书,赴期会,不能复雍容自得如故
事。</u>。</p>
</body>
</html>
```

以上代码实现了文字的粗体、斜体和下划线效果,运行效果如图 3-4 所示。

图 3-4　文字的粗体、斜体和下划线的预览效果

3.2.3　文字的上标和下标

文字的上标和下标分别可以通过<sup>标记和<sub>标记来实现。需要特别注意的是,<sup>标记和<sub>标记都是双标记,放在开始标记和结束标记之间的文本会分别以上标或下标形式出现。

实例 5:文字的上标和下标效果(实例文件:ch03\3.5.html)

本实例将通过<sup>标记和<sub>标记来实现上标和下标效果。

```
<!DOCTYPE html>
<html>
<head>
<title>上标与下标效果</title>
</head>
<body>
<!-显示上标效果-->
<p>勾股定理表达式:a²+b²=c²
a<sup>2</sup>+b<sup>2</sup>=c<sup>2</sup></p>
<!-显示下标效果-->
<p>铁在氧气中燃烧:3Fe+2O<sub>2</sub>=Fe<sub>3</sub>O<sub>4</sub>
</body>
</html>
```

以上代码实现了上标和下标文本显示,运行效果如图 3-5 所示。

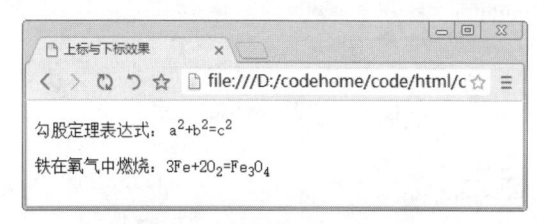

图 3-5　上标和下标预览效果

3.3 设置段落格式

在网页中如果要把文字合理地显示出来，离不开段落标记的使用。对网页中文字段落进行排版，并不像文本编辑软件 Word 那样可以定义许多样式来编排文字。在网页中要让某一段文字放在特定的地方，是通过 HTML 标记来完成的。

3.3.1 段落标记

在 HTML 5 网页文件中，段落效果是通过<p>标记来实现的。具体语法格式如下：

```
<p>段落文字</p>
```

其中，段落标记是双标记，即<p></p>，在<p>(开始标记)和</p>(结束标记)之间的内容形成一个段落。如果省略结束标记，从<p>标记开始，直到遇见下一个段落标记之前的文本，都在一段段落内，文本在一个段落中会自动换行。

实例 6：创意显示老码识途课堂(实例文件：ch03\3.6.html)

```
<!DOCTYPE html>
<html>
<head>
<title>创意显示老码识途课堂</title>
</head>
<body>
 <p>***********************老码识途课堂*********************</p>
<p>    老码识途课堂专注编程开发和图书出版18年，致力打造零基础在线IT技术学习</p>
<p>平台。通过全程技能跟踪，实现1对1高效技能培训。目前，老码识途课堂主要为零</p>
<p>基础读者提供优质的课程，课程内容新颖，模拟现实开发中的项目流程，快速积累</p>
<p>行业开发经验，为读者提供一站式服务，培养学生的编程思想。</p>
<p>*********************微信公众号：老马识途课堂******************</p>
</html>
```

运行效果如图 3-6 所示。

图 3-6　段落标记的使用

3.3.2 段落的换行标记

在 HTML 5 文件中，换行标记为
。该标记是一个单标记，它没有结束标记，作用是将文字在一个段内强制换行。一个
标记代表一次换行，连续的多个标记可以实现多次换行。

实例 7：用换行实现古诗排版效果(实例文件：ch03\3.7.html)

本实例实现了古诗的页面布局效果，通过使用 4 个
换行标记达到了换行的目的，这和使用多个<p>段落标记效果相同。

```
<!DOCTYPE html>
<html>
<head>
<title>文本段换行</title>
</head>
<body>
<p align="center">嘲顽石幻相<br/>
女娲炼石已荒唐，又向荒唐演大荒。<br/>
失去本来真面目，幻来新就臭皮囊。<br/>
好知运败金无彩，堪叹时乖玉不光。<br/>
白骨如山忘姓氏，无非公子与红妆。
</body>
</html>
```

运行效果如图 3-7 所示，实现了换行效果。

图 3-7 使用换行标记

3.3.3 段落的原格式标记

在网页排版中，对于空格和换行等特殊的排版效果，通过原格式标记进行排版比较容易。原格式标记<pre>的语法格式如下：

```
<pre>
网页内容
</pre>
```

实例 8：用原格式标记实现空格和换行的效果(实例文件：ch03\3.8.html)

这里使用<pre>标记实现空格和换行效果，其中包含<h1>标记。

```
<!DOCTYPE html>
<html>
<head>
<title>原格式标记</title>
</head>
<body>
<pre>恭喜！     您成功晋级了！

  请在指定时间进行复赛，争夺每年一度的<h1>冠军
</h1>荣誉。</pre>
</body>
</html>
```

运行效果如图 3-8 所示，实现了空格和换行的效果。

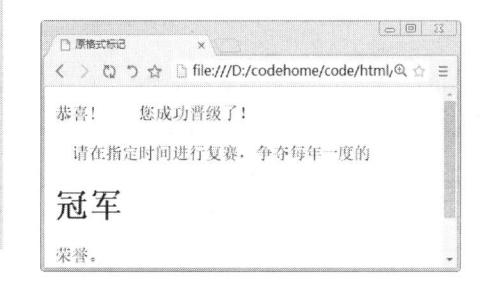

图 3-8 使用原格式标记

3.4 文字列表

文字列表可以有序地编排一些信息，使其结构化和条理化，并以列表的样式显示出来，以便浏览者能更加快捷地获得相应的信息。HTML 中的文字列表类似于文字编辑软件 Word 中的项目符号和自动编号。

3.4.1 无序列表

无序列表相当于 Word 中的项目符号。无序列表的项目排列没有顺序，只以符号作为分项标识。

无序列表使用一对<ul></ul>标记，其中每一个列表项使用<li></li>标记，结构如下所示：

```
<ul>
  <li>无序列表项</li>
  <li>无序列表项</li>
  <li>无序列表项</li>
  <li>无序列表项</li>
</ul>
```

在无序列表结构中，使用<ul></ul>标记表示这一个无序列表的开始和结束，<li>则表示一个列表项的开始。

在一个无序列表中可以包含多个列表项，并且可以省略结束标记</li>。

下面的实例是使用无序列表来实现文本的排列显示。

实例 9：使用无序列表显示商品分类信息(实例文件：ch03\3.9.html)

```
<!DOCTYPE html>
<html>
<head>
<title>无序列表</title>
</head>
<body>
<p style="color: red; font-size: 20px;">
商品分类信息</p>
<ul>
    <li>家用电器</li>
    <li>办公电脑</li>
    <li>家具厨具</li>
    <li>男装女装</li>
</ul>
</body>
</html>
```

图 3-9 无序列表显示商品分类信息

运行效果如图 3-9 所示。

3.4.2 有序列表

有序列表类似于 Word 中的项目自动编号功能。有序列表的使用方法与无序列表的使用方法基本相同，它使用<ol></ol>标记，每一个列表项使用<li></li>。每个项目都有前后顺序之分，多数用数字表示，其结构如下：

```
<ol>
  <li>第 1 项</li>
  <li>第 2 项</li>
  <li>第 3 项</li>
</ol>
```

下面实例使用有序列表实现文本的排列显示。

实例 10：创建有序的课程列表(实例文件：ch03\3.10.html)

```
<!DOCTYPE html>
<html>
<head>
<title>创建不同类型的课程列表</title>
</head>
<body>
<h2>本月课程销售排行榜</h2>
<ol>
    <li>Python 爬虫智能训练营</li>
    <li>网站前端开发训练营</li>
    <li>PHP 网站开发训练营</li>
    <li>网络安全对抗训练营</li>
</ol>
</body>
</html>
```

图 3-10 有序列表

运行效果如图 3-10 所示。

3.4.3 建立不同类型的无序列表

默认情况下，无序列表的项目符号都是"•"。如果想修改项目符合，可以用 type 属性来设置。type 的属性值可以设置为 disc、circle 或 square，分别显示不同的效果。

下面的实例使用多个<ul>标记，通过设置 type 属性，建立不同类型的商品列表。

实例 11：建立不同类型的商品列表(实例文件：ch03\3.11.html)

```
<!DOCTYPE html>
<html>
<head>
<title>不同类型的无序列表</title>
</head>
<body>
<h4>disc 项目符号的商品列表：</h4>
<ul type="disc">
    <li>冰箱</li>
```

```
        <li>空调</li>
        <li>洗衣机</li>
        <li>电视机</li>
</ul>
<h4>circle 项目符号的商品列表：</h4>
<ul type="circle">
        <li>冰箱</li>
        <li>空调</li>
        <li>洗衣机</li>
        <li>电视机</li>
</ul>
<h4>square 项目符号的商品列表：</h4>
<ul type="square">
        <li>冰箱</li>
        <li>空调</li>
        <li>洗衣机</li>
        <li>电视机</li>
</ul>
</body>
</html>
```

运行效果如图 3-11 所示。

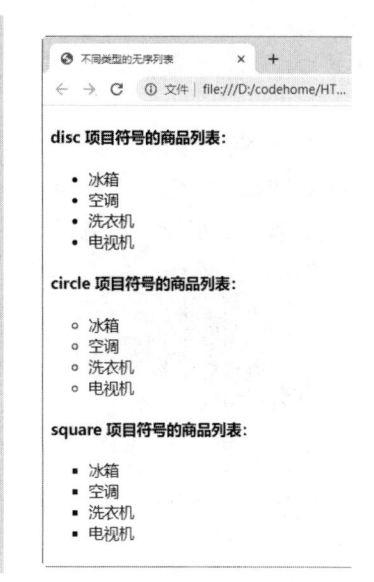

图 3-11　不同类型的商品列表

3.4.4　建立不同类型的有序列表

默认情况下，有序列表的序号是数字形式。如果想修改成字母等形式，可以通过设置 type 属性来完成。其中，type 属性可以取值为 1、a、A、i 和 I，分别表示数字(1,2,3,…)、小写字母(a,b,c,…)、大写字母(A,B,C,…)、小写罗马数字(ⅰ,ⅱ,ⅲ,…)和大写罗马数字(Ⅰ,Ⅱ,Ⅲ,…)。

下面的实例使用有序列表实现两种不同类型的有序列表。

实例 12：创建不同类型的课程列表(实例文件：ch03\3.12.html)

```
<!DOCTYPE html>
<html>
<head>
<title>创建不同类型的课程列表</title>
</head>
<body>
<h2>本月课程销售排行榜</h2>
<ol>
        <li>Python 爬虫智能训练营</li>
        <li>网站前端开发训练营</li>
        <li>PHP 网站开发训练营</li>
        <li>网络安全对抗训练营</li>
</ol>
<h2>本月学生区域分布排行榜</h2>
<ol type="A">
        <li>广州</li>
        <li>上海</li>
        <li>北京</li>
        <li>郑州</li>
</ol>
</body>
</html>
```

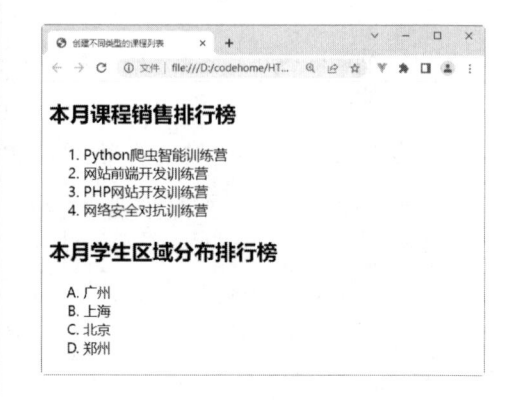

运行效果如图 3-12 所示。

图 3-12　不同类型的有序列表

3.4.5 自定义列表

在 HTML 5 中还可以自定义列表，自定义列表的标记是<dl>，语法格式如下：

```
<dl>
    <dt>项目名称 1</dt>
    <dd>项目解释 1</dd>
    <dd>项目解释 2</dd>
    <dd>项目解释 3</dd>
    <dt>项目名称 2</dt>
    <dd>项目解释 1</dd>
    <dd>项目解释 2</dd>
    <dd>项目解释 3</dd>
</dl>
```

下面的实例使用<dl>标记、<dt>标记和<dd>标记设计自定义列表样式。

实例 13：创建自定义列表(实例文件：ch03\3.13.html)

```
<!DOCTYPE html>
<html>
<head>
<title>自定义列表</title>
</head>
<body>
<h2>各个训练营介绍</h2>
<dl>
    <dt>Python 爬虫智能训练营</dt>
    <dd>人工智能时代的来临，随着互联网数据越来越开放，越来越丰富。基于大数据来做的事也越来越多。数据分析服务、互联网金融、数据建模、医疗病例分析、自然语言处理、信息聚类，这些都是大数据的应用场景，而大数据的来源都是利用网络爬虫来实现。</dd>
    <dt>网站前端开发训练营</dt>
    <dd>网站前端开发的职业规划包括网页制作、网页制作工程师、前端制作工程师、网站重构工程师、前端开发工程师、资深前端工程师、前端架构师。</dd>
    <dt>PHP 网站开发训练营</dt>
    <dd>PHP 网站开发训练营是一个专门为 PHP 初学者提供入门学习帮助的平台，这里是初学者的修行圣地，提供各种入门宝典。</dd>
    <dt>网络安全对抗训练营</dt>
    <dd>网络安全对抗训练营在剖析用户进行黑客防御中迫切需要或想要用到的技术时，力求对其进行"傻瓜"式的讲解，使学生对网络防御技术有一个系统的了解，能够更好地防范黑客的攻击。</dd>
</dl>
</body>
</html>
```

运行效果如图 3-13 所示。

图3-13 自定义网页列表

3.4.6 建立嵌套列表

嵌套列表是网页中常用的技术，通过重复使用<ol>标记和<ul>标记可以实现无序列表和有序列表的嵌套。

下面的实例使用<ol>标记和<ul>标记设计自定义的列表样式。

实例14：创建嵌套列表(实例文件：ch03\3.14.html)

```html
<!doctype html>
<html>
<head>
<title>无序列表和有序列表嵌套</title>
</head>
<body>
<ul>
   <li ><a href="#">课程销售排行榜</a>
      <ol >
            <li><a href="#">Python 爬虫智能训练营</a></li>
            <li><a href="#">网站前端开发训练营</a></li>
            <li><a href="#">PHP 网站开发训练营</a></li>
            <li><a href="#">网络安全对抗训练营</a></li>
      </ol>
   </li>
   <li ><a href="#">学生区域分布</a>
      <ul>
            <li><a href="#">北京</a></li>
            <li><a href="#">上海</a></li>
            <li><a href="#">广州</a></li>
            <li><a href="#">郑州</a></li>
      </ul>
   </li>
</ul>
</body>
</html>
```

运行效果如图3-14所示。

图 3-14　自定义网页列表

3.5　超链接标记

在 HTML 5 中建立超链接所使用的标记为<a></a>。超链接最重要的两个要素是设置为超链接的网页元素和超链接指向的目标地址，基本结构如下：

```
<a href=URL>网页元素</a>
```

3.5.1　设置文本和图片的超链接

设置超链接的网页元素通常使用文本和图片。文本超链接和图片超链接是通过<a></a>标记来实现的，将文本或图片放在<a>(开始标记)和</a>(结束标记)之间，即可建立超链接。下面的实例将实现文本和图片的超链接。

实例 15：设置文本和图片的超链接(实例文件：ch03\3.15.html)

```
<!DOCTYPE html>
<html>
<head>
<title>文本和图片超链接</title>
</head>
<body>
<a href="a.html"><img src="images/13.jpg"></a>
<a href="b.html">公司简介</a>
</body>
</html>
```

网页效果如图 3-15 所示。用鼠标单击图片，即可实现链接跳转。

图 3-15　文本和图片超链接的效果

默认情况下，为文本添加超链接后，文本会自动增加下划线，并且文本颜色变为蓝色，单击过的超链接文本会变成暗红色。图片增加超链接后，浏览器会自动给图片加一个粗边框。

3.5.2 创建指向不同目标类型的超链接

除了.html 类型的文件外，超链接所指向的目标类型还可以是其他各种类型的文件，包括图片文件、声音文件、视频文件、Word 文档、其他网站、FTP 服务器、电子邮件等。

1. 链接到各种类型的文件

超链接<a>标记的 href 属性指向链接的目标，目标可以是各种类型的文件。如果是浏览器能够识别的类型，会直接在浏览器中显示；如果是浏览器不能识别的类型，浏览器会进行下载操作。

实例 16：设置指向不同目标类型的超链接(实例文件：ch03\3.16.html)

```
<!DOCTYPE html>
<html>
<head>
<title>链接各种类型文件</title>
</head>
<body>
<p><a href="a.html">链接 html 文件</a></p>
<p><a href="coffe.jpg">链接图片</a></p>
<p><a href="2.doc">链接 word 文档</a></p>
</body>
</html>
```

网页效果如图 3-16 所示，分别链接到了 HTML 文件、图片和 Word 文档。

图 3-16　各种类型的链接

2. 链接到其他网站或 FTP 服务器

在网页中，友情链接也是推广网站的一种方式。下列代码实现了链接到其他网站或 FTP 服务器：

```
<a href="http://www.baidu.com">链接百度</a>
<a href="ftp://172.16.1.254">链接到 FTP 服务器</a>
```

> **注意**　这里 FTP 服务器用的是 IP 地址。为了保证代码的正确运行，读者应填写有效的 FTP 服务器地址。

3. 设置电子邮件链接

在某些网页中，当访问者单击某个链接以后，会自动打开电子邮件客户端软件(如 Outlook 或 Foxmail 等)，向某个特定的 E-mail 地址发送邮件，这个链接就是电子邮件链接。

电子邮件链接的格式如下：

```
<a href="mailto:电子邮件地址">网页元素</a>
```

实例 17：设置电子邮件链接(实例文件：ch03\3.17.html)

```
<!DOCTYPE html>
<html>
<head>
<title>电子邮件链接</title>
</head>
<body>
<img src="images/logo.gif" width="119" height="49"> [免费注册][登录]
<a href="mailto:kfdzsj@126.com">站长信箱</a>
</body>
</html>
```

以上代码实现了电子邮件链接，网页效果如图 3-17 所示。单击"站长信箱"链接时，会弹出 Outlook 窗口，要求编写电子邮件，如图 3-18 所示。

图 3-17　链接到电子邮件 　　　　　　　图 3-18　Outlook 新邮件窗口

3.5.3　设置以新窗口显示超链接页面

默认情况下，当单击超链接时，目标页面会在当前窗口中显示，替换当前页面的内容。如果在单击某个链接以后，要打开一个新的浏览器窗口，在这个新窗口中显示目标页面，就需要使用<a>标记的 target 属性。

target 属性有 4 个取值，分别是_blank、_self、_top 和_parent。由于 HTML 5 不再支持框架，所以_top、_parent 这两个取值不常用。本节仅为读者讲解_blank、_self 值。其中，_blank 值为在新窗口中显示超链接页面，_self 代表在自身窗口中显示超链接页面；当省略 target 属性时，默认取值为_self。

实例 18：设置电子邮件链接(实例文件：ch03\3.18.html)

```
<!DOCTYPE html>
<html>
<head>
<title>以新窗口方式打开</title>
</head>
<body>
<a href="a.html target="_blank">新窗口</a>
</body>
</html>
```

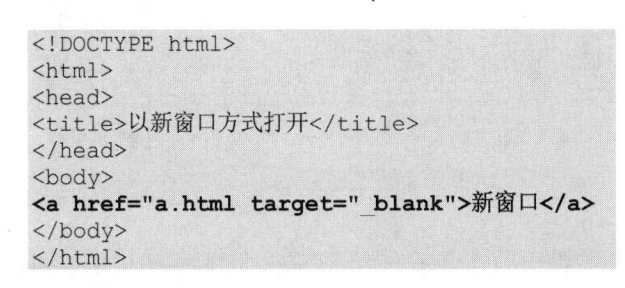

图 3-19　预览效果

网页效果如图 3-19 所示。

3.5.4 链接到同一页面的不同位置

对于文字比较多的网页，需要对同一页面的不同位置进行链接，这时就需要建立同一网页内的链接。

实例 19：链接到同一页面的不同位置(实例文件：ch03\3.19.html)

```html
<!DOCTYPE html>
<html>
<body>
<p>
<a href="#C4">查看 第 4 章。</a>
</p>
<h2>第 1 章</h2>
<p>本章讲解图片相关知识……</p>
<h2>第 2 章</h2>
<p>本章讲解文字相关知识……</p>
<h2>第 3 章</h2>
<p>本章讲解动画相关知识……</p>
<h2><a name="C4">第 4 章</a></h2>
<p>本章讲解图形相关知识……</p>
<h2>第 5 章</h2>
<p>本章讲解列表相关知识……</p>
<h2>第 6 章</h2>
<p>本章讲解按钮相关知识……</p>
<h2>第 7 章</h2>
<p>本章讲解……</p>
<h2>第 8 章</h2>
<p>本章讲解……</p>
<h2>第 9 章</h2>
<p>本章讲解……</p>
<h2>第 10 章</h2>
<p>本章讲解……</p>
<h2>第 11 章</h2>
<p>本章讲解……</p>
<h2>第 12 章</h2>
<p>本章讲解……</p>
</body>
</html>
```

网页效果如图 3-20 所示。单击页面中的"第 4 章"链接，即可将第 4 章的内容跳转到页面顶部，如图 3-21 所示。

图 3-20 初始效果　　　　　　图 3-21 链接到第 4 章

3.6 图像热点链接

在浏览网页时，当单击一张图片的不同区域，会显示不同的链接内容，这就是图片的热点区域。所谓图片的热点区域，就是将一个图片划分成若干个链接区域。访问者单击不同的区域，会链接到不同的目标页面。

在 HTML5 中，可以为图片创建 3 种类型的热点区域，即矩形、圆形和多边形。创建热点区域使用标记<map>和<area>。

设置图像热点链接大致可以分为两个步骤。

1. 设置映射图像

要想建立图片热点区域，必须先插入图片。注意，图片必须增加 usemap 属性，说明该图像是热区映射图像，属性值必须以"#"开头，加上名字，如#pic。具体语法格式如下：

```
<img src="图片地址" usemap="#热点图像名称">
```

2. 定义热点区域图像和热点区域链接

定义热点区域图像和热点区域链接的语法格式如下：

```
<map id="#热点图像名称">
    <area shape="热点形状 1" coords="热点坐标 1" href="链接地址 1">
    <area shape="热点形状 2" coords="热点坐标 2" href="链接地址 2">
</map>
```

<map>标记只有一个属性 id，其作用是为区域命名，其设置值必须与<img>标记的 usemap 属性值相同。

<area>标记主要定义热点区域的形状及超链接，它有 3 个必需的属性。

(1) shape 属性：控件划分区域的形状。其取值有 3 个，分别是 rect(矩形)、circle(圆形)和 poly(多边形)。

(2) coords 属性：控制区域的划分坐标。如果 shape 属性取值为 rect，那么 coords 的设置值分别为矩形的上角 x、y 坐标点和右下角 x、y 坐标点。如果 shape 属性取值为 circle，那么 coords 的设置值分别为圆形圆心 x、y 坐标点和半径值。如果 shape 属性取值为 poly，那么 coords 的设置值分别为矩形各个点 x、y 坐标。

(3) href 属性：为区域设置超链接的目标。设置值为"#"时，表示空链接。

实例 20：添加图像热点链接(实例文件：ch03\3.20.html)

```
<!DOCTYPE html>
<html>
<head>
<title>创建热点区域</title>
</head>
<body>
<img src="pic/daohang.jpg" usemap="#Map">
<map name="Map">
    <area shape="rect" coords="30,106,220,363" href="pic/r1.jpg"/>
    <area shape="rect" coords="234,106,416,359" href="pic/r2.jpg"/>
    <area shape="rect" coords="439,103,618,365" href="pic/r3.jpg"/>
    <area shape="rect" coords="643,107,817,366" href="pic/r4.jpg"/>
    <area shape="rect" coords="837,105,1018,363" href="pic/r5.jpg"/>
</map>
</body>
</html>
```

运行效果如图 3-22 所示。单击不同的热点区域，将跳转到不同的页面。例如这里单击"超美女装"区域，跳转页面效果如图 3-23 所示。

图 3-22　创建热点区域　　　　　　图 3-23　热点区域的链接页面

3.7　在网页中插入图像

图像可以美化网页，插入图像使用单标记<img>。img 标记的属性及描述如表 3-3 所示。

表 3-3　img 标记的属性及描述

属　性	值	描　　述
alt	text	定义有关图形的简短描述
src	URL	要显示图像的 URL
height	pixels %	定义图像的高度
ismap	URL	把图像定义为服务器端的图像映射
usemap	URL	定义作为客户端图像映射的一幅图像。可参阅 <map> 和 <area> 标记，了解其工作原理
vspace	pixels	定义图像顶部和底部的空白。HTML 5 不支持。可使用 CSS 代替
width	pixels %	设置图像的宽度

src 属性用于指定图片源文件的路径，它是 img 标记必不可少的属性。语法格式如下：

<img src="图片路径">

图片可以使用绝对路径，也可以使用相对路径。下面的实例是在网页中插入图片。

实例 21：通过图像标记，设计一个象棋游戏的来源介绍(实例文件：ch03\3.21.html)

```
<!DOCTYPE html>
<html >
<head>
<title>插入图片</title>
</head>
```

第 3 章　HTML 5 网页中的文本、超链接和图像

```
<body>
<h2 align="center">象棋的来源</h2>
<p>     中国象棋是起源于中国的一种棋戏，象棋的"象"是一个人，相传象是舜的弟弟，他喜欢打打杀杀，他发明了一种用来模拟战争的游戏，因为是他发明的，很自然也把这种游戏叫作"象棋"。到了秦朝末年西汉开国，韩信把象棋进行一番大改，有了楚河汉界，有了王不见王，名字还叫作"象棋"，然后经过后世的不断修正，一直到宋朝，把红棋的"卒"改为"兵"：黑棋的"仕"改为"士"，"相"改为"象"，象棋的样子基本完善。棋盘里的河界，又名"楚河汉界"。</p>
<!--插入象棋的游戏图片，并且设置水平间距为 200 像素-->
<img src="pic/xiangqi.gif" hspace="200">
</body>
</html>
```

运行效果如图 3-24 所示。

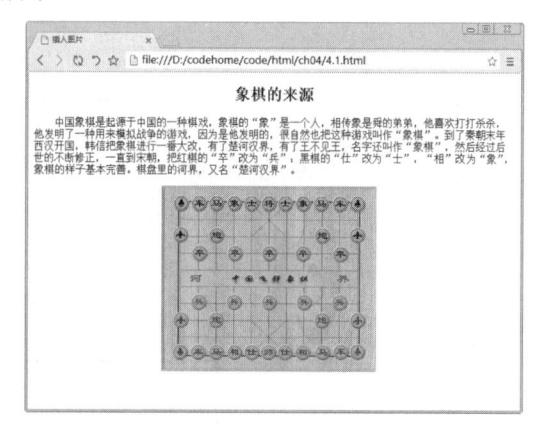

图 3-24　在网页中插入图片

除了可以在本地插入图片以外，还可以插入网络资源上的图片，例如插入百度图库中的图片，代码如下：

`<img src="http://www.baidu.com/img/图片名称.gif" />`

3.8　编辑网页中的图像

在插入图片时，用户还可以设置图像的大小、边框、间距、对齐方式和替换文本等。

3.8.1　设置图像的大小和边框

在 HTML 文档中，还可以设置插入图片的显示大小。图片一般按原始尺寸显示，但也可以任意设置显示尺寸。设置图像尺寸分别用属性 width(宽度)和 height(高度)。

设置图片大小的语法格式如下：

`<img src="图像的地址" width="宽度值" height="高度值">`

这里的"高度值"和"宽度值"的单位为像素。如果只设置了宽度或者高度，则另一个参数会按照相同的比例进行调整。如果同时设置了宽度和高度，且缩放比例不同，图像可能会变形。

41

默认情况下插入的图像没有边框,通过 border 属性可以为图像添加边框,语法格式如下:

```
<img src="图像的地址" border="边框大小值">
```

这里的"边框大小值"的单位为像素。

实例 22:设置商品图片的大小和边框效果(实例文件:ch03\3.22.html)

```
<!DOCTYPE html>
<html>
<head>
<title>设置图像的大小和边框</title>
</head>
<body>
<img src="pic/pingban.jpg">
<img src="pic/pingban.jpg" width="100">
<img src="pic/pingban.jpg" width="150" height="200">
<img src="pic/pingban.jpg" border="5">
</body>
</html>
```

运行效果如图 3-25 所示。

图 3-25 设置图像的大小和边框

图片的尺寸单位可以选择百分比或数值。百分比为相对尺寸,数值是绝对尺寸。

> **注意**:网页中插入的图像都是位图,放大尺寸时图像会出现马赛克,变得模糊。

> **技巧**:在 Windows 中查看图片的尺寸时,只需找到图像文件,把鼠标指针移动到图像上,停留几秒后,就会出现一个提示框,说明图像文件的尺寸。尺寸后显示的数字,代表图像的宽度和高度,如 256×256。

3.8.2 设置图像的间距和对齐方式

在设计网页的图文混排时，如果不使用换行标记，添加的图片会紧跟在文字后面。如果想调整图片与文字的距离，可以通过设置 hspace 属性和 vspace 属性来完成。其语法格式如下：

```
<img src="图像的地址" hspace="水平间距值" vspace="垂直间距值">
```

图像和文字之间的排列方式通过 align 参数来调整。对齐方式分为两种：绝对对齐方式和相对文字对齐方式。其中，绝对对齐方式包括左对齐、右对齐和居中对齐，相对文字对齐方式则指图像与一行文字的相对位置，其语法格式如下：

```
<img src="图像的地址" align="相对文字的对齐方式">
```

其中，align 属性的取值和含义如下。
- left：把图像对齐到左边。
- right：把图像对齐到右边。
- middle：把图像与中央对齐。
- top：把图像与顶部对齐。
- bottom：把图像与底部对齐。该对齐方式为默认对齐方式。

实例 23：设置商品图片的水平间距对齐效果(实例文件：ch03\3.23.html)

```
<!doctype html>
<html>
<head>
<title>设置图像的水平间距</title>
</head>
<body>
<h3>请选择您喜欢的商品：</h3>
<hr size="3" />
<!--在插入的两行图片中，分别设置图片的对齐方式为 middle -->
第一组商品图片<img src="pic/1.jpg" border="2" align="middle"/>
          <img src="pic/2.jpg" border="2" align="middle"/>
                    <img src="pic/3.jpg" border="2" align="middle"/>
                    <img src="pic/4.jpg" border="2" align="middle"/>
<br/><br/>
第二组商品图片<img src="pic/5.jpg" border="1" align="middle"/>
                    <img src="pic/6.jpg" border="1" align="middle"/>
                    <img src="pic/7.jpg" border="1" align="middle"/>
                    <img src="pic/8.jpg" border="1" align="middle"/>
</body>
</html>
```

运行效果如图 3-26 所示。

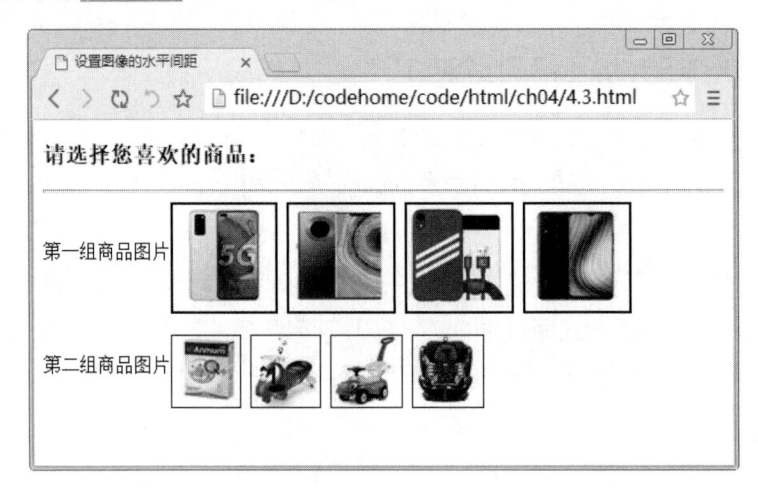

图 3-26 设置水平间距对齐效果

3.8.3 设置图像的替换文字和提示文字

为图像添加提示文字可以方便搜索引擎的检索。除此之外，图像提示文字的作用还有以下两个。

(1) 当浏览网页时，如果图像下载完成，将鼠标指针放在该图像上，鼠标指针旁边会显示 title 标记设置的提示文字。其语法格式如下：

```
<img src="图像的地址" title="图像的提示文字">
```

(2) 如果图像没有成功下载，在图像的位置上会显示 alt 标记设置的替换文字。其语法格式如下：

```
<img src="图像的地址" alt="图像的替换文字">
```

实例 24：设置商品图片的替换文字和提示文字效果(实例文件：ch03\3.24.html)

```
<!DOCTYPE html>
<html >
<head>
<title>替换文字和提示文字</title>
</head>
<body>
<h2 align="center">象棋的来源</h2>
<p>     中国象棋是起源于中国的一种棋戏，象棋的"象"是一个人，相传象是舜的弟弟，他喜欢打打杀杀，他发明了一种用来模拟战争的游戏，因为是他发明的，很自然也把这种游戏叫作"象棋"。到了秦朝末年西汉开国，韩信把象棋进行一番大改，有了楚河汉界，有了王不见王，名字还叫作"象棋"，然后经过后世的不断修正，一直到宋朝，把红棋的"卒"改为"兵"；黑棋的"仕"改为"士"，"相"改为"象"，象棋的样子基本完善。棋盘里的河界，又名"楚河汉界"。</p>
<!--插入象棋的游戏图片，并且设置替换文字和提示文字-->
<img src="pic/xiangqis.gif" alt="象棋游戏" title="象棋游戏是中华民族的文化瑰宝">
<img src="pic/xiangqis.gif" alt="象棋游戏" title="象棋游戏是中华民族的文化瑰宝">
</body>
</html>
```

运行效果如图 3-27 所示。用户将鼠标指针放在图片上，即可看到提示文字。

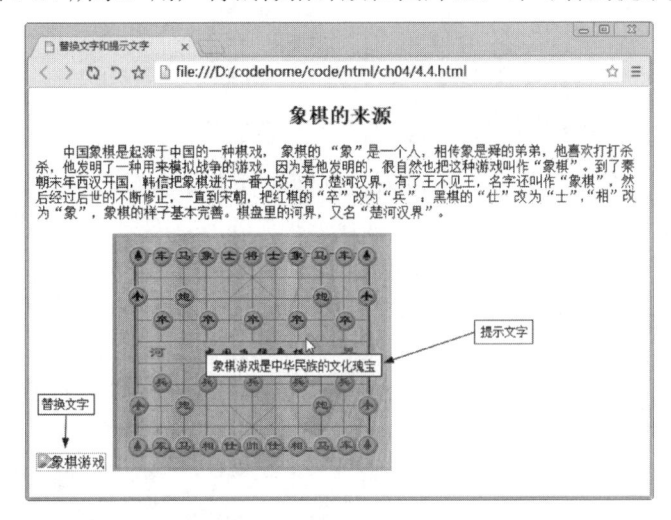

图 3-27　替换文字和提示文字

> **注意**　随着互联网技术的发展，网速已经不是制约下载的因素，因此一般都能成功下载图像。现在，alt 还有另外一个作用：在百度、Google 等搜索引擎中，搜索图片没有搜索文字方便，如果给图片添加适当提示，可以方便搜索引擎的检索。

3.9　疑 难 解 惑

疑问 1：换行标记和段落标记有什么区别？

换行标记是单标记，不能写结束标记。段落标记是双标记，可以省略结束标记，也可以不省略。默认情况下，段落之间的距离和段落内部的行间距是不同的，段落间距比较大，行间距比较小。

HTML 无法调整段落间距和行间距，如果希望调整它们，就必须使用 CSS。

疑问 2：无序列表<ul>元素的作用是什么？

无序列表元素主要用于条理化和结构化文本信息。在实际开发中，无序列表在制作导航菜单时被广泛使用。导航菜单的结构一般都使用无序列表来实现。

疑问 3：在浏览器中，图片为何无法显示？

图片在网页中属于嵌入对象，并不是保存在网页中，网页只是保存了指向图片的路径。浏览器在解释 HTML 文件时，会按指定的路径去寻找图片，如果在指定的位置不存在图片，就无法正常显示。为了保证图片的正常显示，制作网页时，需要注意以下几点：
- 图片的格式一定是网页支持的。
- 图片的路径一定要正确，并且图片文件扩展名不能省略。
- HTML 文件位置发生改变时，图片一定要跟着改变，即图片位置与 HTML 文件位置始终保持相对一致。

3.10 跟我学上机

上机练习 1：编写一个包含各种图文混排效果的页面

在网页的文字中，如果插入图片，可以对图像进行对齐操作。常用的对齐方式有居中、底部对齐、顶部对齐三种。这里制作一个包含这三种对齐方式的图文效果，运行结果如图 3-28 所示。

上机练习 2：编写一个图文并茂的房屋装饰装修网页

创建一个由文本和图片构成的房屋装饰效果网页，运行结果如图 3-29 所示。

图 3-28　图片的各种对齐方式　　　　图 3-29　图文并茂的房屋装饰装修网页

第4章
使用 HTML 5 创建表格

HTML 中的表格不但可以清晰地显示数据，而且可以用于页面布局。HTML 中的表格类似于 Word 软件中的表格，尤其是使用网页制作工具，操作很相似。

HTML 制作表格的原理是使用相关标记(如表格对象 table、行对象 tr、单元格对象 td)来完成。

案例效果

4.1 表格的基本结构

使用表格显示数据，可以更直观和清晰。在 HTML 文档中，表格主要用于显示数据。虽然可以使用表格布局，但是不建议使用，因为它有很多弊端。表格一般由行、列和单元格组成，如图 4-1 所示。

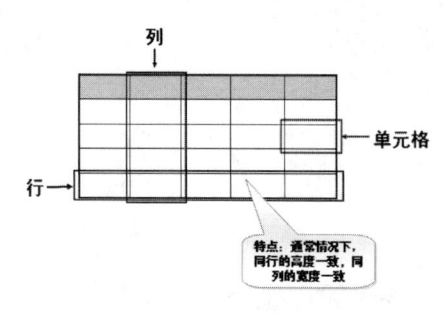

图 4-1 表格的组成

在 HTML 5 中，用于创建表格的标记如下。

- <table>用于标识一个表格对象的开始，</table>用于标识一个表格对象的结束。一个表格中，只允许出现一对<table></table>标记。HTML 5 中不再支持它的其他属性。
- <tr>用于标识表格一行的开始，</tr>标记用于标识表格一行的结束。表格内有多少对<tr></tr>标记，就表示表格中有多少行。HTML 5 中不再支持它的其他属性。
- <td>用于标识表格某行中的一个单元格的开始，</td>标记用于标识表格某行中一个单元格的结束。<td></td>标记应书写在<tr></tr>标记内，一对<tr></tr>标记内有多少对<td></td>标记，就表示该行有多少个单元格。在 HTML 5 中，<td>仅有 colspan 和 rowspan 两个属性。

最基本的表格必须包含一对<table></table>标记、一对或几对<tr></tr>标记以及一对或几对<td></td>标记。一对<table></table>标记定义一个表格，一对<tr></tr>标记定义一行，一对<td></td>标记定义一个单元格。

实例 1：通过表格标记，编写公司销售表(实例文件：ch04\4.1.html)

```
<!DOCTYPE html>
<html>
<head>
<title>公司销售表</title>
</head>
<body>
<h1 align="center">公司销售表</h1>
<!--<table>为表格标记-->
<table align="center">
    <!--<tr>为行标记-->
    <tr>
        <!--<td>为表头标记-->
        <th>姓名</th>
        <th>月份</th>
        <th>销售额</th>
    </tr>
    <tr>
        <!--<td>为单元格-->
        <td>刘玉</td>
        <td>1 月份</td>
        <td>32 万</td>
    </tr>
    <tr>
        <!--<td>为单元格-->
        <td>张平</td>
        <td>1 月份</td>
        <td>36 万</td>
    </tr>
    <tr>
        <!--<td>为单元格-->
        <td>胡明</td>
        <td>1 月份</td>
        <td>18 万</td>
    </tr>
</table>
</body>
</html>
```

运行效果如图 4-2 所示。

图 4-2 公司销售表

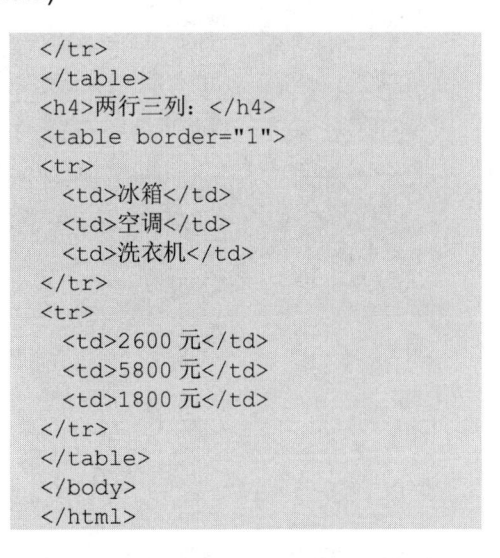

> **提示** 从图 4-2 中读者会发现，表格没有边框，行高及列宽也无法控制。进行上述知识讲述时提到，在 HTML 5 中除了为 td 标记提供两个单元格合并属性之外，<table> 和<tr>标记没有其他属性。

4.2 创建表格

表格可以分为普通表格以及带有标题的表格，在 HTML 5 中，可以创建这两种表格。

4.2.1 创建普通表格

创建 1 列、1 行 3 列和 2 行 3 列的三个表格实例如下。

实例 2：创建产品价格表(实例文件：ch04\4.2.html)

```
<!DOCTYPE html>
<html>
<head>
<title>创建普通表格</title>
</head>
<body>
<h4>一列：</h4>
<table border="1">
<tr>
  <td>冰箱</td>
</tr>
</table>
<h4>一行三列：</h4>
<table border="1">
<tr>
  <td>冰箱</td>
  <td>空调</td>
  <td>洗衣机</td>
</tr>
</table>
<h4>两行三列：</h4>
<table border="1">
<tr>
  <td>冰箱</td>
  <td>空调</td>
  <td>洗衣机</td>
</tr>
<tr>
  <td>2600 元</td>
  <td>5800 元</td>
  <td>1800 元</td>
</tr>
</table>
</body>
</html>
```

运行效果如图 4-3 所示。

图 4-3 创建产品价格表

4.2.2 创建一个带有标题的表格

有时，为了方便表述表格，还需要在表格的上面加上标题。

实例 3：创建一个产品销售统计表(实例文件：ch04\4.3.html)

```
<!DOCTYPE html>
<html>
<head>
<title>创建带有标题的表格</title>
</head>
<body>
<table border="2">
<caption>产品销售统计表</caption>
<tr>
  <td>1 月份</td>
  <td>2 月份</td>
  <td>3 月份</td>
</tr>
<tr>
  <td>100 万</td>
  <td>120 万</td>
  <td>160 万</td>
</tr>
</table>
</body>
</html>
```

图 4-4 产品销售统计表

运行效果如图 4-4 所示。

4.3 编辑表格

在创建好表格之后，还可以编辑表格，包括设置表格的边框类型、设置表格的表头、合并单元格等。

4.3.1 定义表格的边框类型

使用表格的 border 属性可以定义表格的边框类型，如常见的加粗边框。

实例 4：创建不同边框类型的表格(实例文件：ch04\4.4.html)

```
<!DOCTYPE html>
<html>
<body>
<h4>普通边框</h4>
<table border="1">
<tr>
  <td>商品名称</td>
  <td>商品产地</td>
  <td>商品价格</td>
</tr>
<tr>
  <td>冰箱</td>
  <td>天津</td>
  <td>4600 元</td>
</tr>
</table>
<h4>加粗边框</h4>
<table border="8">
<tr>
  <td>商品名称</td>
  <td>商品产地</td>
  <td>商品价格</td>
</tr>
<tr>
  <td>冰箱</td>
  <td>天津</td>
  <td>4600 元</td>
</tr>
</table>
</body>
</html>
```

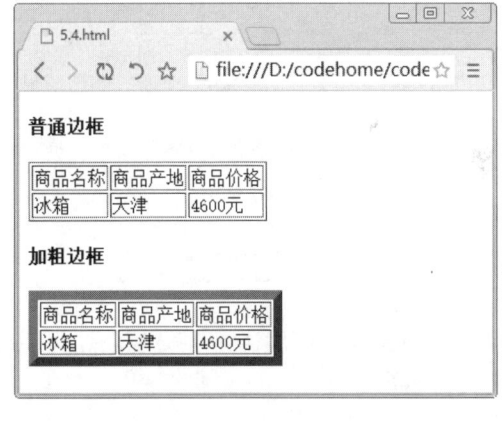

图 4-5 创建不同边框类型的表格

运行效果如图 4-5 所示。

4.3.2 定义表格的表头

表格中也存在表头，常见的表头分为垂直的和水平的两种。使用<th></th>标记分别创建带有垂直和水平表头表格的实例如下。

实例 5：定义表格的表头(实例文件：ch04\4.5.html)

```
<!DOCTYPE html>
<html>
<body>
<h4>水平的表头</h4>
<table border="1">
<tr>
```

```
        <th>姓名</th>
        <th>性别</th>
        <th>班级</th>
    </tr>
    <tr>
        <td>张三</td>
        <td>男</td>
        <td>一年级</td>
    </tr>
</table>
<h4>垂直的表头</h4>
<table border="1">
    <tr>
        <th>姓名</th>
        <td>小丽</td>
    </tr>
    <tr>
        <th>性别</th>
        <td>女</td>
    </tr>
    <tr>
        <th>年级</th>
        <td>二年级</td>
    </tr>
</table>
</body>
</html>
```

图 4-6　分别创建带有垂直和水平表头的表格

运行效果如图 4-6 所示。

4.3.3　设置表格背景

当创建好表格后，为了美观，还可以设置表格的背景，如为表格定义背景颜色、为表格定义背景图片等。

1. 定义表格背景颜色

为表格添加背景颜色是美化表格的一种方式，可使用 bgcolor 属性实现。

实例 6：为表格添加背景颜色(实例文件：ch04\4.6.html)

```
<!DOCTYPE html>
<html>
<body>
<h4 align="center">商品信息表</h4>
<table border="1"
bgcolor="#CCFF99">
<tr>
    <td>商品名称</td>
    <td>商品产地</td>
    <td>商品价格</td>
    <td>商品库存</td>
</tr>
```

```html
<tr>
  <td>洗衣机</td>
  <td>北京</td>
  <td>2600 元</td>
  <td>4860</td>
</tr>
</table>
</body>
</html>
```

运行效果如图 4-7 所示。

图 4-7　为表格添加背景颜色

2．定义表格背景图片

除了可以为表格添加背景颜色外，还可以将图片设置为表格的背景，实现方式是使用 background 属性。

实例 7：定义表格背景图片(实例文件：ch04\4.7.html)

```html
<!DOCTYPE html>
<html>
<body>
<h4 align="center">为表格添加背景图片</h4>
<table border="1" background="pic/m1.jpg">
<tr>
  <td>商品名称</td>
  <td>商品产地</td>
  <td>商品等级</td>
  <td>商品价格</td>
  <td>商品库存</td>
</tr>
<tr>
  <td>电视机</td>
  <td>北京</td>
  <td>一等品</td>
  <td>6800 元</td>
  <td>9980</td>
</tr>
</table>
</body>
</html>
```

运行效果如图 4-8 所示。

图 4-8　为表格添加背景图片

4.3.4　设置单元格的背景

除了可以为表格设置背景外，还可以为单元格设置背景，包括添加背景颜色和背景图片两种。实现方式是使用 bgcolor 属性和 background 属性。

实例 8：为单元格添加背景颜色和图片(实例文件：ch04\4.8.html)

```html
<!DOCTYPE html>
<html>
<body>
```

```
<h4 align="center">为单元格添加背景颜色和图片</h4>
<table border="1">
<tr>
    <td bgcolor="red">商品名称</td>
    <td bgcolor="red">商品产地</td>
    <td bgcolor="red">商品等级</td>
    <td bgcolor="red">商品价格</td>
    <td bgcolor="red">商品库存</td>
</tr>
<tr>
    <td background="pic/m1.jpg">电视机</td>
    <td background="pic/m1.jpg">北京</td>
    <td background="pic/m1.jpg">一等品</td>
    <td background="pic/m1.jpg">6800元</td>
    <td background="pic/m1.jpg">9980</td>
</tr>
</table>
</body>
</html>
```

运行效果如图 4-9 所示。

图 4-9　为单元格添加背景颜色和图片

4.3.5　合并单元格

在实际应用中，并非所有表格都是规范的几行几列，而是需要将某些单元格进行合并，以符合某些内容的需要。在 HTML 中，合并的方向有两种，一种是上下合并，另一种是左右合并，这两种合并方式只需要使用 td 标记的两个属性即可实现。

1. 用 colspan 属性合并左右单元格

左右单元格的合并需要使用 td 标记的 colspan 属性来完成，格式如下：

```
<td colspan="数值">单元格内容</td>
```

其中，colspan 属性的取值为数值型整数，代表有几个单元格进行左右合并。

2. 用 rowspan 属性合并上下单元格

上下单元格的合并需要为<td>标记增加 rowspan 属性，格式如下：

```
<td rowspan="数值">单元格内容</td>
```

其中，rowspan 属性的取值为数值型整数，代表有几个单元格进行上下合并。

实例 9：设计婚礼流程安排表(实例文件：ch04\4.9.html)

```html
<!DOCTYPE html>
<html>
<head>
<title>婚礼流程安排表</title>
</head>
<body>
<h1 align="center">婚礼流程安排表</h1>
<!--<table>为表格标记-->
<table align="center" border="1px" cellpadding="12%" >
    <!--婚礼流程安排表日期-->
    <tr bgcolor="#A5AFEDD">
        <th></th>
        <th>时间</th>
        <th>日程</th>
        <th>地点</th>
    </tr>
    <!--婚礼流程安排表内容-->
    <tr align="center">
        <!--使用 rowspan 属性进行列合并-->
        <td bgcolor="#FCD1CC" rowspan="2">上午</td>
        <td bgcolor="#FCD1CC">7:00--8:30</td>
        <td>新浪新娘化妆定妆</td>
        <td>婚纱影楼</td>
    </tr>
    <!--婚礼流程安排表内容-->
    <tr align="center">
        <td bgcolor="#FCD1CC">8:30--10:30</td>
        <td>新郎根据指导接亲</td>
        <td>酒店 1 楼</td>
    </tr>
    <!--婚礼流程安排表内容-->
    <tr align="center">
        <!--使用 rowspan 属性进行列合并-->
        <td bgcolor="#FCD1CC" rowspan="2">下午</td>
        <td bgcolor="#FCD1CC">12:30--14:00</td>
        <td>婚礼和就餐</td>
        <td>酒店 2 楼</td>
    </tr>
    <!--婚礼流程安排表内容-->
    <tr align="center">
        <td bgcolor="#FCD1CC">14:00--16:00</td>
        <td>清点物品后离开酒店</td>
        <td>酒店 2 楼</td>
    </tr>
</table>
</body>
</html>
```

运行效果如图 4-10 所示。

图 4-10　婚礼流程安排表

> **注意**　合并单元格以后，相应的单元格标记就应该减少，否则单元格就会多出一个，并且后面的单元格会依次发生移位现象。

通过对单元格合并的操作，读者会发现，合并单元格就是"丢掉"某些单元格。对于左右合并，就是以左侧为准，将右侧要合并的单元格"丢掉"；对于上下合并，就是以上方为准，将下方要合并的单元格"丢掉"。如果一个单元格既要向右合并，又要向下合并，那么该如何实现呢？

实例 10：单元格向右和向下合并(实例文件：ch04\4.10.html)

```html
<!DOCTYPE html>
<html>
<head>
<title>单元格上下左右合并</title>
</head>
<body>
<table border="1">
  <tr>
    <td colspan="2" rowspan="2">A1B1<br/>A2B2</td>
    <td>C1</td>
  </tr>
  <tr>
    <td>C2</td>
  </tr>
  <tr>
    <td>A3</td>
    <td>B3</td>
    <td>C3</td>
  </tr>
  <tr>
    <td>A4</td>
    <td>B4</td>
    <td>C4</td>
  </tr>
</table>
</body>
</html>
```

运行效果如图 4-11 所示。

图 4-11　两个方向合并单元格

从上面的结果可以看到，A1 单元格向右合并 B1 单元格，向下合并 A2 单元格，并且 A2 单元格向右合并 B2 单元格。

4.3.6 表格的分组

如果需要分组控制表格列的样式，可以通过<colgroup>标记来完成。该标记的语法格式如下：

```
<colgroup>
    <col style="background-color: 颜色值">
    <col style="background-color: 颜色值">
    <col style="background-color: 颜色值">
</colgroup>
```

<colgroup>标记可以对表格的列进行样式控制，其中，<col>标记对具体的列样式进行控制。

实例 11：设计企业客户联系表(实例文件：ch04\4.11.html)

```
<!DOCTYPE html>
<html>
<head>
<title>企业客户联系表</title>
</head>
<body>
<h1 align="center">企业客户联系表</h1>
<!--<table>为表格标记-->
<table align="center" border="1px" cellpadding="12%" >
<!--<table>为表格标记-->
<table align="center" border="1px" cellpadding="12%" >
    <!--使用<colgroup>标记进行表格分组控制-->
    <colgroup>
        <col style="background-color: #FFD9EC">
        <col style="background-color: #B8B8DC">
        <col style="background-color: #BBFFBB">
        <col style="background-color: #B9B9FF">
    </colgroup>
    <tr>
        <th>区域</th>
        <th>加盟商</th>
        <th>加盟时间</th>
        <th>联系电话</th>
    </tr>

    <tr align="center">
        <td>华北区域</td>
        <td>王蒙</td>
        <td>2019 年 9 月</td>
        <td>123XXXXXXXX</td>
    </tr>

    <tr align="center">
        <td>华中区域</td>
        <td>王小名</td>
```

```
        <td>2019 年 1 月</td>
        <td>100XXXXXXXX</td>
    </tr>

    <tr align="center">
        <td>西北区域</td>
        <td>张小明</td>
        <td>2012 年 9 月</td>
        <td>111XXXXXXXX</td>
    </tr>
</table>
</body>
</html>
```

图 4-12 企业客户联系表

运行效果如图 4-12 所示。

4.3.7 设置单元格的行高与列宽

使用 cellpadding 可创建单元格内容与其边框之间的空白，从而调整表格的行高与列宽。

实例 12：设置单元格的行高与列宽(实例文件：ch04\4.12.html)

```
<!DOCTYPE html>
<html>
<head>
<title>设置单元格的行高和列宽</title>
</head>
<body>
<h2>单元格调整前的效果</h2>
<table border="1">
<tr>
    <td>商品名称</td>
    <td>商品产地</td>
    <td>商品等级</td>
    <td>商品价格</td>
    <td>商品库存</td>
</tr>
<tr>
    <td>电视机</td>
    <td>北京</td>
    <td>一等品</td>
    <td>6800 元</td>
    <td>9980</td>
</tr>
</table>
<h2>单元格调整后的效果</h2>
<table border="1" cellpadding="10">
<tr>
    <td>商品名称</td>
    <td>商品产地</td>
    <td>商品等级</td>
    <td>商品价格</td>
```

```
        <td>商品库存</td>
    </tr>
    <tr>
        <td>电视机</td>
        <td>北京</td>
        <td>一等品</td>
        <td>6800 元</td>
        <td>9980</td>
    </tr>
</table>
</body>
</html>
```

运行效果如图 4-13 所示。

图 4-13 使用 cellpadding 属性来调整表格的行高与列宽

4.4 完整的表格标记

上面讲述了表格中最常用也是最基本的三个标记<table>、<tr>和<td>，使用它们可以构建最简单的表格。为了让表格结构更清晰，以及配合 CSS 样式更方便地制作各种样式的表格，表格中还会出现表头、主体、脚注等。

按照表格结构，可以把表格的行分组，称为"行组"。不同的行组具有不同的意义。行组分为三类——"表头""主体"和"脚注"。三者相应的 HTML 标记依次为<thead>、<tbody>和<tfoot>。

此外，在表格中还有两个标记：标记<caption>表示表格的标题；在一行中，除了<td>标记表示一个单元格以外，还可以使用<th>表示该单元格是这一行的"行头"。

实例 13：使用完整的表格标记设计学生成绩单(实例文件：ch04\4.13.html)

```
<!DOCTYPE html>
<html>
<head>
<title>完整表格标记</title>
<style>
tfoot{
background-color:#FF3;
}
</style>
</head>
<body>
<table border="1">
    <caption>学生成绩单</caption>
    <thead>
        <tr>
            <th>姓名</th><th>性别</th><th>成绩</th>
        </tr>
    </thead>
    <tfoot>
        <tr>
            <td>平均分</td><td colspan="2">540</td>
        </tr>
```

```
        </tfoot>
        <tbody>
            <tr>
                <td>张三</td><td>男</td><td>560</td>
            </tr>
            <tr>
                <td>李四</td><td>男</td><td>520</td>
            </tr>
        </tbody>
</table>
</body>
</html>
```

从上面的代码可以发现，使用 caption 标记定义了表格标题，<thead>、<tbody>和<tfoot>标记对表格进行了分组。在<thead>部分使用<th>标记代替<td>标记定义单元格，<th>标记定义的单元格内容默认加粗显示。网页的预览效果如图4-14所示。

图 4-14　完整的表格结构

> **注意**　<caption>标记必须紧随<table>标记之后。

4.5　设置悬浮变色的表格

本练习将结合前面学习的知识，创建一个悬浮变色的销售统计表。这里会用到 CSS 样式表来修饰表格的外观效果。

实例 14：设置悬浮变色的表格(实例文件：ch04\4.14.html)

下面分步骤来学习悬浮变色的表格效果是如何一步步实现的。

01 创建网页文件，实现基本的表格内容，代码如下：

```
<!DOCTYPE html>
<html>
<head>
<title>销售统计表</title>
</head>
<body>
<table border="0" cellpadding="1" cellspacing="1">
<caption>销售统计表</caption>
```

```
<tr>
    <th>产品名称</th>
    <th>产品产地</th>
    <th>销售金额</th>
</tr>
<tr class="hui">
    <td>洗衣机</td>
    <td>北京</td>
    <td>456 万</td>
</tr>
<tr>
    <td>电视机</td>
    <td>上海</td>
    <td>306 万</td>
</tr>
<tr class="hui">
    <td>空调</td>
    <td>北京</td>
    <td>688 万</td>
</tr>
<tr>
    <td>热水器</td>
    <td>大连</td>
    <td>108 万</td>
</tr>
<tr class="hui">
    <td>冰箱</td>
    <td>北京</td>
    <td>206 万</td>
</tr>
<tr>
    <td>扫地机器人</td>
    <td>广州</td>
    <td>68 万</td>
</tr>
<tr class="hui">
    <td>电磁炉</td>
    <td>北京</td>
    <td>109 万</td>
</tr>
<tr>
    <td>吸尘器</td>
    <td>天津</td>
    <td>48 万</td>
</tr>
</table>
</body>
</html>
```

运行效果如图 4-15 所示。可以看到显示了一个表格，表格不带有边框，字体等都是默认显示。

02 添加 CSS 代码，修饰 table 表格和单元格。

```
<style type="text/css">
<!--
```

图 4-15　创建基本表格

```
table {
width: 600px;
margin-top: 0px;
margin-right: auto;
margin-bottom: 0px;
margin-left: auto;
text-align: center;
background-color: #000000;
font-size: 9pt;
}
td {
padding: 5px;
background-color: #FFFFFF;
}
-->
</style>
```

运行效果如图 4-16 所示。可以看到显示了一个表格，表格带有边框，行内字体居中显示，但列标题背景色为黑色，其中字体颜色不够明显。

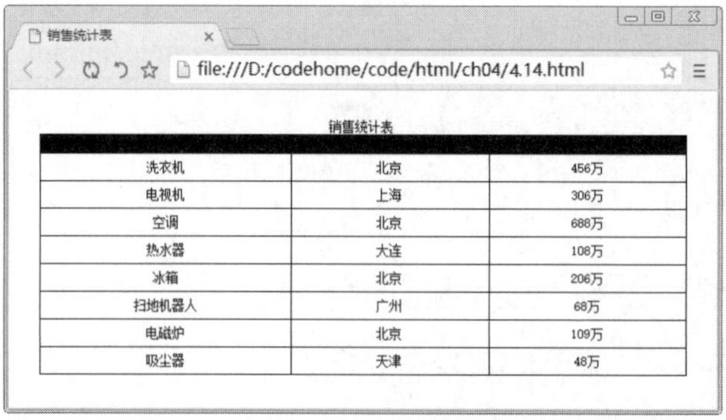

图 4-16 设置 table 样式

03 添加 CSS 代码，修饰标题。

```
caption{
font-size: 36px;
font-family: "黑体", "宋体";
padding-bottom: 15px;
}
tr{
font-size: 13px;
background-color: #cad9ea;
color: #000000;
}
th{
padding: 5px;
}
.hui td {
background-color: #f5fafe;
}
```

上面代码中，使用了类选择器 hui 来定义每个 td 行所显示的背景色，此时需要在表格中每个奇数行都引入该类选择器，例如<tr class="hui">，从而设置奇数行的背景色。

运行效果如图 4-17 所示。可以看到，一个表格中列标题一行背景色显示为浅蓝色，并且表格中奇数行背景色为浅灰色，而偶数行背景色显示为默认的白色。

04 添加 CSS 代码，实现鼠标悬浮变色。

```
tr:hover td {
background-color: #FF9900;
}
```

运行效果如图 4-18 所示。可以看到，当鼠标指针放到不同行上面时，其背景会显示不同的颜色。

图 4-17 设置奇数行背景色 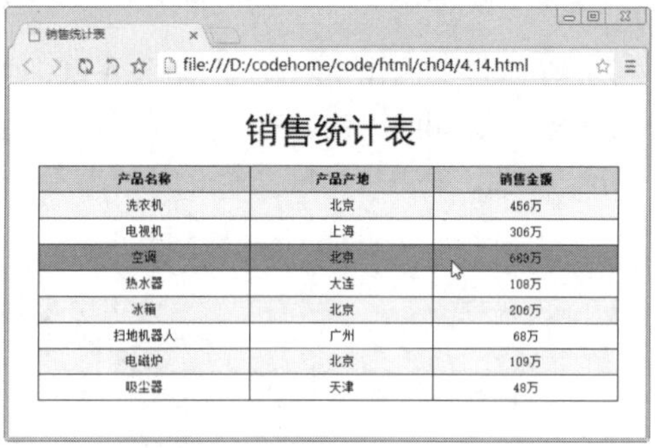　　　　　　图 4-18 鼠标悬浮改变颜色

4.6 疑难解惑

疑问 1：表格除了显示数据，还可以进行布局，为何不使用表格进行布局？

在互联网刚刚开始普及时，网页非常简单，形式也非常单调，当时美国的 David Siegel 设计了使用表格布局，风靡全球。在表格布局的页面中，表格不但需要显示内容，还要控制页面的外观及显示位置，导致页面代码过多，结构与内容无法分离，这样就给网站的后期维护和很多其他方面带来了麻烦。

疑问 2：使用<thead>、<tbody>和<tfoot>标记对行进行分组的意义何在？

在 HTML 文档中增加<thead>、<tbody>和<tfoot>标记，虽然从外观上不能看出任何变化，但是它们却使文档的结构更加清晰。此外，还有一个更重要的意义，就是方便使用 CSS 样式对表格的各个部分进行修饰，从而制作出更炫的表格。

4.7 跟我学上机

上机练习 1：设计悬浮变色的学生成绩表

结合前面学习的知识，创建一个学生成绩表。首先需要建立一个表格，所有行的颜色不单独设置，统一采用表格本身的背景色。然后用 CSS 实现该效果，如图 4-19 所示。当鼠标指针放到不同行上面时，其背景会显示不同的颜色。

学生成绩表

姓名	语文成绩
王锋	85
李伟	78
张宇	89
苏石	66
马丽	90
张丽	90
冯尚	85
李旺	75

图 4-19　悬浮变色的学生成绩表

上机练习 2：编写一个计算机报价表页面

利用所学的表格知识，制作如图 4-20 所示的计算机报价表。这里利用 caption 标记制作表格的标题，用<th>代替<td>作为标题行单元格。可以将图片放在单元格内，即在<td>标记内使用 img 属性。在 HTML 文档的 head 部分增加 CSS 样式，为表格增加边框及相应的修饰效果。

计算机报价单

型号	类型	价格	图片
宏碁(Acer) AS4552-P362G32MNCC	笔记本	￥2799	
戴尔(Dell) 14VR-188	笔记本	￥3499	
联想(Lenovo) G470AH2310W42G500P7CW3(DB)-CN	笔记本	￥4149	
戴尔家用(DELL) I560SR-656	台式	￥3599	
宏图奇眩(Hiteker) HS-5508-TF	台式	￥3399	
联想(Lenovo) G470	笔记本	￥4299	

图 4-20　计算机报价表页面

第 5 章
使用 HTML 5 创建表单

在网页中,表单比较重要,主要负责采集浏览者的相关数据,例如常见的登录表、调查表和留言表等。在 HTML 5 中,表单拥有多个新的表单特性,这些新特性提供了更好的输入和验证控制。

案例效果

5.1 表单概述

表单主要用于收集网页上浏览者的相关信息，其标记为<form></form>。表单的基本语法格式如下：

```
<form action="url" method="get|post" enctype="mime"></form>
```

其中，action="url"指定处理提交表单的格式，它可以是一个 URL 地址或一个电子邮件地址。method="get"或"post"指明提交表单的 HTTP 方法。enctype="mime"指明用来把表单提交给服务器时的互联网媒体形式。

表单是一个能够包含表单元素的区域。通过添加不同的表单元素，将显示不同的效果。

实例 1：创建网站会员登录页面(实例文件：ch05\5.1.html)

```
<!DOCTYPE html>
<html>
<head>
</head>
<body>
<form>
    网站会员登录
    <br/>
    用户名称
    <input type="text" name="user">
    <br/>
    用户密码
    <input type="password" name="password"><br/>
    <input type="submit" value="登录">
</form>
</body>
</html>
```

运行效果如图 5-1 所示。可以看到用户登录信息页面。

图 5-1　用户登录窗口

5.2 表单基本元素的使用

表单元素是能够让用户在表单中输入信息的元素，常见的有文本输入框、密码域、列表框、单选按钮、复选框等。本节主要讲述表单基本元素的使用方法和技巧。

5.2.1 单行文本输入框

单行文本输入框是一种让访问者自己输入内容的表单对象，通常被用来填写单个字或者简短的回答，例如用户姓名和地址等。

代码格式如下：

```
<input type="text" name="…" size="…" maxlength="…" value="…">
```

其中，type="text"定义单行文本输入框；name 属性定义文本框的名称，要保证数据的准确采集，必须定义一个独一无二的名称；size 属性定义文本框的宽度，单位是单个字符宽度；maxlength 属性定义最多输入的字符数；value 属性定义文本框的初始值。

实例 2：创建单行文本框(实例文件：ch05\5.2.html)

```
<!DOCTYPE html>
<html>
<head><title>输入用户的姓名</title></head>
<body>
<form>
    请输入您的姓名：
    <input type="text" name="yourname" size="20" maxlength="15">
    <br/>
    请输入您的地址：
    <input type="text" name="youradr" size="20" maxlength="15">
</form>
</body>
</html>
```

运行效果如图 5-2 所示。可以看到两个单行文本输入框。

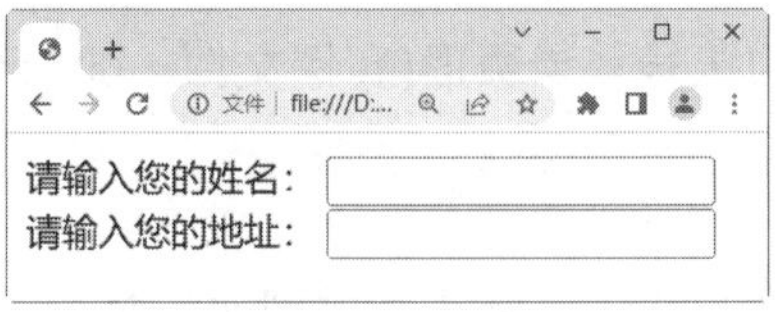

图 5-2 单行文本输入框

5.2.2 多行文本输入框

多行文本输入框(textarea)主要用于输入较长的文本信息。代码格式如下：

```
<textarea name="…" cols="…"rows="…"wrap="…"></textarea>
```

其中，name 属性定义多行文本输入框的名称，要保证数据的准确采集，必须定义一个独一无二的名称；cols 属性定义多行文本框的宽度，单位是单个字符宽度；rows 属性定义多行文本框的高度，单位是单个字符宽度；wrap 属性定义输入内容大于文本域时显示的方式。

实例 3：创建多行文本框(实例文件：ch05\5.3.html)

```
<!DOCTYPE html>
<html>
<head><title>多行文本输入</title></head>
<body>
<form>
    请输入您学习 HTML5 网页设计时最大的困难是什么？<br/>
    <textarea name="yourworks" cols ="50" rows = "5"></textarea>
    <br/>
    <input type="submit" value="提交">
</form>
</body>
</html>
```

运行效果如图 5-3 所示，可以看到多行文本输入框。

图 5-3 多行文本输入框

5.2.3 密码域

密码输入框是一种特殊的文本域，主要用于输入一些保密信息。当网页浏览者输入文本时，显示的是黑点或者其他符号，这样就增加了输入文本的安全性。代码格式如下：

```
<input type="password"name="…" size="…"maxlength="…">
```

其中，type="password"定义密码框；name 属性定义密码框的名称，要保证唯一性；size 属性定义密码框的宽度，单位是单个字符宽度；maxlength 属性定义最多输入的字符数。

实例 4：创建包含密码域的账号登录页面(实例文件：ch05\5.4.html)

```html
<!DOCTYPE html>
<html>
<head><title>输入用户姓名和密码</title></head>
<body>
<form>
    <h3>网站会员登录<h3>
    账号：
    <input type="text" name="yourname">
    <br/>
    密码：
    <input type="password" name="yourpw"><br/>
</form>
</body>
</html>
```

运行效果如图 5-4 所示。输入用户名和密码时，可以看到密码以黑点的形式显示。

图 5-4 密码输入框

5.2.4 单选按钮

单选按钮主要是让网页浏览者在一组选项里只能选择一个。代码格式如下：

```
<input type="radio" name="…" value="…">
```

其中，type="radio"定义单选按钮；name 属性定义单选按钮的名称，单选按钮都是以组为单位使用的，在同一组中的单选项都必须用同一个名称；value 属性定义单选按钮的值，在同一组中，它们的值必须是不同的。

第 5 章 使用 HTML 5 创建表单

实例 5：创建大学生技能需求问卷调查页面(实例文件：ch05\5.5.html)

```
<!DOCTYPE html>
<html>
<head>
<title>单选按钮</title>
</head>
<body>
<form>
    <h1>大学生技能需求问卷调查</h1>
    请选择您感兴趣的技能：
    <br/>
    <input type="radio" name="book" value="Book1">网站开发技能<br/>
    <input type="radio" name="book" value="Book2">美工设计技能<br/>
    <input type="radio" name="book" value="Book3">网络安全技能<br/>
    <input type="radio" name="book" value="Book4">人工智能技能<br/>
    <input type="radio" name="book" value="Book5">编程开发技能<br/>
</form>
</body>
</html>
```

运行效果如图 5-5 所示。可以看到 5 个单选按钮，而用户只能选择其中一个单选按钮。

图 5-5 单选按钮

5.2.5 复选框

复选框主要是让网页浏览者在一组选项里可以同时选择多个选项。每个复选框都是一个独立的元素，都必须有一个唯一的名称。代码格式如下：

```
<input type="checkbox" name="…" value="…">
```

其中，type="checkbox"定义复选框；name 属性定义复选框的名称，在同一组中的复选框都必须用同一个名称；value 属性定义复选框的值。

实例 6：创建网站商城购物车页面(实例文件：ch05\5.6.html)

```
<!DOCTYPE html>
<html>
<head><title>选择感兴趣的图书</title></head>
<body>
```

69

```html
<form>
    <h1 align="center">商城购物车</h1>
    请选择您需要购买的图书：<br/>
    <input type="checkbox" name="book" value="Book1"> HTML5 Web 开发(全案例微课版)<br/>
    <input type="checkbox" name="book" value="Book2"> HTML5+CSS3+JavaScript 网站开发(全案例微课版)<br/>
    <input type="checkbox" name="book" value="Book3"> SQL Server 数据库应用(全案例微课版)<br/>
    <input type="checkbox" name="book" value="Book4"> PHP 动态网站开发(全案例微课版)<br/>
    <input type="checkbox" name="book" value="Book5" checked> MySQL 数据库应用(全案例微课版)<br/><br/>
    <input type="submit" value="添加到购物车">
</form>
</body>
</html>
```

> **提示**：checked 属性主要用来设置默认选中项。

运行效果如图 5-6 所示。可以看到 5 个复选框，其中，"MySQL 数据库应用(全案例微课版)"复选框被默认选中。同时，浏览者还可以选中其他复选框。

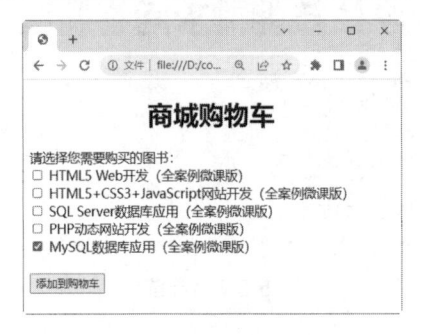

图 5-6 复选框

5.2.6 列表框

列表框主要用于在有限的空间里设置多个选项。列表框既可以用作单选，也可以用作复选。代码格式如下：

```
<select name="…" size="…"multiple>
    <option value="…"selected>
        …
    </option>
        …
</select>
```

其中，size 属性定义列表框的行数；name 属性定义列表框的名称；multiple 属性表示可以多选，如果不设置本属性，那么只能单选；value 属性定义列表项的值；selected 属性表示默认已经选中本选项。

实例 7：创建报名学生信息调查表页面(实例文件：ch05\5.7.html)

```html
<!DOCTYPE html>
<html>
<head><title>报名学生信息调查表</title></head>
<body>
<form>
<h2 align="center">报名学生信息调查表</h2>
    <p>1．请选择您目前的学历：</p><br/>
    <!--下拉菜单实现学历选择-->
    <select>
    <option>初中</option>
    <option>高中</option>
    <option>大专</option>
    <option>本科</option>
    <option>研究生</option>
    </select><br/>
    <div align="right">
    <p>2．请选择您感兴趣的技术方向：</p><br/>
    <!--下拉菜单中显示 3 个选项-->
    <select name="book"size = "3" multiple>
    <option value="Book1">网站编程
    <option value="Book2">办公软件
    <option value="Book3">设计软件
    <option value="Book4">网络管理
    <option value="Book5">网络安全</select>
    </div>
</form>
</body>
</html>
```

运行效果如图 5-7 所示。可以看到两个列表框，其中第二个列表框中显示了 3 个选项。

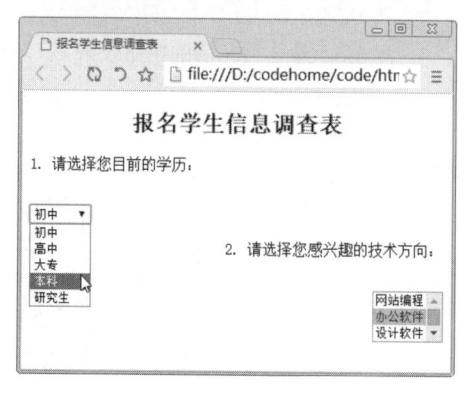

图 5-7 列表框

5.2.7 普通按钮

普通按钮用来控制其他定义了处理脚本的处理工作。代码格式如下：

```
<input type="button" name="…" value="…" onClick="…">
```

其中，type="button"定义为普通按钮；name 属性定义普通按钮的名称；value 属性定义按钮的显示文字；onClick 属性表示单击行为，也可以是其他的事件，或通过指定脚本函数来定义按钮的行为。

实例 8：通过普通按钮实现文本的复制和粘贴效果(实例文件：ch05\5.8.html)

```
<!DOCTYPE html>
<html/>
<body/>
<form/>
   点击下面的按钮，实现文本的复制和粘贴效果：
   <br/>
   我喜欢的图书：<input type="text" id="field1" value="HTML5 Web 开发">
   <br/>
   我购买的图书：<input type="text" id="field2">
   <br/>
   <input type="button" name="..." value="复制后粘贴"
   onClick="document.getElementById('field2').value=
    document.getElementById('field1').value">
</form>
</body>
</html>
```

运行效果如图 5-8 所示。单击"复制后粘贴"按钮，即可将第一个文本框中的内容复制，然后粘贴到第二个文本框中。

图 5-8 单击按钮后的粘贴效果

5.2.8 提交按钮

提交按钮用来将输入的信息提交到服务器。代码格式如下：

```
<input type="submit" name="…" value="…">
```

其中，type="submit"定义为提交按钮；name 属性定义提交按钮的名称；value 属性定义按钮的显示文字。通过提交按钮，可以将表单里的信息提交给表单中 action 所指向的文件。

实例 9：创建供应商联系信息表(实例文件：ch05\5.9.html)

```
<!DOCTYPE html>
<html>
<head><title>供应商联系信息表</title></head>
<body>
```

```
<form action=" " method="get">
    您的姓名：
    <input type="text" name="yourname">
    <br/>
    企业地址：
    <input type="text" name="youradr">
    <br/>
    公司名称：
    <input type="text" name="yourcom">
    <br/>
    联系方式：
    <input type="text" name="yourele">
    <br/>
    <input type="submit" value="提交">
</form>
</body>
</html>
```

运行效果如图 5-9 所示。输入内容后单击"提交"按钮，即可实现将表单中的数据发送到指定的文件。

图 5-9 提交按钮

5.2.9 重置按钮

重置按钮又称为复位按钮，用来重置表单中输入的信息。代码格式如下：

```
<input type="reset" name="…value="…">
```

其中，type="reset"定义复位按钮；name 属性定义复位按钮的名称；value 属性定义按钮的显示文字。

实例 10：创建会员登录页面(实例文件：ch05\5.10.html)

```
<!DOCTYPE html>
<html>
<body>
<form>
    请输入用户名称：
    <input type="text">
    <br/>
    请输入用户密码：
    <input type="password">
    <br/>
    <input type="submit" value="登录">
```

```
    <input type="reset" value="重置">
</form>
</body>
</html>
```

运行效果如图 5-10 所示。输入内容后单击"重置"按钮，即可将表单中的数据清空。

图 5-10　重置按钮

5.3　表单高级元素的使用

除了上述基本表单元素外，HTML 5 中还有一些高级表单元素，包括 url、email、time、range、number 等。对于这些高级属性，IE 11.0 浏览器暂时还不支持，下面将使用 Opera 11.6 浏览器来查看效果。

5.3.1　url 属性的使用

url 属性用于说明网站的网址，显示为一个文本字段用于输入 URL 地址。在提交表单时，会自动验证 url 的值。代码格式如下：

```
<input type="url" name="userurl"/>
```

另外，用户可以使用普通属性设置 url 输入框，例如，可以使用 max 属性设置其最大值，用 min 属性设置其最小值，用 step 属性设置合法的数字间隔，用 value 属性规定其默认值。对于其他的高级属性，同样的设置不再重复讲述。

实例 11：使用 url 属性(实例文件：ch05\5.11.html)

```
<!DOCTYPE html>
<html>
<head><title>使用 url 属性</title></head>
<body>
<form>
    <br/>
    请输入网址：
    <input type="url" name="userurl"/>
</form>
</body>
</html>
```

运行效果如图 5-11 所示。用户即可输入相应的网址。

图 5-11　使用 url 属性的效果

5.3.2　email 属性的使用

与 url 属性类似，email 属性用于让浏览者输入 E-mail 地址。在提交表单时，会自动验证

email 域的值。代码格式如下：

```
<input type="email" name="user_email"/>
```

实例 12：使用 email 属性(实例文件：ch05\5.12.html)

```
<!DOCTYPE html>
<html>
<body>
<form>
    <br/>
    请输入您的邮箱地址：
    <input type="email" name="user_email"/>
    <br/>
    <input type="submit" value="提交">
</form>
</body>
</html>
```

图 5-12 使用 email 属性的效果

运行效果如图 5-12 所示，用户即可输入相应的邮箱地址。如果用户输入的邮箱地址不合法，单击"提交"按钮会弹出提示信息。

5.3.3 日期和时间属性的使用

在 HTML 5 中，新增了一些日期和时间输入类型，包括 date、datetime、datetime-local、month、week 和 time。它们的具体含义如表 5-1 所示。

表 5-1　HTML 5 中新增的一些日期和时间属性

属　性	含　义
date	选取日、月、年
month	选取月、年
week	选取周和年
time	选取时间
datetime	选取时间、日、月、年
datetime-local	选取时间、日、月、年(本地时间)

上述属性的代码格式类似，例如，以 date 属性为例，代码格式如下：

```
<input type="date" name="user_date" />
```

实例 13：使用 date 属性(实例文件：ch05\5.13.html)

```
<!DOCTYPE html>
<html>
<body>
<form>
    <br/>
    请选择购买商品的日期：
    <br/>
    <input type="date" name="user_date"/>
```

```
</form>
</body>
</html>
```

运行效果如图 5-13 所示。用户单击输入框中的向下按钮，即可在弹出的窗口中选择需要的日期。

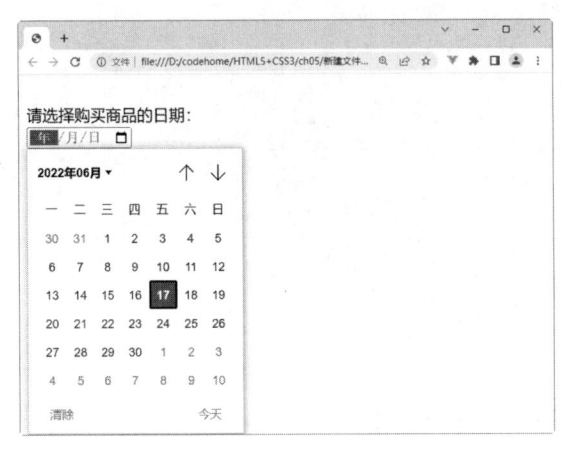

图 5-13　使用 date 属性的效果

5.3.4　number 属性的使用

number 属性提供了一个输入数字的微调框。用户可以直接输入数值，或者通过单击微调框中的向上或者向下按钮来选择数值。代码格式如下：

```
<input type="number" name="shuzi" />
```

实例 14：使用 number 属性(实例文件：ch05\5.14.html)

```
<!DOCTYPE html>
<html>
<body>
<form>
    <br/>
    此网站我曾经来
    <input type="number" name="shuzi"/>次了哦！
</form>
</body>
</html>
```

运行效果如图 5-14 所示。用户可以直接输入数值，也可以单击微调按钮选择合适的数值。

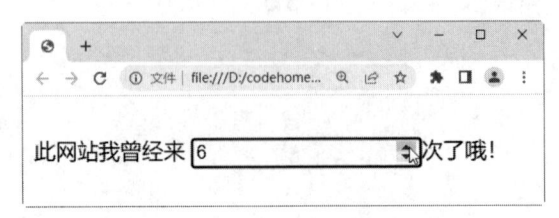

图 5-14　使用 number 属性的效果

> **提示**：强烈建议用户使用 min 和 max 属性规定输入的最小值和最大值。

5.3.5 range 属性的使用

range 属性显示为一个滑条控件。用户可以使用 max 和 min 属性来控制控件的范围。代码格式如下：

```
<input type="range" name="…" min="…" max="…" />
```

其中，min 和 max 分别控制滑条控件的最小值和最大值。

实例 15：使用 range 属性(实例文件：ch05\5.15.html)

```
<!DOCTYPE html>
<html>
<body>
<form>
   <br/>
   跑步成绩公布了！我的成绩名次为：
   <input type="range" name="ran" min="1" max="16"/>
</form>
</body>
</html>
```

运行效果如图 5-15 所示。用户可以拖曳滑块，从而选择合适的数值。

图 5-15 使用 range 属性的效果

> **技巧**：默认情况下，滑块位于中间位置。如果用户指定的最大值小于最小值，则允许使用反向滑条。目前，浏览器对这一属性还不能很好地支持。

5.3.6 required 属性的使用

required 属性规定必须在提交之前填写输入域(不能为空)。

required 属性适用于以下类型的输入属性：text、search、url、email、password、date、pickers、number、checkbox 和 radio 等。

实例 16：使用 required 属性(实例文件：ch05\5.16.html)

```
<!DOCTYPE html>
<html>
<body>
<form>
    下面是输入用户登录信息
    <br/>
    用户名称
    <input type="text" name="user" required="required">
    <br/>
    用户密码
    <input type="password" name="password" required="required">
    <br/>
    <input type="submit" value="登录">
</form>
</body>
</html>
```

运行效果如图 5-16 所示。用户如果只输入密码，然后单击"登录"按钮，将弹出提示信息。

图 5-16 使用 required 属性的效果

5.4 疑难解惑

疑问 1：如何在表单中实现文件上传框？

在 HTML 5 中，使用 file 属性实现文件上传框。语法格式为：

```
<input type="file" name="…" size="…" maxlength="…">
```

其中，type="file"定义为文件上传框；name 属性定义文件上传框的名称；size 属性定义文件上传框的宽度，单位是单个字符宽度；maxlength 属性定义最多输入的字符数。

疑问 2：制作的单选按钮为什么可以同时选中多个？

此时用户需要检查单选按钮的名称，同一组中的单选按钮名称必须相同，这样才能保证单选按钮只能选中其中一个。

5.5 跟我学上机

上机练习 1：编写一个微信中上传身份证验证图片的页面

通过文件域实现图片上传，通过 CSS 修改图片域上显示的文字。最终结果如图 5-17 所示。

上机练习2：编写一个用户反馈表单的页面

创建一个用户反馈表单，包含标题和"姓名""性别""年龄""联系电话""电子邮件""联系地址""请输入您对网站的建议"等输入框，以及"提交""清除"按钮等。反馈表单非常简单，通常包含三个部分：在页面上方给出标题；标题下方是正文部分，即表单元素；最下方是表单元素提交按钮。在设计这个页面时，需要把"用户反馈表单"标题设置成 h1 大小，正文使用 p 标记来限制表单元素。最终效果如图 5-18 所示。

图 5-17　微信中上传身份证验证图片的页面

图 5-18　用户反馈表单的效果

第 6 章
HTML 5 中的多媒体

目前，在网页上没有关于音频和视频的标准，多数音频和视频都是通过插件来播放的。为此，HTML 5 新增了音频和视频的标记。本章将介绍音频和视频的基本概念、常用属性和浏览器的支持情况。

案例效果

6.1 audio 标记

目前，大多数音频是通过插件来播放音频文件的，例如常见的播放插件为 Flash，这就是为什么用户在用浏览器播放音乐时，常常需要安装 Flash 插件的原因。但是，并不是所有的浏览器都拥有同样的插件。为此，与 HTML 4 相比，HTML 5 新增了 audio 标记，规定了在网页中插入音频的标准方法。

6.1.1 audio 标记概述

audio 标记主要是定义播放声音文件或者音频流的标准。它支持 3 种音频格式，分别为 Ogg、MP3 和 WAV。

如果需要在 HTML 5 网页中播放音频，语句的基本格式如下：

```
<audio src="song.mp3" controls="controls"></audio>
```

其中，src 属性规定要播放的音频的地址，controls 属性用于添加播放、暂停和音量控件。

另外，在<audio>和</audio>之间插入的内容是供不支持 audio 元素的浏览器显示的。

实例 1：认识 audio 标记(实例文件：ch06\6.1.html)

```
<!DOCTYPE html>
<html>
<head>
<title>audio</title>
<head>
<body>
<audio src="song.mp3" controls="controls">
    您的浏览器不支持 audio 标记！
</audio>
</body>
</html>
```

如果用户的浏览器是 IE 11.0 以前的版本，浏览效果如图 6-1 所示，可见 IE 11.0 以前的浏览器版本不支持 audio 标记。

支持 audio 标记的浏览效果如图 6-2 所示，可以看到加载的音频控制条并听到声音，此时用户还可以控制音量的大小。

图 6-1 不支持 audio 标记的效果

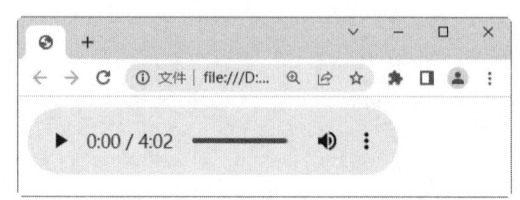

图 6-2 支持 audio 标记的效果

6.1.2 audio 标记的属性

audio 标记的常见属性和含义如表 6-1 所示。

表 6-1 audio 标记的常见属性

属 性	值	描 述
autoplay	autoplay (自动播放)	如果出现该属性，则音频在准备就绪后马上播放
controls	controls (控制)	如果出现该属性，则向用户显示控件，比如播放按钮
loop	loop(循环)	如果出现该属性，则每当音频结束时重新开始播放
preload	none, auto, metadata	none 表示不预先加载，auto 表示下载媒体文件，metadata 表示只下载媒体文件的元数据。如果使用 autoplay，则忽略该属性
url	url(地址)	要播放的音频的 URL 地址
title		有浏览器或辅助技术显示的简单文字说明

另外，audio 标记可以通过 source 属性添加多个音频文件，具体格式如下：

```
<audio controls="controls">
    <source src="123.ogg" type="audio/ogg">
    <source src="123.mp3" type="audio/mpeg">
</audio>
```

6.1.3 浏览器支持 audio 标记的情况

目前，不同的浏览器对 audio 标记的支持也不同。表 6-2 中列出了应用较广泛的浏览器对 audio 标记的支持情况。

表 6-2 浏览器对 audio 标记的支持情况

音频格式	Firefox 3.5 及更高版本	IE 11.0 及更高版本	Opera 10.5 及更高版本	Chrome 3.0 及更高版本	Safari 3.0 及更高版本
Ogg Vorbis	支持	不支持	支持	支持	不支持
MP3	不支持	支持	不支持	支持	支持
WAV	支持	不支持	支持	不支持	支持

6.2 在网页中添加音频文件

当在网页中添加音频文件时，用户可以根据自己的需要添加不同类型的音频文件，如添加自动播放的音频文件，添加带有控件的音频文件，添加循环播放的音频文件等。

1. 添加自动播放的音频文件

autoplay 属性规定一旦音频准备就绪，马上就开始播放。如果设置了该属性，音频将自动播放。下面是在网页中添加的自动播放音频文件相关代码。

```
<audio controls="controls" autoplay="autoplay">
    <source src="song.mp3">
```

2. 添加带有控件的音频文件

controls 属性设置使用浏览器为音频提供的播放控件。如果设置了该属性，则不存在作者设置的脚本控件。其中，浏览器控件包括播放、暂停、定位、音量、全屏切换等。

添加带有控件的音频文件的代码如下：

```
<audio controls="controls">
    <source src="song.mp3">
```

3. 添加循环播放的音频文件

loop 属性设置当音频结束后将重新开始播放。如果设置该属性，则音频将循环播放。添加循环播放的音频文件的代码如下：

```
<audio controls="controls" loop="loop">
    <source src="song.mp3">
```

4. 添加预播放的音频文件

preload 属性设置是否在页面加载后载入音频。如果设置了 autoplay 属性，则忽略该属性。preload 属性的值有三种。

- auto：当页面加载后载入整个音频。
- meta：当页面加载后只载入元数据。
- none：当页面加载后不载入音频。

添加预播放的音频文件的代码如下：

```
<audio controls="controls" preload="auto">
    <source src="song.mp3">
```

实例 2：创建一个带有控件、自动播放并循环播放音频的文件(实例文件：ch06\6.2.html)

```
<!DOCTYPE html>
<html>
<head>
<title>audio</title>
<head>
<body>
  <audio src="song.mp3" controls="controls" autoplay="autoplay" loop="loop">
    您的浏览器不支持 audio 标记！
  </audio>
</body>
</html>
```

运行效果如图 6-3 所示。音频文件会自动播放，播放完成后会自动循环播放。

图 6-3 带有控件、自动播放并循环播放的效果

6.3 video 标记

与音频文件播放方式一样，大多数视频文件在网页上也是通过插件来播放的，例如，常见的播放插件为 Flash。由于不是所有的浏览器都拥有同样的插件，所以就需要一种统一的包含视频的标准方法。为此，与 HTML 4 相比，HTML 5 新增了 video 标记。

6.3.1 video 标记概述

video 标记主要是定义播放视频文件或者视频流的标准。它支持 3 种视频格式，分别为 Ogg、WebM 和 MPEG 4。

如果需要在 HTML 5 网页中播放视频，语句的基本格式如下：

```
<video src="123.mp4" controls="controls">…</video>
```

其中，在<video>与</video>之间插入的内容是供不支持 video 元素的浏览器显示的。

实例 3：认识 video 标记(实例文件：ch06\6.3.html)

```
<!DOCTYPE html>
<html>
<head>
<title>video</title>
<head>
<body>
<video src="fengjing.mp4" controls="controls">
    您的浏览器不支持 video 标记！
</video>
</body>
</html>
```

如果用户的浏览器是 IE 11.0 以前的版本，浏览效果如图 6-4 所示，可见 IE 11.0 以前版本的浏览器不支持 video 标记。

支持 video 标记的浏览效果如图 6-5 所示，可以看到加载的视频控制条界面。单击"播放"按钮，即可查看视频的内容，同时用户还可以调整音量的大小。

图 6-4 不支持 video 标记的效果 　　　　图 6-5 支持 video 标记的效果

6.3.2　video 标记的属性

video 标记的常见属性和含义如表 6-3 所示。

表 6-3　video 标记的常见属性和含义

属　　性	值	描　　述
autoplay	autoplay	如果出现该属性，则视频在就绪后马上播放
controls	controls	如果出现该属性，则向用户显示控件，比如播放按钮
loop	loop	如果出现该属性，则每当视频结束时重新开始播放
preload	none, auto, metadata	none 表示不预先加载，auto 表示下载媒体文件，metadata 表示只下载媒体文件的元数据
url	url	要播放的视频的 URL
width	宽度值	设置视频播放器的宽度
height	高度值	设置视频播放器的高度
poster	url	当视频未响应或缓冲不足时，该属性值链接到一个图像。该图像将以一定比例被显示出来
title		有浏览器或辅助技术显示的简单文字说明

由表 6-3 可知，用户可以自定义视频文件显示的大小。例如，如果想让视频以 320 像素×240 像素大小显示，可以加入 width 和 height 属性。具体格式如下：

```
<video width="320" height="240" controls src="movie.mp4"></video>
```

另外，video 标记可以通过 source 属性添加多个视频文件，具体格式如下：

```
<video controls="controls">
    <source src="123.ogg" type="video/ogg">
    <source src="123.mp4" type="video/mp4">
</video>
```

6.3.3　浏览器对 video 标记的支持情况

目前，不同的浏览器对 video 标记的支持也不同。表 6-4 中列出了应用较广泛的浏览器对 video 标记的支持情况。

表 6-4　浏览器对 video 标记的支持情况

视频格式	Firefox 4.0 及更高版本	IE 11.0 及更高版本	Opera 10.6 及更高版本	Chrome 6.0 及更高版本	Safari 3.0 及更高版本
Ogg	支持	不支持	支持	支持	不支持
MPEG 4	不支持	支持	不支持	支持	支持
WebM	支持	不支持	支持	支持	不支持

6.4 在网页中添加视频文件

当在网页中添加视频文件时，用户可以根据自己的需要添加不同类型的视频文件，如添加自动播放的视频文件，添加带有控件的视频文件，添加循环播放的视频文件等。另外，还可以设置视频文件的高度和宽度。

1. 添加自动播放的视频文件

autoplay 属性规定一旦视频准备就绪马上开始播放。如果设置了该属性，视频将自动播放。添加自动播放的视频文件的代码如下：

```
<video controls="controls" autoplay="autoplay">
    <source src="movie.mp4">
</video>
```

2. 添加带有控件的视频文件

controls 属性规定浏览器要为视频提供播放控件。如果设置了该属性，则不存在设置的脚本控件。其中，浏览器控件包括播放、暂停、定位、音量、全屏切换等。添加带有控件的视频文件的代码如下：

```
<video controls="controls" controls="controls">
    <source src="movie.mp4">
</video>
```

3. 添加循环播放的视频文件

loop 属性规定当视频结束后将重新开始播放。如果设置该属性，则视频将循环播放。添加循环播放的视频文件的代码如下：

```
<video controls="controls" loop="loop">
    <source src="movie.mp4">
</video>
```

4. 添加预播放的视频文件

preload 属性规定是否在页面加载后载入视频。如果设置了 autoplay 属性，则忽略该属性。preload 属性的值有三种。

- auto：当页面加载后载入整个视频。
- meta：当页面加载后只载入元数据。
- none：当页面加载后不载入视频。

添加预播放的视频文件的代码如下：

```
<video controls="controls" preload="auto">
<source src="movie.mp4">
```

5. 设置视频文件的高度与宽度

使用 width 和 height 属性可以设置视频文件的显示宽度与高度，单位是像素。

> 提示：一般不建议规定视频的高度和宽度。如果设置这些属性，在页面加载时会为视频预留出空间。如果没有设置这些属性，那么浏览器就无法预先确定视频的尺寸，这样就无法为视频保留合适的空间，结果是在页面加载的过程中其布局也会产生变化。

实例4：创建一个宽度为430像素、高度为260像素并自动播放且循环播放视频的文件(实例文件：ch06\6.4.html)

```
<!DOCTYPE html>
<html>
<head>
<title>video</title>
<head>
<body>
  <video width="430" height="260" src="fengjing.mp4" controls="controls" autoplay="autoplay" loop="loop">
    您的浏览器不支持video标记！
  </video>
</body>
</html>
```

运行效果如图6-6所示。网页中加载了视频播放控件，视频的显示大小为430像素×260像素。视频文件会自动播放，播放完成后会自动循环播放。

图6-6 指定宽度和高度、自动播放并循环播放视频的效果

> 注意：切勿通过height和width属性来缩放视频，因为通过这种方法缩小视频，用户仍会下载原始的视频(即使在页面上它看起来较小)。正确的方法是使用该视频前，在网页上用软件对视频进行压缩。

6.5 疑难解惑

疑问1：在HTML 5网页中添加所支持格式的视频，不能在Firefox浏览器中正常播放，为什么？

目前，HTML 5的video标记支持的视频，不仅有视频格式的限制，还有对解码器的限制，规定如下。

- Ogg 格式的文件需要 Thedora 视频编码和 Vorbis 音频编码。
- MPEG 4 格式的文件需要 H.264 视频编码和 AAC 音频编码。
- WebM 格式的文件需要 VP8 视频编码和 Vorbis 音频编码。

疑问 2.：在 HTML 5 网页中添加 MP4 格式的视频文件，为什么在不同的浏览器中视频控件显示的外观不同？

HTML 5 规定用 controls 属性来控制视频文件的播放、暂停、停止和调节音量的操作。controls 是一个布尔属性，一旦添加了此属性，等于告诉浏览器需要显示播放控件并允许用户进行操作。

因为内置视频控件的外观由每个浏览器负责解释，所以在不同的浏览器中将会显示不同的视频控件外观。

6.6 跟我学上机

上机练习 1：创建一个带有控件、加载网页时自动播放音频并循环播放音频的页面

综合使用音频播放时所用的属性，在加载网页时自动播放音频文件并循环播放。运行结果如图 6-7 所示。

图 6-7 自动播放音频文件的效果

上机练习 2：编写一个多功能的视频播放页面

综合使用视频播放时所用的方法和多媒体属性。在播放视频文件时，包括播放、暂停、停止、加速播放、减速播放和正常速度，并显示播放的时间。运行结果如图 6-8 所示。

图 6-8 多功能的视频播放效果

第 7 章

使用 HTML 5 绘制图形

　　HTML 5 呈现了很多新特性，其中一个最值得提及的特性就是 HTML canvas，它可以对 2D 图形或位图进行动态、脚本的渲染。使用 canvas 可以绘制一个矩形区域，然后使用 JavaScript 控制其每一个像素，例如可以用它来画图，合成图像或制作简单的动画。本章就来介绍如何使用 HTML 5 绘制图形。

案例效果

7.1 添加 canvas 的步骤

canvas 标记代表一个矩形区域,它包含 width 和 height 两个属性,分别表示矩形区域的宽度和高度。这两个属性都是可选的,并且都可以通过 CSS 来定义,其默认值是 300px 和 150px。

canvas 在网页中的常用形式如下:

```
<canvas id="myCanvas" width="300" height="200"
    style="border:1px solid #c3c3c3;">
    Your browser does not support the canvas element.
</canvas>
```

上面的示例代码中,id 表示画布对象名称,width 和 height 分别表示宽度和高度。最初的画布是不可见的,此处为了观察这个矩形区域,使用 CSS 样式,即 style 标记。style 表示画布的样式。如果浏览器不支持画布标记,会显示画布中间的提示信息。

画布 canvas 本身不具有绘制图形的功能,它只是一个容器。如果读者对于 Java 语言非常了解,就会发现 HTML 5 的画布和 Java 中的 Panel 面板非常相似,都可以在容器中绘制图形。既然 canvas 画布元素放好了,就可以使用脚本语言 JavaScript 在网页上绘制图形了。

使用 canvas 结合 JavaScript 绘制图形,一般情况下需要下面几个步骤。

01 JavaScript 使用 id 来寻找 canvas 元素,即获取当前画布对象:

```
var c = document.getElementById("myCanvas");
```

02 创建 context 对象:

```
var cxt = c.getContext("2d");
```

getContext 方法返回一个指定 id 的上下文对象,如果指定的 id 不被支持,则返回 null。当前唯一强制支持的是"2d",也许将来会有"3d",注意,指定的 id 是大小写敏感的。对象 cxt 建立之后,就可以拥有多种绘制路径、矩形、圆形、字符以及添加图像的方法。

03 绘制图形:

```
cxt.fillStyle = "#FF0000";
cxt.fillRect(0,0,150,75);
```

这两行代码绘制一个红色的矩形。fillStyle 方法将其染成红色,fillRect 方法规定了形状、位置和尺寸。

7.2 绘制基本形状

画布 canvas 结合 JavaScript 可以绘制简单的矩形,还可以绘制一些其他的常见图形,例如直线、圆等。

7.2.1 绘制矩形

用 canvas 和 JavaScript 绘制矩形时,可能涉及一个或多个方法,这些方法如表 7-1 所示。

表 7-1 绘制矩形的方法

方　法	功　能
fillRect(x,y,width,height)	绘制一个矩形，这个矩形区域没有边框，只有填充色。这个方法有 4 个参数，前两个参数表示左上角的坐标位置，第 3 个参数为宽度，第 4 个参数为高度
strokeRect(x,y,width,height)	绘制一个带边框的矩形。该方法 4 个参数的解释同上
clearRect(x,y,width,height)	清除一个矩形区域，被清除的区域将没有任何线条。该方法 4 个参数的解释同上

实例 1：绘制矩形(实例文件：ch07\7.1.html)

```
<!DOCTYPE html>
<html>
<body>
<canvas id="myCanvas" width="300" height="200"
  style="border:1px solid blue">
    您的浏览器不支持 canvas 标记
</canvas>
<script type="text/javascript">
var c = document.getElementById("myCanvas");
var cxt = c.getContext("2d");
cxt.fillStyle = "rgb(0,0,200)";
cxt.fillRect(10,20,100,100);
</script>
</body>
</html>
```

上面代码中，首先定义一个画布对象，其 id 名称为 myCanvas，其高度为 200 像素，宽度为 300 像素，并定义了画布边框显示样式。代码中首先获取画布对象，然后使用 getContext 获取当前 2d 的上下文对象，并使用 fillRect 绘制一个矩形。其中涉及一个 fillStyle 属性，fillStyle 用于设定填充的颜色、透明度等，如果设置为"rgb(200,0,0)"，则表示一个不透明颜色；如果设置为"rgba(0,0,200,0.5)"，则表示一个透明度为 50%的颜色。

浏览效果如图 7-1 所示，可以看到在一个蓝色边框内显示了一个蓝色矩形。

图 7-1 绘制矩形

7.2.2 绘制圆形

在画布中绘制圆形，可能要涉及下面几个方法，如表 7-2 所示。

表 7-2 绘制圆形的方法

方 法	功 能
beginPath()	开始绘制路径
arc(x,y,radius,startAngle, endAngle,anticlockwise)	x 和 y 定义的是圆的原点；radius 是圆的半径；startAngle 和 endAngle 是弧度，不是度数；anticlockwise 用来定义画圆的方向，值是 true 或 false
closePath()	结束路径的绘制
fill()	进行填充
stroke()	设置边框

路径是绘制自定义图形的好方法。在 canvas 中，通过 beginPath()方法开始绘制路径，然后可以绘制直线、曲线等。绘制完成后，调用 fill()和 stroke()方法完成填充和边框设置，通过 closePath()方法结束路径的绘制。

实例 2：绘制圆形(实例文件：ch07\7.2.html)

```
<!DOCTYPE html>
<html><body>
<canvas id="myCanvas" width="200" height="200"
  style="border:1px solid blue">
    您的浏览器不支持 canvas 标记
</canvas>
<script type="text/javascript">
var c = document.getElementById("myCanvas");
var cxt = c.getContext("2d");
cxt.fillStyle = "#FFaa00";
cxt.beginPath();
cxt.arc(70,18,15,0,Math.PI*2,true);
cxt.closePath();
cxt.fill();
</script>
</body></html>
```

在上面的 JavaScript 代码中，使用 beginPath()方法开启一个路径，然后绘制一个圆形，最后关闭这个路径并填充。浏览效果如图 7-2 所示。

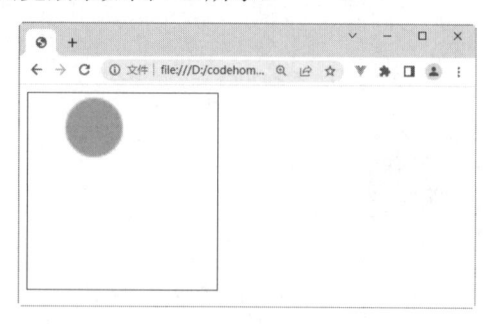

图 7-2 绘制圆形

7.2.3 使用 moveTo 与 lineTo 绘制直线

绘制直线常用的方法是 moveTo 和 lineTo，其含义如表 7-3 所示。

第 7 章 使用 HTML 5 绘制图形

表 7-3 绘制直线的方法

方法或属性	功　能
moveTo(x,y)	不绘制，只是将当前位置移动到新坐标(x,y)，并作为线条的开始点
lineTo(x,y)	绘制线条到指定的目标坐标(x,y)，并且在两个坐标之间画一条直线。此时不会真正画出图形，因为还没有调用 stroke()和 fill()函数。当前只是在定义路径的位置，以便后面绘制时使用
strokeStyle()	指定线条的颜色
lineWidth()	设置线条的粗细

实例 3：使用 moveTo 与 lineTo 绘制直线(实例文件：ch07\7.3.html)

```
<!DOCTYPE html>
<html>
<body>
<canvas id="myCanvas" width="200" height="200"
    style="border:1px solid blue">
        您的浏览器不支持 canvas 标记
</canvas>
<script type="text/javascript">
var c = document.getElementById("myCanvas");
var cxt = c.getContext("2d");
cxt.beginPath();
cxt.strokeStyle = "rgb(0,182,0)";
cxt.moveTo(10,10);
cxt.lineTo(150,50);
cxt.lineTo(10,50);
cxt.lineWidth = 14;
cxt.stroke();
cxt.closePath();
</script>
</body>
</html>
```

上面的代码中，使用 moveTo 方法定义一个坐标位置(10,10)，然后以此位置为起点，用 lineTo 设置了两个不同直线的结束位置。并用 lineWidth()设置了直线的宽度，用 strokeStyle() 设置了直线的颜色。

浏览效果如图 7-3 所示。可以看到，网页中绘制了两条直线，这两条直线在某一点相交。

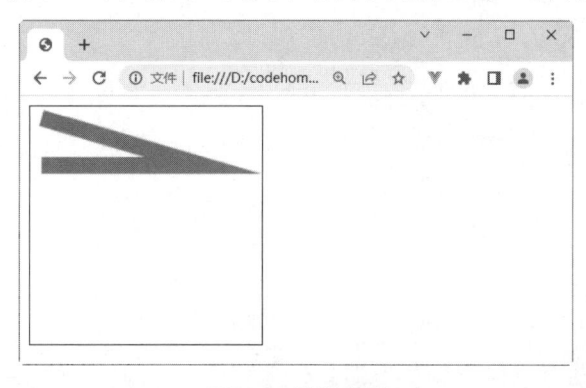

图 7-3 绘制直线

7.2.4 使用 bezierCurveTo 绘制贝济埃曲线

在数学的数值分析领域中，贝济埃(Bézier)曲线是电脑图形学中相当重要的参数曲线。更高维度的广泛化贝济埃曲线就称作贝济埃曲面，其中，贝济埃三角是一种特殊的实例。

bezierCurveTo()表示为一个画布的当前子路径添加一条三次贝济埃曲线。这条曲线的开始点是画布的当前点，而结束点是(x, y)。两个贝济埃曲线的控制点(cpX1, cpY1)和(cpX2, cpY2)定义了曲线的形状。当这个方法返回的时候，当前的位置为(x, y)。

方法 bezierCurveTo()的具体格式如下：

```
bezierCurveTo(cpX1, cpY1, cpX2, cpY2, x, y)
```

其参数的含义如表 7-4 所示。

表 7-4 绘制贝济埃曲线的参数

参　数	描　述
cpX1, cpY1	与曲线的开始点(当前位置)相关联的控制点的坐标
cpX2, cpY2	与曲线的结束点相关联的控制点的坐标
x, y	曲线的结束点的坐标

实例 4：使用 bezierCurveTo 绘制贝济埃曲线(实例文件：ch07\7.4.html)

```
<!DOCTYPE html>
<html>
<head>
<title>贝济埃曲线</title>
<script>
function draw(id)
{
    var canvas = document.getElementById(id);
    if(canvas==null)
        return false;
    var context = canvas.getContext('2d');
    context.fillStyle = "#eeeeff";
    context.fillRect(0,0,400,300);
    var n = 0;
    var dx = 150;
    var dy = 150;
    var s = 100;
    context.beginPath();
    context.globalCompositeOperation = 'and';
    context.fillStyle = 'rgb(100,255,100)';
    context.strokeStyle = 'rgb(0,0,100)';
    var x = Math.sin(0);
    var y = Math.cos(0);
    var dig = Math.PI/15*11;
    for(var i=0; i<30; i++)
    {
        var x = Math.sin(i*dig);
        var y = Math.cos(i*dig);
        context.bezierCurveTo(dx+x*s,dy+y*s-100,dx+x*s+100,dy+y*s,dx+x*s,dy+y*s);
    }
    context.closePath();
    context.fill();
```

```
        context.stroke();
}
</script>
</head>
<body onload="draw('canvas');">
<h1>绘制元素</h1>
<canvas id="canvas" width="400" height="300" />
</body>
</html>
```

上面的 draw()函数代码中,首先使用 fillRect(0,0,400,300)语句绘制了一个矩形,其大小与画布相同,填充颜色为浅青色。然后定义了几个变量,用于设定曲线的坐标位置,在 for 循环中使用 bezierCurveTo 绘制贝济埃曲线。浏览效果如图 7-4 所示,可以看到,网页中显示了一个贝济埃曲线。

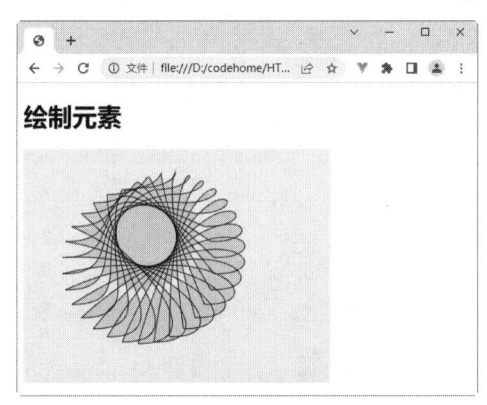

图 7-4 贝济埃曲线

7.3 绘制渐变图形

渐变是两种或更多颜色的平滑过渡,是在颜色集上使用逐步抽样算法并将结果应用于描边样式和填充样式中。canvas 的绘图上下文支持两种类型的渐变:线性渐变和放射性渐变,其中,放射性渐变也称为径向渐变。

7.3.1 绘制线性渐变

创建一个简单的渐变需要三个步骤。

01 创建渐变对象:

```
var gradient = cxt.createLinearGradient(0,0,0,canvas.height);
```

02 为渐变对象设置颜色,指明过渡方式:

```
gradient.addColorStop(0,'#fff');
gradient.addColorStop(1,'#000');
```

03 在 context 上为填充样式或者描边样式设置渐变:

```
cxt.fillStyle = gradient;
```

要设置显示颜色,在渐变对象上使用 addColorStop()函数即可。除了可以变换成其他颜色外,还可以为颜色设置 alpha 值,并且 alpha 值也是可以变化的。为了达到这样的效果,需要使用颜色值的另一种表示方法,例如,内置 alpha 组件的 CSSrgba()函数。绘制线性渐变时,会使用到下面几个方法,如表 7-5 所示。

表 7-5 绘制线性渐变的方法

方法	功能
addColorStop()	允许指定两个参数:颜色和偏移量。颜色参数是指开发人员希望在偏移位置描边或填充时所使用的颜色。偏移量是一个 0.0~1.0 的数值,代表沿着渐变线渐变的距离有多远
createLinearGradient(x0,y0,x1,y1)	沿着直线从(x0,y0)至(x1,y1)绘制渐变

实例 5:绘制线性渐变(实例文件:ch07\7.5.html)

```html
<!DOCTYPE html>
<html>
<head>
<title>线性渐变</title>
</head>
<body>
<h1>绘制线性渐变</h1>
<canvas id="canvas" width="400" height="300"
  style="border:1px solid red"/>
<script type="text/javascript">
var c = document.getElementById("canvas");
var cxt = c.getContext("2d");
var gradient = cxt.createLinearGradient(0,0,0,canvas.height);
gradient.addColorStop(0,'#fff');
gradient.addColorStop(1,'#000');
cxt.fillStyle = gradient;
cxt.fillRect(0,0,400,400);
</script>
</body>
</html>
```

上面的代码使用 2d 环境对象产生了一个线性渐变对象,渐变的起始点是(0,0),渐变的结束点是(0,canvas.height),然后使用 addColorStop()函数设置渐变颜色,最后将渐变填充到上下文环境的样式中。

浏览效果如图 7-5 所示,可以看到,在网页中创建了一个垂直方向上的渐变,从上到下颜色逐渐变深。

图 7-5 线性渐变

7.3.2 绘制径向渐变

径向渐变即放射性渐变。所谓放射性渐变,就是颜色会在两个指定圆之间的锥形区域平滑变化。放射性渐变与线性渐变使用的颜色终止点是一样的。如果要实现放射线渐变,即径向渐变,需要使用 createRadialGradient()方法。

createRadialGradient(x0,y0,r0,x1,y1,r1)方法表示沿着两个圆之间的锥面绘制渐变。其中，前三个参数代表开始的圆，圆心为(x0,y0)，半径为 r0。后三个参数代表结束的圆，圆心为(x1,y1)，半径为 r1。

实例 6：绘制径向渐变(实例文件：ch07\7.6.html)

```
<!DOCTYPE html>
<html>
<head>
<title>径向渐变</title>
</head>
<body>
<h1>绘制径向渐变</h1>
<canvas id="canvas" width="400" height="300" style="border:1px solid red"/>
<script type="text/javascript">
var c = document.getElementById("canvas");
var cxt = c.getContext("2d");
var gradient = cxt.createRadialGradient(
    canvas.width/2,canvas.height/2,0,canvas.width/2,canvas.height/2,150);
gradient.addColorStop(0,'#fff');
gradient.addColorStop(1,'#000');
cxt.fillStyle = gradient;
cxt.fillRect(0,0,400,400);
</script>
</body>
</html>
```

上面的代码中，首先创建渐变对象 gradient，此处使用 createRadialGradient()方法创建了一个径向渐变，然后使用 addColorStop()添加颜色，最后将渐变填充到上下文环境中。

浏览效果如图 7-6 所示，可以看到图形从圆的中心亮点开始，向外逐步发散，形成了一个径向渐变。

图 7-6 径向渐变

7.4 绘制变形图形

画布 canvas 不但可以使用 moveTo()这样的方法移动画笔来绘制图形和线条，还可以使用变换来调整画笔下的画布，变换的方法包括平移、缩放和旋转等。

7.4.1 绘制平移效果的图形

如果要对图形实现平移，需要使用 translate(x,y)方法，该方法表示在平面上平移，即以原来原点为参考，然后以偏移后的位置作为坐标原点。也就是说，原来在(100,100)，然后执行 translate(1,1)，则新的坐标原点在(101,101)，而不是(1,1)。

实例 7：绘制平移效果的图形(实例文件：ch07\7.7.html)

```html
<!DOCTYPE html>
<html>
<head>
<title>绘制坐标变换</title>
<script>
function draw(id)
{
    var canvas = document.getElementById(id);
    if(canvas==null)
        return false;
    var context = canvas.getContext('2d');
    context.fillStyle = "#eeeeff";
    context.fillRect(0,0,400,300);
    context.translate(200,50);
    context.fillStyle = 'rgba(255,0,0,0.25)';
    for(var i=0; i<50; i++){
        context.translate(25,25);
        context.fillRect(0,0,100,50);
    }
}
</script>
</head>
<body onload="draw('canvas');">
<h1>变换原点坐标</h1>
<canvas id="canvas" width="400" height="300" />
</body>
</html>
```

在 draw()函数中，使用 fillRect()方法绘制了一个矩形，然后使用 translate()方法平移到一个新位置，并从新位置开始，使用 for 循环连续移动多次坐标原点，即多次绘制矩形。

浏览效果如图 7-7 所示，可以看到，网页中从坐标位置(200,50)开始绘制矩形，并且每次以指定的平移距离绘制矩形。

图 7-7 变换原点坐标

7.4.2 绘制缩放效果的图形

对图形的操作中最常用的方式就是对图形进行缩放，即以原来的图形为参考，放大或者缩小图形。

如果要实现图形缩放，需要使用 scale(x,y)函数。该函数带有两个参数，分别代表在 x、y 两个方向上的值。每次在 canvas 中显示图像的时候，x 和 y 参数向其传递在本方向轴上图像要放大(或者缩小)的量。如果 x 值为 2，就代表所绘制的图像中全部元素都会变成两倍宽。如果 y 值为 0.5，绘制图像的全部元素都会变成先前的一半高。

实例 8：绘制缩放效果的图形(实例文件：ch07\7.8.html)

```
<!DOCTYPE html>
<html>
<head>
<title>绘制图形缩放</title>
<script>
function draw(id)
{
    var canvas = document.getElementById(id);
    if(canvas==null)
        return false;
    var context = canvas.getContext('2d');
    context.fillStyle = "#eeeeff";
    context.fillRect(0,0,400,300);
    context.translate(200,50);
    context.fillStyle = 'rgba(255,0,0,0.25)';
    for(var i=0; i<50; i++){
        context.scale(3,0.5);
        context.fillRect(0,0,100,50);
    }
}
</script>
</head>
<body onload="draw('canvas');">
<h1>图形缩放</h1>
<canvas id="canvas" width="400" height="300" />
</body>
</html>
```

上面的代码中，缩放操作是放在 for 循环中完成的，在此循环中，以原来图形为参考物，使其在 x 轴方向增加为 3 倍宽，y 轴方向上变为原来的一半。

浏览效果如图 7-8 所示，可以看到，在一个指定方向上绘制了多个矩形。

图 7-8　图形缩放

7.4.3　绘制旋转效果的图形

变换操作并不限于平移和缩放，还可以使用函数 context.rotate(angle)来旋转图像，甚至可以直接修改底层变换矩阵以完成一些高级操作，如剪裁图像的绘制路径。

例如，context.rotate(1.57)表示旋转角度参数以弧度为单位。rotate()方法默认从左上端的(0,0)开始旋转，通过指定一个角度，改变画布坐标和 Web 浏览器 canvas 的像素之间的映射，使后续绘图在画布中都显示为旋转的。

实例 9：绘制旋转效果的图形(实例文件：ch07\7.9.html)

```html
<!DOCTYPE html>
<html>
<head>
<title>绘制旋转图像</title>
<script>
function draw(id)
{
    var canvas = document.getElementById(id);
    if(canvas==null)
        return false;
    var context = canvas.getContext('2d');
    context.fillStyle = "#eeeeff";
    context.fillRect(0,0,400,300);
    context.translate(200,50);
    context.fillStyle = 'rgba(255,0,0,0.25)';
    for(var i=0; i<50; i++){
        context.rotate(Math.PI/10);
        context.fillRect(0,0,100,50);
    }
}
</script>
</head>
<body onload="draw('canvas');">
<h1>旋转图形</h1>
<canvas id="canvas" width="400" height="300" />
</body>
</html>
```

上面的代码中，在 for 循环中使用 rotate 方法多次对图形进行了旋转，其旋转角度相同。浏览效果如图 7-9 所示，在显示页面上，多个矩形以弧度中心为原点进行了旋转。

图 7-9　旋转图形

> **注意**　这个操作并没有旋转 canvas 元素本身，而且旋转的角度是用弧度指定的。

7.4.4 绘制组合效果的图形

可以将一个图形画在另一个之上，但大多数情况下，这样是不符合需求的，因为它受制于图形的绘制顺序。此时，我们可以利用 globalCompositeOperation 属性在已有图形后面再画新图形，还可以用来遮盖、清除(比 clearRect 方法功能强大)某些区域。

其属性的语法格式如下所示：

```
globalCompositeOperation = type
```

这表示设置不同形状的组合类型，其默认值为 source-over，表示在 canvas 内容上面画新的形状。

type 有 12 个属性值，具体说明如表 7-6 所示。

表 7-6 type 的属性值

属 性 值	说　　明
source-over(default)	这是默认设置，新图形会覆盖在原有内容之上
destination-over	会在原有内容之下绘制新图形
source-in	新图形会仅仅出现在与原有内容重叠的部分，其他区域都变成透明的
destination-in	原有内容中与新图形重叠的部分会被保留，其他区域都变成透明的
source-out	只有新图形中与原有内容不重叠的部分会被绘制出来
destination-out	原有内容中与新图形不重叠的部分会被保留
source-atop	新图形中与原有内容重叠的部分会被绘制，并覆盖于原有内容之上
destination-atop	原有内容中与新内容重叠的部分会被保留，并会在原有内容之下绘制新图形
lighter	两图形中重叠部分做加色处理
darker	两图形中重叠部分做减色处理
xor	重叠的部分会变成透明的
copy	只有新图形会被保留，其他都被清除掉

实例 10：绘制组合效果的图形(实例文件：ch07\7.10.html)

```
<!DOCTYPE html>
<html>
<head>
<title>绘制图形组合</title>
<script>
function draw(id)
{
   var canvas = document.getElementById(id);
   if(canvas==null)
      return false;
   var context = canvas.getContext('2d');
   var oprtns = new Array(
      "source-atop",
      "source-in",
      "source-out",
      "source-over",
```

```
            "destination-atop",
            "destination-in",
            "destination-out",
            "destination-over",
            "lighter",
            "copy",
            "xor"
        );
        var i = 10;
        context.fillStyle = "blue";
        context.fillRect(10,10,60,60);
        context.globalCompositeOperation = oprtns[i];
        context.beginPath();
        context.fillStyle = "red";
        context.arc(60,60,30,0,Math.PI*2,false);
        context.fill();
    }
</script>
</head>
<body onload="draw('canvas');">
<h1>图形组合</h1>
<canvas id="canvas" width="400" height="300" />
</body>
</html>
```

在上面的代码中，首先创建了一个 oprtns 数组，用于存储 type 的 12 个值，然后绘制了一个矩形，并使用 content 上下文对象设置了图形的组合方式，最后使用 arc 绘制了一个圆。

浏览效果如图 7-10 所示，在显示页面上绘制了一个矩形和一个圆，但矩形和圆接触的地方以空白显示。

7.4.5 绘制带阴影的图形

在画布 canvas 上绘制带有阴影效果的图形非常简单，只需要设置几个属性即可。这些属性分别为 shadowOffsetX、shadowOffsetY、shadowBlur 和 shadowColor。

图 7-10　图形组合

属性 shadowColor 表示阴影的颜色，其值与 CSS 颜色值一致。shadowBlur 表示设置阴影模糊程度，此值越大，阴影越模糊。shadowOffsetX 和 shadowOffsetY 属性表示阴影的 x 和 y 偏移量，单位是像素。

实例 11：绘制带阴影的图形(实例文件：ch07\7.11.html)

```
<!DOCTYPE html>
<html>
<head>
<title>绘制阴影效果图形</title>
</head>
<body>
<canvas id="my_canvas" width="200" height="200"
  style="border:1px solid #ff0000">
</canvas>
<script type="text/javascript">
```

```
var elem = document.getElementById("my_canvas");
if (elem && elem.getContext) {
    var context = elem.getContext("2d");
    //shadowOffsetX 和 shadowOffsetY：阴影的 x 和 y 偏移量，单位是像素
    context.shadowOffsetX = 15;
    context.shadowOffsetY = 15;
    //shadowBlur: 设置阴影模糊程度。此值越大，阴影越模糊
    //其效果与 Photoshop 的高斯模糊滤镜相同
    context.shadowBlur = 10;
    //shadowColor: 阴影颜色。其值与 CSS 颜色值一致
    //context.shadowColor = 'rgba(255, 0, 0, 0.5)';   或下面的十六进制表示法
    context.shadowColor = '#f00';
    context.fillStyle = '#00f';
    context.fillRect(20, 20, 150, 100);
}
</script>
</body>
</html>
```

浏览效果如图 7-11 所示，在显示页面上显示了一个蓝色矩形，其阴影为红色矩形。

图 7-11 带有阴影的图形

7.5 使用图像

画布 canvas 有一项功能就是可以引入图像，用于图片合成或者制作背景等，目前仅可以在图像中加入文字。只要是 Geck 支持的图像(如 PNG、GIF、JPEG 等)都可以引入到 canvas 中，而且其他的 canvas 元素也可以作为图像的来源。

7.5.1 绘制图像

要在画布 canvas 上绘制图像，需要先有一个图片。这个图片可以是已经存在的<img>元素，也可以通过 JavaScript 创建。

无论采用哪种方式，都需要在绘制 canvas 之前完全加载这张图片。浏览器通常会在执行页面脚本的同时异步加载图片。如果试图在图片未完全加载之前就将其呈现到 canvas 上，那么 canvas 将不会显示任何图片。

捕获和绘制图像完全是通过 drawImage()方法完成的，它可以接收不同的 HTML 参数，具

体含义如表 7-7 所示。

表 7-7 绘制图像的方法

方 法	说 明
drawIamge(image,dx,dy)	接收一个图片,并将其画到 canvas 中。给出的坐标(dx,dy)代表图片的左上角。例如,坐标(0,0)将把图片画到 canvas 的左上角
drawIamge(image,dx,dy,dw,dh)	接收一个图片,将其缩放为宽度 dw 和高度 dh,然后把它画到 canvas 上的(dx,dy)位置
drawIamge(image,sx,sy,sw,sh,dx,dy,dw,dh)	接收一个图片,通过参数(sx,sy,sw,sh)指定图片裁剪的范围,缩放到(dw,dh)的大小,最后把它画到 canvas 上的(dx,dy)位置

实例 12:绘制图像(实例文件:ch07\7.12.html)

```
<!DOCTYPE html>
<html>
<head>
<title>绘制图像</title>
</head>
<body>
<canvas id="canvas" width="300" height="200" style="border:1px solid blue">
    您的浏览器不支持 canvas 标记
</canvas>
<script type="text/javascript">
window.onload=function(){
    var ctx = document.getElementById("canvas").getContext("2d");
    var img = new Image();
    img.src = "01.jpg";
    img.onload=function(){
        ctx.drawImage(img,0,0);
    }
}
</script>
</body>
</html>
```

在上面的代码中,使用窗口的 onload()加载事件,即在页面被加载时执行函数。在函数中,创建上下文对象 ctx,并创建 Image 对象 img;然后使用 img 对象的 src 属性设置图片来源,最后使用 drawImage()画出当前的图像。

浏览效果如图 7-12 所示,页面上绘制了一个图像,并且在画布中显示。

图 7-12 绘制图像

7.5.2 平铺图像

使用画布 canvas 绘制图像有很多种用处,其中一个用处就是将绘制的图像作为背景图片使用。在做背景图片时，如果显示图片的区域大小不能直接设定，通常将图片以平铺的方式显示。

HTML 5 Canvas API 支持图片平铺，此时需要调用 createPattern()函数来替代先前的 drawImage()函数。函数 createPattern()的语法格式如下：

```
createPattern(image,type)
```

其中，image 表示要绘制的图像；type 表示平铺的类型，其具体含义如表 7-8 所示。

表 7-8　平铺的类型及说明

参数值	说明
no-repeat	不平铺
repeat-x	横方向平铺
repeat-y	纵方向平铺
repeat	全方向平铺

实例 13：平铺图像效果(实例文件：ch07\7.13.html)

```
<!DOCTYPE html>
<html>
<head>
<title>绘制图像平铺</title>
</head>
<body onload="draw('canvas');">
<h1>图形平铺</h1>
<canvas id="canvas" width="800" height="600"></canvas>
<script>
function draw(id){
    var canvas = document.getElementById(id);
    if(canvas==null){
        return false;
    }
    var context = canvas.getContext('2d');
    context.fillStyle = "#eeeeff";
    context.fillRect(0,0,800,600);
    image = new Image();
    image.src = "02.jpg";
    image.onload = function(){
        var ptrn = context.createPattern(image,'repeat');
        context.fillStyle = ptrn;
        context.fillRect(0,0,800,600);
    }
}
</script>
</body>
</html>
```

上面的代码中，用 fillRect 创建了一个宽度为 800、高度为 600，左上角坐标位置为(0,0)的矩形，然后创建了一个 Image 对象，用 src 链接一个图像源，然后使用 createPattern()绘制一个图像，其方式是完全平铺，并将这个图像填充到矩形中。最后绘制这个矩形，此矩形的大小完全覆盖原来的图形。

浏览效果如图 7-13 所示，在显示页面上绘制了一个图像，其图像以平铺的方式充满整个矩形。

图 7-13　图像平铺

7.5.3　裁剪图像

要完成对图像的裁剪，需要用到 clip()方法。clip()方法表示给 canvas 设置一个剪辑区域，在调用 clip()方法之后，所有代码只对这个设定的剪辑区域有效，不会影响其他地方，这个方法在要进行局部更新时很有用。默认情况下，剪辑区域是一个左上角在(0,0)，宽和高分别等于 canvas 元素的宽和高的矩形。

实例 14：裁剪图像(实例文件：ch07\7.14.html)

```
<!DOCTYPE html>
<html>
<head>
<title>绘制图像裁剪</title>
</head>
<body onload="draw('canvas');">
<h1>图像裁剪实例</h1>
<canvas id="canvas" width="400" height="300"></canvas>
<script>
function draw(id){
    var canvas = document.getElementById(id);
    if(canvas==null){
        return false;
    }
    var context = canvas.getContext('2d');
    var gr = context.createLinearGradient(0,400,300,0);
    gr.addColorStop(0,'rgb(255,255,0)');
    gr.addColorStop(1,'rgb(0,255,255)');
    context.fillStyle = gr;
    context.fillRect(0,0,400,300);
    image = new Image();
    image.onload=function(){
```

```
        drawImg(context,image);
    };
    image.src = "02.jpg";
}
function drawImg(context,image){
    create8StarClip(context);
    context.drawImage(image,-50,-150,300,300);
}
function create8StarClip(context){
    var n = 0;
    var dx = 100;
    var dy = 0;
    var s = 150;
    context.beginPath();
    context.translate(100,150);
    var x = Math.sin(0);
    var y = Math.cos(0);
    var dig = Math.PI/5*4;
    for(var i=0; i<8; i++){
        var x = Math.sin(i*dig);
        var y = Math.cos(i*dig);
        context.lineTo(dx+x*s,dy+y*s);
    }
    context.clip();
}
</script>
</body>
</html>
```

上面的代码中，创建了三个 JavaScript 函数，其中，create8StarClip()函数完成了多边的图形创建，以此图形作为裁剪的依据。drawImg()函数表示绘制一个图形，其图形带有裁剪区域。draw()函数完成对画布对象的获取，并定义一个线性渐变，然后创建了一个 Image 对象。

浏览效果如图 7-14 所示。

图 7-14 图像裁剪

7.5.4 图像的像素化处理

在画布中，可以使用 ImageData 对象来保存图像的像素值，它有 width、height 和 data 三个属性，其中，data 属性就是一个连续数组，图像的所有像素值其实是保存在 data 里面的。

data 属性保存像素值的方法如下：

```
imageData.data[index*4+0]
imageData.data[index*4+1]
imageData.data[index*4+2]
imageData.data[index*4+3]
```

上面取出了 data 数组中连续相邻的 4 个值，这 4 个值分别代表了图像中第 index+1 个像素的红色、绿色、蓝色和透明度值的大小。需要注意的是，index 从 0 开始，图像中总共有

width*height 个像素，数组中总共保存了 width*height*4 个数值。

画布对象有三个方法，用来创建、读取和设置 ImageData 对象，如表 7-9 所示。

表 7-9　创建画布对象的方法

方　　法	说　　明
createImageData(width, height)	在内存中创建一个指定大小的 ImageData 对象(即像素数组)，对象中的像素点都是黑色透明的，即 rgba(0,0,0,0)
getImageData(x, y, width, height)	返回一个 ImageData 对象，这个 ImageData 对象中包含了指定区域的像素数组
putImageData(data, x, y)	将 ImageData 对象绘制到屏幕的指定区域上

实例 15：图像的像素化处理(实例文件：ch07\7.15.html)

```
<!DOCTYPE html>
<html>
<head>
<title>图像像素处理</title>
<script type="text/javascript" src="script.js"></script>
</head>
<body onload="draw('canvas');">
<h1>像素处理示例</h1>
<canvas id="canvas" width="400" height="300"></canvas>
<script>
function draw(id){
    var canvas = document.getElementById(id);
    if(canvas==null){
        return false;
    }
    var context = canvas.getContext('2d');
    image = new Image();
    image.src = "01.jpg";
    image.onload=function(){
        context.drawImage(image,0,0);
        var imagedata = context.getImageData(0,0,image.width,image.height);
        for(var i=0,n=imagedata.data.length; i<n; i+=4){
            imagedata.data[i+0] = 255-imagedata.data[i+0];
            imagedata.data[i+1] = 255-imagedata.data[i+2];
            imagedata.data[i+2] = 255-imagedata.data[i+1];
        }
        context.putImageData(imagedata,0,0);
    };
}
</script>
</body>
</html>
```

在上面的代码中，使用 getImageData()方法获取一个 ImageData 对象，并包含相关的像素数组。在 for 循环中，对像素值重新赋值，最后使用 putImageData()将处理过的图像在画布上绘制出来。

浏览效果如图 7-15 所示，在页面上显示了一个图像，其图像明显经过像素处理，没有原来清晰。

第 7 章 使用 HTML 5 绘制图形

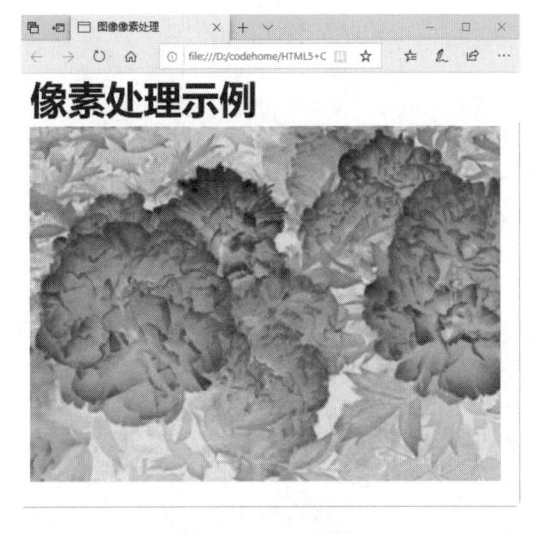

图 7-15 像素处理

7.6 绘制文字

在画布中绘制字符串(文字)的方式，与操作其他路径对象的方式相同，可以描绘文本轮廓和填充文本内部，所有能够应用于其他图形的变换和样式都能用于文本。

文本绘制功能由 3 个方法实现，如表 7-10 所示。

表 7-10 绘制文本的方法

方 法	说 明
fillText(text,x,y,maxwidth)	绘制带 fillStyle 填充的文字，拥有文本参数以及用于指定文本位置的坐标参数。maxwidth 是可选参数，用于限制字体大小，它会将文本字体强制收缩到指定尺寸
trokeText(text,x,y,maxwidth)	绘制只有 strokeStyle 边框的文字，其参数含义与上一个方法相同
measureText	该函数会返回一个度量对象，它包含了在当前 context 环境下指定文本的实际显示宽度

为了保证文本在各浏览器下都能正常显示，在绘制上下文里有以下字体属性。

- font：可以是 CSS 字体规则中的任何值，包括字体样式、字体变种、字体大小与粗细、行高和字体名称。
- textAlign：控制文本的对齐方式。它类似于(但不完全等同于)CSS 中的 text-align，可取的值为 start、end、left、right 和 center。
- textBaseline：控制文本相对于起点的位置，可以取的值为 top、hanging、middle、alphabetic、ideographic 和 bottom。对于简单的英文字母，可以放心地使用 top、middle 或 bottom 作为文本基线。

实例 16：绘制文字(实例文件：ch07\7.16.html)

```html
<!DOCTYPE html>
<html>
<head>
<title>Canvas</title>
</head>
<body>
<canvas id="my_canvas" width="200" height="200"
 style="border:1px solid #ff0000">
</canvas>
<script type="text/javascript">
var elem = document.getElementById("my_canvas");
if (elem && elem.getContext) {
   var context = elem.getContext("2d");
   context.fillStyle = '#00f';
   //font: 文字字体，同 CSSfont-family 属性
   context.font = 'italic 30px 微软雅黑';    //斜体,30 像素，微软雅黑字体
   //textAlign：文字水平对齐方式
   //可取属性值: start, end, left,right, center。默认值:start
   context.textAlign = 'left';
   //文字竖直对齐方式。
   //可取属性值: top, hanging, middle,alphabetic,ideographic, bottom。
   //默认值: alphabetic
   context.textBaseline = 'top';
   //要输出的文字内容，文字位置坐标，第 4 个参数为可选选项——最大宽度
   //如果需要的话，浏览器会缩减文字，以让它适应指定宽度
   context.fillText('生日快乐!', 0, 0,50);      //有填充
   context.font = 'bold 30px sans-serif';
   context.strokeText('生日快乐!', 0, 50,100);  //只有文字边框
}
</script>
</body>
</html>
```

浏览效果如图 7-16 所示，在页面上显示了一个画布边框，画布中显示了两个不同的字符串，第一个字符串以斜体显示，其颜色为蓝色。第二个字符串字体颜色为浅黑色，加粗显示。

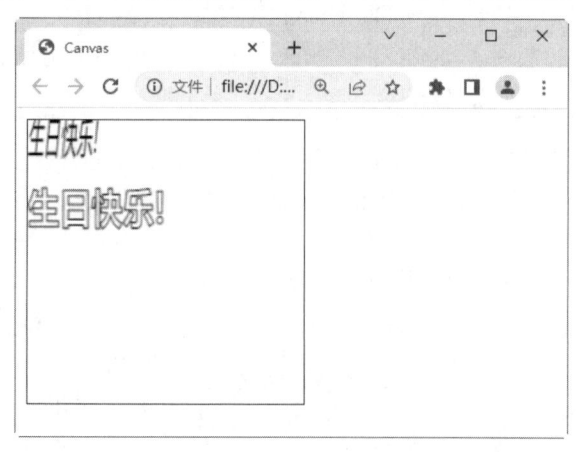

图 7-16 绘制文字

7.7 疑难解惑

疑问 1：canvas 的宽度和高度是否可以在 CSS 属性中定义呢？

添加 canvas 标记的时候，会在 canvas 的属性里填写要初始化的 canvas 的高度和宽度，例如：

```
<canvas width="500" height="400">Not Supported!</canvas>
```

如果把高度和宽度写在了 CSS 里面，那么在绘图的时候坐标获取会出现差异，即 canvas.width 和 canvas.height 分别是 300 和 150，与预期不一样。这是因为 canvas 要求这两个属性必须随 canvas 标记一起出现。

疑问 2：画布中 Stroke 和 Fill 二者的区别是什么？

在 HTML 5 中，将图形分为两大类：第一类称作 Stroke，就是轮廓、勾勒或者线条，总之，图形是由线条组成的；第二类称作 Fill，就是填充区域。上下文对象中有两个绘制矩形的方法，可以让我们很好地理解这两大类图形的区别：一个是 strokeRect，还有一个是 fillRect。

7.8 跟我学上机

上机练习 1：绘制火柴棒人

使用 canvas 和 JavaScript 的知识，绘制一个火柴棒人，效果如图 7-17 所示。

上机练习 2：绘制企业商标

综合所学绘制曲线的知识，绘制一个企业商标，效果如图 7-18 所示。

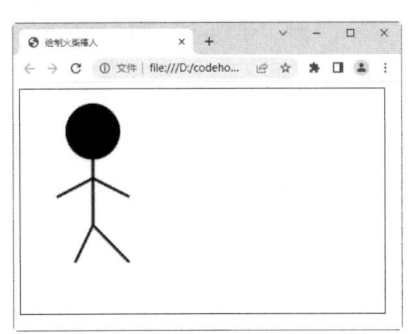

图 7-17 火柴棒人效果

图 7-18 绘制企业商标

第 8 章
CSS 3 概述与基本语法

一个美观、大方、简约的页面以及高访问量的网站，是网页设计者的追求。然而，仅通过 HTML 5 来实现这个目标是非常困难的，HTML 仅仅定义了网页的结构，对于文本样式没有过多涉及。这就需要一种技术，对页面布局、字体、颜色、背景和其他图文效果的实现提供更加精确的控制，这种技术就是 CSS 3。

案例效果

8.1　CSS 3 概述

使用 CSS 3 最大的优势，是在后期维护中，如果一些外观样式需要修改，只需要修改相应的代码即可。

8.1.1　CSS 3 的功能

随着 Internet 的不断发展，对页面效果的诉求越来越强烈，只依赖 HTML 这种结构化标记来实现样式，已经不能满足网页设计者的需要。其表现有如下几个方面。

(1) 维护困难。为了修改某个特殊标记格式，需要花费很多时间，尤其是对整个网站而言，后期修改和维护成本较高。

(2) 标记不足。HTML 本身的标记十分少，很多标记都是为网页内容服务的，而关于内容样式的标记，例如文字间距、段落缩进，很难在 HTML 中找到。

(3) 网页过于臃肿。由于没有统一对各种风格样式进行控制，HTML 页面往往体积过大，占用很多宝贵的带宽。

(4) 定位困难。在整体布局页面时，HTML 对于各个模块的位置调整显得捉襟见肘，过多的 table 标记将会导致页面的复杂和后期维护的困难。

在这种情况下，就需要寻找一种可以将结构化标记与丰富的页面表现相结合的技术，CSS 样式技术就产生了。

CSS(Cascading Style Sheet)称为层叠样式表，也可以称为 CSS 样式表(或样式表)，其文件扩展名为.css。CSS 是用于增强或控制网页样式并允许将样式信息与网页内容分离的一种标记性语言。

引用样式表的目的，是将"网页结构代码"和"网页样式风格代码"分离开，从而使网页设计者可以对网页布局进行更多的控制。利用样式表，可以将整个站点上的所有网页都指向某个 CSS 文件，然后设计者只需要修改 CSS 文件中的某一行，整个网站上对应的样式都会随之发生改变。

8.1.2　浏览器与 CSS 3

CSS 3 制定完成之后，具有了很多新的功能，即新样式。但这些新样式在浏览器中不能获得完全支持，主要原因是各个浏览器对 CSS 3 的很多细节处理存在差异，例如，一个标记的某个属性一种浏览器支持，而另外一种浏览器不支持，或者两种浏览器都支持，但其显示效果却不一样。

各主流浏览器为了自己产品的推广，定义了很多私有属性，以便丰富页面显示样式及加强显示效果，导致现在每个浏览器都存在大量的私有属性。虽然使用私有属性可以快速构建效果，但是对网页设计者来说很麻烦，设计一个页面时，就需要考虑不同浏览器上的显示效果，一个不注意就会导致同一个页面在不同浏览器上的显示效果不一致，甚至有的浏览器不同版本之间也具有不同的属性。

如果所有浏览器都支持 CSS 3 样式，那么网页设计者只需要使用一种统一标记，就能在不同浏览器上显示统一的样式效果。

当 CSS 3 被所有浏览器接受和支持的时候，整个网页设计将会变得非常容易，其布局更加合理，样式更加美观，到那个时候，整个 Web 页面显示会焕然一新。虽然各个浏览器对 CSS 3 的支持还处于发展阶段，但 CSS 3 是一个新的、具有很大发展潜力的技术，在样式修饰方面，是其他技术无可替代的。此时学习 CSS 3 技术，就能够保证技术不落伍。

8.1.3　CSS 3 的基础语法

CSS 3 样式表是由若干条样式规则组成的，这些规则可以应用到不同的元素或文档来定义它们显示的外观。

每一条样式规则由三部分构成：选择符(selector)、属性(property)和属性值(value)，基本格式如下：

```
selector{property: value}
```

(1) selector：选择符可以采用多种形式，可以为文档中的 HTML 标记，例如<body>、<table>、<p>等，也可以是 XML 文档中的标记。

(2) property：属性是选择符指定的标记所包含的属性。

(3) value：指定了属性的值。如果定义选择符的多个属性，则属性和属性值为一组，组与组之间用分号(;)隔开。基本格式如下：

```
selector{property1: value1; property2: value2; …}
```

例如，下面就给出一条样式规则：

```
p{color: red}
```

该样式规则的选择符是 p，即为段落标记<p>提供样式，color 为指定文字颜色属性，red 为属性值。此样式表示标记<p>指定的段落文字为红色。

如果要为段落设置多种样式，可以使用如下语句：

```
p{font-family:"隶书"; color:red; font-size:40px; font-weight:bold}
```

8.1.4　CSS 3 的常用单位

CSS 3 中常用的单位包括颜色单位和长度单位两种，利用这些单位，可以完成网页元素的搭配与网页布局的设定，如网页图片颜色的搭配、网页表格长度的设定等。

1. 颜色单位

通常，颜色用于设定字体以及背景的颜色显示，在 CSS 中，颜色的设置可以根据颜色名、RGB 颜色、十六进制颜色、网络安全色进行，与以前的版本相比，CSS 3 新增了 HSL 色彩模式、HSLA 色彩模式、RGBA 色彩模式。

1) 命名颜色

CSS 3 中可以直接用英文单词命名与之相应的颜色，这种方法的优点是简单、直接、容易掌握。此处预设了 16 种颜色以及这 16 种颜色的衍生色，这 16 种颜色是 CSS 3 规范推荐的，而且一些主流的浏览器都能够识别它们，如表 8-1 所示。

表 8-1　CSS 推荐的颜色

颜　色	名　　称	颜　色	名　　称
aqua	水绿	black	黑
blue	蓝	fuchsia	紫红
gray	灰	green	绿
lime	浅绿	maroon	褐
navy	深蓝	olive	橄榄
purple	紫	red	红
silver	银	teal	深青
white	白	yellow	黄

这些颜色最初来源于基本的 Windows VGA 颜色，而且浏览器还可以识别这些颜色。
例如，在 CSS 定义字体颜色时，便可以直接使用这些颜色的名称：

```
p{color: red}
```

使用颜色的名称，具有简单、直接而且不容易忘记的特点。但是，除了这 16 种颜色外，还可以使用其他 CSS 预定义颜色。多数浏览器大约能够识别 140 种颜色名(其中包括这 16 种颜色)，例如 orange、PaleGreen 等。

> **提示**　在不同的浏览器中，命名颜色的种类也是不同的，即使使用了相同的颜色名，它们的颜色也有可能存在差异，因此，虽然每一种浏览器都命名了大量的颜色，但是这些颜色大多数在其他浏览器上却是不能识别的，而真正通用的标准颜色只有 16 种。

2) RGB 颜色

如果要使用十进制表示颜色，则需要使用 RGB 颜色。十进制表示颜色，最大值为 255，最小值为 0。要使用 RGB 颜色，必须使用 rgb(R,G,B)，其中，R、G、B 分别表示红、绿、蓝的十进制值，通过这三个值的变化，便可以形成不同的颜色。例如，rgb(255,0,0)表示红色，rgb(0,255,0)表示绿色，rgb(0,0,255)则表示蓝色。黑色表示为 rgb(0,0,0)，而白色可以表示为 rgb(255,255,255)。

RGB 设置方法一般分为两种，即百分比设置和直接用数值设置。例如，为 p 标记设置颜色有两种方法：

```
p{color: rgb(123,0,25)}
p{color: rgb(45%,0%,25%)}
```

这两种方法中，都是用三个值来表示红、绿和蓝三种颜色。第一种方法中的三种基本色的取值范围都是 0～255。第二种方法是通过定义三种基本颜色的分量，定义出各种各样的颜色。

3) 十六进制颜色

当然，除了 CSS 预定义的颜色外，设计者为了使页面色彩更加丰富，还可以使用十六进制颜色和 RGB 颜色。十六进制颜色的基本格式为#RRGGBB，其中，R 表示红色，G 表示绿色，B 表示蓝色。而 RR、GG、BB 的最大值为 FF，表示十进制中的 255，最小值为 00，表示十进制中的 0。例如，#FF0000 表示红色，#00FF00 表示绿色，#0000FF 表示蓝色。#000000 表示黑色，那么白色的表示就是#FFFFFF，而其他颜色分别是通过这三种基本色的结合而形成的。例如，#FFFF00 表示黄色，#FF00FF 表示紫红色。

对于浏览器不能识别的颜色名称，就可以使用颜色的十六进制值或 RGB 值表示。

表 8-2 列出了几种常见的预定义颜色值的十六进制值和 RGB 值。

表8-2　颜色对照表

颜 色 名	十六进制值	RGB 值
红色	#FF0000	rgb(255,0,0)
橙色	#FF6600	rgb(255,102,0)
黄色	#FFFF00	rgb(255,255,0)
绿色	#00FF00	rgb(0,255,0)
蓝色	#0000FF	rgb(0,0,255)
紫色	#800080	rgb(128,0,128)
紫红色	#FF00FF	rgb(255,0,255)
水绿色	#00FFFF	rgb(0,255,255)
灰色	#808080	rgb(128,128,128)
褐色	#800000	rgb(128,0,0)
橄榄色	#808000	rgb(128,128,0)
深蓝色	#000080	rgb(0,0,128)
银色	#C0C0C0	rgb(192,192,192)
深青色	#008080	rgb(0,128,128)
白色	#FFFFFF	rgb(255,255,255)
黑色	#000000	rgb(0,0,0)

4) HSL 色彩模式

CSS 3 新增加了 HSL 颜色表现方式。HSL 色彩模式是业界的一种颜色标准，它通过对色调(H)、饱和度(S)、亮度(L)三个颜色通道的改变，以及它们相互之间的叠加，来获得各种颜色。这个标准几乎包括了人类视力可以感知的所有颜色，在屏幕上可以重现 16777216 种颜色，是目前运用较广的颜色模式之一。

在 CSS 3 中，HSL 色彩模式的表示语法如下：

```
hsl(<length>, <percentage1>, <percentage2>)
```

hsl()函数的三个参数说明如表 8-3 所示。

表 8-3 hsl()参数的说明

参数名称	说明
length	表示色调(Hue)。色调衍生于色盘，取值可以为任意数值，其中，0（或 360、-360)表示红色，60 表示黄色，120 表示绿色，180 表示青色，240 表示蓝色，300 表示洋红，当然可以设置其他数值，来确定不同的颜色
percentage1	表示饱和度(Saturation)，表示该色彩被使用了多少，即颜色的深浅程度和鲜艳程度。取值为 0 到 100%之间的值，其中，0 表示灰度，即没有使用该颜色；100%的饱和度最高，即颜色最鲜艳
percentage2	表示亮度(Lightness)。取值为 0 到 100%之间的值，其中，0 最暗，显示为黑色；50%表示均值；100%最亮，显示为白色

其使用示例如下：

```
p{color:hsl(0,80%,80%);}
p{color:hsl(80,80%,80%);}
```

5) HSLA 色彩模式

HSLA 也是 CSS 3 新增的颜色模式。HSLA 色彩模式是 HSL 色彩模式的扩展，在色调、饱和度、亮度三要素的基础上增加了不透明度参数。使用 HSLA 色彩模式，设计师能够更灵活地设计出不同的透明效果。其语法格式如下：

```
hsla(<length>, <percentage1>, <percentage2>, <opacity>)
```

其中，前 3 个参数与 hsl()函数中参数的意义和用法相同，第 4 个参数<opacity>表示不透明度，取值为 0～1。

使用示例如下：

```
p{color:hsla(0,80%,80%,0.9);}
```

6) RGBA 色彩模式

RGBA 也是 CSS 3 新增的颜色模式。RGBA 色彩模式是 RGB 色彩模式的扩展，在红、绿、蓝三原色的基础上增加了不透明度参数。其语法格式如下：

```
rgba(r, g, b, <opacity>)
```

其中，r、g、b 分别表示红色、绿色和蓝色三种原色所占的比重。r、g、b 的值可以是正整数或者百分数，正整数的取值范围为 0～255，百分数的取值范围为 0～100.0%，超出范围的数值将被截取至最接近的取值。注意，并非所有浏览器都支持使用百分数值。第 4 个参数<opacity>表示不透明度，取值为 0～1。

使用示例如下：

```
p{color:rgba(0,23,123,0.9);}
```

7) 网络安全色

网络安全色由 216 种颜色组成，被认为在任何操作系统和浏览器中都是相对稳定的，也就是说，显示的颜色是相同的，因此，这 216 种颜色被称为"网络安全色"。这 216(6×6×6)种颜色都是由红、绿、蓝三种基本色从 0、51、102、153、204、255 这 6 个数值中取值组成的。

2. 长度单位

为保证页面元素能够在浏览器中完全显示，同时布局合理，就需要设定元素间的间距，及元素本身的边界等，这都离不开长度单位的使用。在 CSS 3 中，长度单位可以分为两类：绝对单位和相对单位。

1) 绝对单位

绝对单位用于设定绝对位置，主要有下列五种绝对单位。

① 英寸(in)

对于中国设计者而言，英寸使用得比较少，它主要是国外常用的量度单位。1 英寸等于 2.54 厘米，而 1 厘米等于 0.394 英寸。

② 厘米(cm)

厘米是常用的长度单位。它可以用来设定距离比较大的页面元素。

③ 毫米(mm)

毫米可以用来比较精确地设定页面元素距离或大小。10 毫米等于 1 厘米。

④ 磅(pt)

磅一般用来设定文字的大小。它是标准的印刷量度，广泛应用于打印机、文字程序等。72 磅等于 1 英寸，即 2.54 厘米。

另外，英寸、厘米和毫米也可以用来设定文字的大小。

(5) pica(pc)

pica 是另一种印刷量度，1pica 等于 12 磅。该单位不经常使用。

2) 相对单位

相对单位是指在量度时需要参照其他页面元素的单位值。使用相对单位量度的实际距离可能会随着这些单位值的改变而改变。CSS 3 提供了三种相对单位：em、ex 和 px。

① em

在 CSS 3 中，em 用于给定字体的 font-size 值，例如，一个元素字体大小为 12pt，那么 1em 就是 12pt，如果该元素字体大小改为 15pt，则 1em 就是 15pt。简单地说，无论字体大小是多少，1em 总是字体的大小值。em 的值总是随着字体大小的变化而变化的。

例如，分别设定页面元素 h1、h2 和 p 的字体大小为 20pt、15pt 和 10pt，各元素的左边距为 1em，样式规则如下：

```
h1{font-size:20pt}
h2{font-size:15pt}
p{font-size:10pt}
h1,h2,p{margin-left:1em}
```

对于 h1，1em 等于 20pt；对于 h2，1em 等于 15pt；对于 p，1em 等于 10pt，所以 em 的值会随着相应元素字体大小的变化而变化。

另外，em 值有时还相对于其上级元素的字体大小而变化。例如，上级元素字体大小为 20pt，设定其子元素字体大小为 0.5em，则子元素显示出的字体大小为 10pt。

② ex

ex 是以给定字体的小写字母"x"高度作为基准，对于不同的字体来说，小写字母"x"

高度是不同的,所有 ex 单位的基准也不同。

③ px

px 也叫像素,这是目前应用最为广泛的一种单位,1 像素也就屏幕上的一个小方格,这通常是看不出来的。由于各种显示器有不同的大小,它的每个小方格大小是有差异的,所以像素单位的标准也不都是一样的。CSS 3 的规范中是假设 90px=1 英寸,但是在通常的情况下,浏览器都会使用显示器的像素值来做标准。

8.2 在 HTML 5 中使用 CSS 3 的方法

CSS 3 样式表能很好地控制页面显示,以达到分离网页内容和样式代码的目的。CSS 3 样式表控制 HTML 5 页面可以达到良好的样式效果,通常包括行内样式、内嵌样式、链接样式和导入样式。

8.2.1 行内样式

行内样式是所有样式中比较简单、直观的方法,就是直接把 CSS 代码添加到 HTML 5 的标记中,即作为 HTML 5 标记的属性存在。通过这种方法,可以很简单地对某个元素单独定义样式。

使用行内样式的具体方法是直接在 HTML 5 标记中使用 style 属性,该属性的内容就是 CSS 3 的属性和值,例如:

```
<p style="color:red">段落样式</p>
```

实例 1:行内样式(实例文件:ch08\8.1.html)

```
<!DOCTYPE html>
<html>
<head>
<title>行内样式</title>
</head>
<body>
<p style="color:red;font-size:20px;text-decoration:underline;
  text-align:center">此段落使用行内样式修饰</p>
<p style="color:blue;font-style:italic">群山万壑赴荆门,生长明妃尚有村。一去紫台连朔漠,独留青冢向黄昏。画图省识春风面,环佩空归夜月魂。千载琵琶作胡语,分明怨恨曲中论。/p>
</body>
</html>
```

浏览效果如图 8-1 所示,两个 p 标记中都使用了 style 属性,并且设置了 CSS 样式,可以看到各个样式之间互不影响,分别显示自己的样式效果。第一个段落设置红色字体,居中显示,带有下划线。第二个段落设置蓝色字体,以斜体显示。

> **注意** 尽管行内样式简单,但这种方法不常使用,因为它无法完全发挥样式表"内容结构与样式控制代码分离"的优势。而且这种方法也不利于样式的重用,如果为每一个标记都设置 style 属性,后期维护成本高,网页容易过胖,故不推荐使用。

第 8 章 CSS 3 概述与基本语法

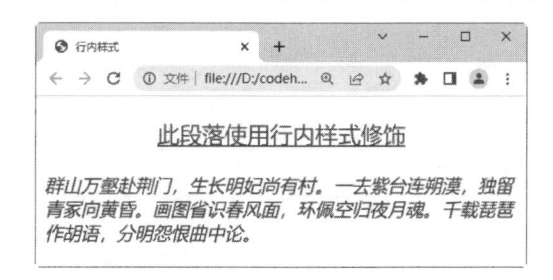

图 8-1 行内样式的显示

8.2.2 内嵌样式

内嵌样式就是将 CSS 样式代码添加到<head>与</head>之间,并且用<style>和</style>标记进行声明。这种写法虽然没有完全实现页面内容和样式控制代码完全分离,但可以设置一些比较简单的样式,并统一页面样式。其格式如下所示:

```
<head>
<style type="text/css">
p{
    color:red;
    font-size:12px;
}
</style>
</head>
```

有些较低版本的浏览器不能识别<style>标记,因而不能正确地将样式应用到页面显示上,而是直接将标记中的内容以文本的形式显示。为了解决此类问题,可以使用 HMTL 注释将标记中的内容隐藏。如果浏览器能够识别<style>标记,则标记内被注释的 CSS 样式定义代码依旧能够发挥作用。

例如:

```
<head>
<style type="text/css" >
<!--
p{
    color:red;
    font-size:12px;
}
-->
</style>
</head>
```

实例 2:内嵌样式(实例文件:ch08\8.2.html)

```
<!DOCTYPE html>
<html>
<head>
<title>内嵌样式</title>
<style type="text/css">
p{
    color:orange;
    text-align:center;
    font-weight:bolder;
```

```
        font-size:25px;
}
</style>
</head>
<body>
<p>此段落使用内嵌样式修饰</p>
<p>故人具鸡黍，邀我至田家。绿树村边合，青山郭外斜。开轩面场圃，把酒话桑麻。待到重阳日，还来就菊花。</p>
</body>
</html>
```

浏览效果如图 8-2 所示，可以看到，两个 p 标记中都被 CSS 样式修饰了，其样式保持一致，段落居中、加粗并以橙色字体显示。

图 8-2　内嵌样式的显示

> **注意**　上面例子所有 CSS 编码都放在 style 标记中，方便了后期维护，页面与行内样式相比大大瘦身了。但如果一个网站拥有很多页面，不同页面的 p 标记都希望采用同样风格时，内嵌方式就显得有点麻烦。这种方法只适用于特殊页面设置单独的样式风格。

8.2.3　链接样式

链接样式是 CSS 中使用频率最高，也是最实用的方法。它很好地将"页面内容"和"样式风格代码"分离成两个文件或多个文件，实现了页面框架 HTML 5 代码和 CSS 3 代码的完全分离，使前期制作和后期维护都十分方便。

链接样式是指在外部定义 CSS 样式表并形成以.css 为扩展名的文件，然后在页面中通过 `<link>` 标记链接到页面中，而且该链接语句必须放在页面的 `<head>` 标记区，如下所示：

```
<link rel="stylesheet" type="text/css" href="1.css" />
```

（1）rel：指定链接到样式表，其值为 stylesheet。
（2）type：表示样式表类型为 CSS 样式表。
（3）href：指定了 CSS 样式表所在的位置，此处表示当前路径下名称为 1.css 的文件。这里使用的是相对路径。如果 HTML 文档与 CSS 样式表没有在同一路径下，则需要指定样式表的绝对路径或引用位置。

实例 3：链接样式(实例文件：ch08\8.3.html)

```
<!DOCTYPE html>
<html>
<head>
<title>链接样式</title>
```

```
<link rel="stylesheet" type="text/css" href="8.3.css" />
</head>
<body>
<h1>CSS3 的学习</h1>
<p>荆溪白石出，天寒红叶稀。山路元无雨，空翠湿人衣。</p>
</body>
</html>
```

示例文件 ch08\8.3.css 代码如下：

```
h1{text-align:center;}
p{font-weight:29px;text-align:center;font-style:italic;}
```

浏览效果如图 8-3 所示，可见，标题和段落以不同的样式显示，标题居中显示，段落以斜体居中显示。

图 8-3 链接样式的显示

链接样式最大的优势就是将 CSS 3 代码和 HTML 5 代码完全分离，并且同一个 CSS 文件能被不同的 HTML 链接。

> **提示**：在设计整个网站时，可以将所有页面链接到同一个 CSS 文件，使用相同的样式风格。这样，如果整个网站需要修改样式，只修改 CSS 文件即可。

8.2.4 导入样式

导入样式与链接样式基本相同，都是创建一个单独 CSS 文件，然后再引入到 HTML 5 文件中，只不过语法和运行方式有差别。采用导入样式的样式表，在 HTML 5 文件初始化时，会被导入到 HTML 5 文件内，作为文件的一部分，类似于内嵌效果。而链接样式是在 HTML 标记需要样式风格时才以链接方式引入的。

导入外部样式表是指在内部样式表的<style>标记中使用@import 导入一个外部样式表，例如：

```
<head>
  <style type="text/css" >
  <!--
  @import "1.css"
  -->
  </style>
</head>
```

导入外部样式表，相当于将样式表导入到内部样式表中，其方式更有优势。导入外部样式表必须在样式表的开始部分，其他内部样式表的上面。

实例 4：导入样式(实例文件：ch08\8.4.html)

```
<!DOCTYPE html>
<html>
<head>
<title>导入样式</title>
<style>
@import "8.4.css"
</style>
</head>
<body>
<h1>江雪</h1>
<p>千山鸟飞绝，万径人踪灭。孤舟蓑笠翁，独钓寒江雪。</p>
</body>
</html>
```

示例文件 ch08\8.4.css 代码如下：

```
h1{text-align:center;color:#0000ff}
p{font-weight:bolder;text-decoration:underline;font-size:20px;}
```

浏览效果如图 8-4 所示，可见，标题和段落以不同的样式显示。标题居中显示，颜色为蓝色，段落文字以大小 20px 并加粗显示。

图 8-4 导入样式的显示

导入样式与链接样式相比，最大的优点就是可以一次导入多个 CSS 文件，例如：

```
<style>
@import "8.4.css"
@import "test.css"
</style>
```

8.2.5 优先级问题

如果同一个页面采用了多种 CSS 方式，例如使用行内样式、链接样式和内嵌样式，当这几种样式共同作用于同一个标记时，就会出现优先级问题，即究竟哪种样式设置会有效果。例如，内嵌样式设置字体为宋体，链接样式设置为红色，那么二者会同时生效；假如有多种样式都设置字体颜色，情况就会变得复杂。

1. 行内样式和内嵌样式的比较

例如，有这样一种情况：

```
<style>
.p{color:red}
</style>
<p style="color:blue">段落应用样式</p>
```

在样式定义中，段落标记<p>匹配了两种样式规则，一种是使用内部样式定义颜色为红色，另一种是使用 p 行内样式定义颜色为蓝色。那么标记内容最终会以哪一种样式显示呢？

实例 5：行内样式和内嵌样式的比较(实例文件：ch08\8.5.html)

```
<!DOCTYPE html>
<html>
<head>
<title>优先级比较</title>
<style>
p{color:red}
</style>
</head>
<body>
<p style="color:blue">解落三秋叶，能开二月花。过江千尺浪，入竹万竿斜。</p>
</body>
</html>
```

浏览效果如图 8-5 所示，段落以蓝色字体显示，由此可知，行内样式优先级大于内嵌样式优先级。

图 8-5 行内样式和内嵌样式的比较

2. 内嵌样式和链接样式的比较

以相同例子测试内嵌样式和链接样式的优先级，将设置颜色样式的代码单独放在一个 CSS 文件中，使用链接样式引入。

实例 6：内嵌样式和链接样式的比较(实例文件：ch08\8.6.html)

```
<!DOCTYPE html>
<html>
<head>
<title>优先级比较</title>
<link href="8.6.css" type="text/css" rel="stylesheet">
<style>
p{color:red}
</style>
</head>
<body>
<p>远上寒山石径斜，白云深处有人家。停车坐爱枫林晚，霜叶红于二月花。</p>
</body>
</html>
```

示例文件 ch08\8.6.css 代码如下：

```
p{color:yellow}
```

浏览效果如图 8-6 所示，段落以红色字体显示。

图 8-6 内嵌样式和链接样式的比较

从上面的代码中可以看出，内嵌样式和链接样式同时对段落 p 修饰时，段落显示红色字体。由此可知，内嵌样式优先级大于链接样式。

3. 链接样式和导入样式

现在进行链接样式和导入样式测试，分别创建两个 CSS 文件，一个作为链接样式，一个作为导入样式。

实例 7：链接样式和导入样式(实例文件：ch08\8.7.html)

```
<!DOCTYPE html>
<html>
<head>
<title>优先级比较</title>
<style>
@import "8.7.2.css"
</style>
<link href="8.7.1.css" type="text/css" rel="stylesheet">
</head>
<body>
<p>尚有绨袍赠，应怜范叔寒。不知天下士，犹作布衣看。</p>
</body>
</html>
```

示例文件 ch08\8.7.1.css 代码如下：

```
p{color:green}
```

示例文件 ch08\8.7.2.css 代码如下：

```
p{color:purple}
```

浏览效果如图 8-7 所示，段落以绿色显示。从结果可以看出，链接样式的优先级大于导入样式优先级。

图 8-7 链接样式和导入样式的比较

8.3 CSS 3 的常用选择器

选择器(selector)也被称为选择符，所有 HTML 5 中的标记都是通过不同的 CSS 3 选择器进行控制的。选择器不只是 HMTL 5 文档中的元素标记，它还可以是类、ID 或是元素的某种状态。根据 CSS 选择符的用途，可以把选择器分为标记选择器、类选择器、全局选择器、ID 选择器和伪类选择器等。

8.3.1 标记选择器

HTML 5 文档是由多个不同标记组成的，而 CSS 3 选择器就是声明哪些标记采用样式。

例如，p 选择器就是用于声明页面中所有<p>标记的样式风格。同样，也可以通过 h1 选择器来声明页面中所有<h1>标记的 CSS 风格。

标记选择器最基本的形式如下：

```
tagName{property: value}
```

其中，tagName 表示标记名称，例如 p、h1 等 HTML 标记；property 表示 CSS 3 的属性；value 表示 CSS 3 的属性值。

实例 8：标记选择器(实例文件：ch08\8.8.html)

```
<!DOCTYPE html>
<html>
<head>
<title>标记选择器</title>
<style>
p{color:blue;font-size:20px;}
</style>
</head>
<body>
<p>枯藤老树昏鸦，小桥流水人家，古道西风瘦马。夕阳西下，断肠人在天涯。</p>
</body>
</html>
```

浏览效果如图 8-8 所示，可以看到段落以蓝色字体显示，大小为 20px。

图 8-8　标记选择器的显示

如果在后期维护中需要调整段落颜色，只需要修改 color 属性值即可。

> **提示**　CSS 3 语言对于所有属性和值都有相对严格的要求，如果声明的属性在 CSS 3 规范中没有或者某个属性值不符合属性要求，都不能使 CSS 语句生效。

8.3.2　类选择器

在一个页面中，使用标记选择器会控制该页面中所有此标记的显示样式。如果需要为此类标记中的一个标记重新设定样式，此时仅使用标记选择器是不能达到效果的，还需要使用类(class)选择器。

类选择器用来为一系列标记定义相同的显示方式，常用的语法格式如下所示：

```
.classValue{property: value}
```

其中，classValue 是类选择器的名称，具体名称由 CSS 编写者自己命名。

实例 9：类选择器(实例文件：ch08\8.9.html)

```html
<!DOCTYPE html>
<html>
<head>
<title>类选择器</title>
<style>
.aa{
    color:blue;
    font-size:20px;
}
.bb{
    color:red;
    font-size:22px;
}
</style>
</head>
<body>
<h3 class="bb">学习类选择器</h3>
<p class="aa">此处使用类选择器 aa 控制段落样式</p>
<p class="bb">此处使用类选择器 bb 控制段落样式</p>
</body>
</html>
```

浏览效果如图 8-9 所示，可以看到第一个段落以蓝色字体显示，大小为 20px；第二个段落以红色字体显示，大小为 22px；标题同样以红色字体显示，大小为 22px。

8.3.3 ID 选择器

ID 选择器与类选择器类似，都是针对特定属性的属性值进行匹配的。ID 选择器定义的是某一个特定的 HTML 元素，一个网页文件中只能有一个元素使用某一 ID 的属性值。

图 8-9 类选择器的显示

定义 ID 选择器的基本语法格式如下：

```
#idValue{property: value}
```

其中，idValue 是 ID 选择器的名称，可以由 CSS 编写者自己命名。

实例 10：ID 选择器(实例文件：ch08\8.10.html)

```html
<!DOCTYPE html>
<html>
<head>
<title>ID 选择器</title>
<style>
#fontstyle{
    color:blue;
    font-weight:bold;
}
#textstyle{
    color:red;
    font-size:22px;
```

```
}
</style>
</head>
<body>
<h3 id=textstyle>学习 ID 选择器</h3>
<p id=textstyle>此处使用 ID 选择器 aa 控制段落样式</p>
<p id=fontstyle>此处使用 ID 选择器 bb 控制段落样式</p>
</body>
</html>
```

浏览效果如图 8-10 所示，可以看到，第一个段落以红色字体显示，大小为 22px；第二个段落以蓝色字体显示，大小为 16px；标题同样以红色字体显示，大小为 22px。

图 8-10 ID 选择器的显示

8.3.4 全局选择器

如果想要一个页面中所有的 HTML 标记使用同一种样式，可以使用全局选择器。全局选择器，顾名思义，就是对所有 HTML 元素起作用。其语法格式为：

```
*{property: value}
```

其中，"*"表示对所有元素起作用，property 表示 CSS 3 属性名称，value 表示属性值。使用示例如下：

```
*{margin:0; padding:0;}
```

实例 11：全局选择器(实例文件：ch08\8.11.html)

```
<!DOCTYPE html>
<html>
<head>
<title>全局选择器</title>
<style>
*{
    color:red;
    font-size:30px
}
</style>
</head>
<body>
<p>使用全局选择器修饰</p>
<p>第一段</p>
<h1>第一段标题</h1>
</body>
</html>
```

浏览效果如图 8-11 所示，可以看到，两个段落和标题都是以红色字体显示，大小为 30px。

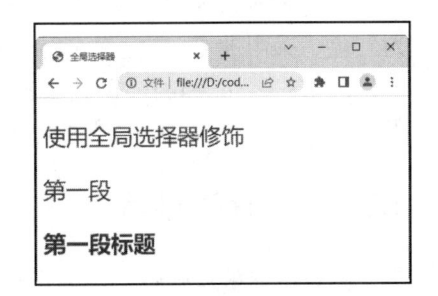

图 8-11 使用全局选择器

8.3.5 组合选择器

将多种选择器进行搭配,可以构成一种复合选择器,也称为组合选择器。组合选择器只是一种组合形式,并不算是一种真正的选择器,但在实际中经常使用。使用示例如下:

```
.orderlist li {xxxx}
.tableset td {}
```

组合选择器一般用在重复出现并且样式相同的一些标记里,如 li(列表)、td(单元格)和 dd(自定义列表)等。例如:

```
h1.red {color: red}
<h1 class="red">something</h1>
```

实例 12:组合选择器(实例文件:ch08\8.12.html)

```
<!DOCTYPE html>
<html>
<head>
<title>组合选择器</title>
<style>
p{
    color:red
}
p .firstPar{
    color:blue
}
.firstPar{
    color:green
}
</style>
</head>
<body>
<p>这是普通段落</p>
<p class="firstPar">此处使用组合选择器</p>
<h1 class="firstPar">我是一个标题</h1>
</body>
</html>
```

浏览效果如图 8-12 所示,可以看到第一个段落颜色为红色,采用的是 p 标记选择器;第二个段显示的是蓝色,采用的是 p 和类选择器二者组合的选择器;标题 h1 以绿色字体显示,采用的是类选择器。

图 8-12 组合选择器的显示

8.3.6 选择器继承

选择器继承规则是:子标记在没有定义的情况下,所有的样式是继承父标记的;当子标记重复定义了父标记已经定义过的声明时,子标记就执行后面的声明;与父标记不冲突的地方,子标记仍然沿用父标记的声明。CSS 的继承是指子孙元素继承祖先元素的某些属性。

使用示例如下:

```
<div class="test">
```

```
    <span><img src="xxx" alt="示例图片"/></span>
</div>
```

对于上面的层而言，如果其修饰样式为如下代码：

```
.test span img {border:1px blue solid;}
```

则表示该选择器先找到 class 为 test 的标记，再从它的子标记里查找 span 标记，然后从 span 的子标记中找到 img 标记。也可以采用下面的形式：

```
div span img {border:1px blue solid;}
```

可以看出，其规律是从左往右，依次细化，最后锁定要控制的标记。

实例 13：选择器继承(实例文件：ch08\8.13.html)

```
<!DOCTYPE html>
<html>
<head>
<title>继承选择器</title>
<style type="text/css">
h1{color:red; text-decoration:underline;}
h1 strong{color:#004400; font-size:40px;}
</style>
</head>
<body>
<h1>测试 CSS 的<strong>继承</strong>效果</h1>
<h1>此处使用继承<font>选择器</font>了么? </h1>
</body>
</html>
```

浏览效果如图 8-13 所示。可以看到，第一个段落颜色为红色，但是"继承"两个字使用绿色显示，并且大小为 40px；除了这两个设置外，其他的 CSS 样式都是继承父标记<h1>的样式，例如下划线设置。第二个标题中，虽然使用了 font 标记修饰选择器，但其样式都是继承于父类标记 h1。

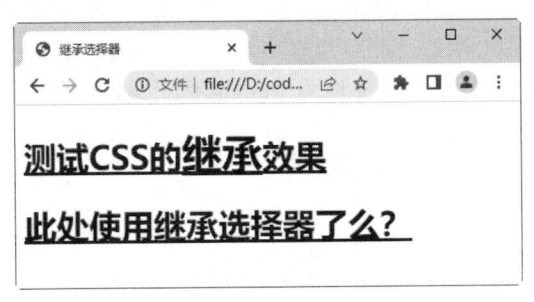

图 8-13　选择器继承

8.3.7　伪类选择器

伪类选择器也是选择器的一种。伪类选择器定义的样式最常应用在标记<a>上，它表示链接 4 种不同的状态：未访问链接(link)、已访问链接(visited)、激活链接(active)和鼠标停留在链接上(hover)。

> 标记 a 可以只有一种状态(link)，或同时具有两种或者三种状态。例如，任何一个有 href 属性的 a 标记，在未有任何操作时，都已经具备了 link 的条件，也就是满足了有链接属性这个条件；如果是访问过的 a 标记，同时会具备 link、visited 两种状态；把鼠标移到访问过的 a 标记上的时候，a 标记就同时具备了 link、visited、hover 三种状态。

使用示例如下：

```
a:link{color:#FF0000; text-decoration:none}
a:visited{color:#00FF00; text-decoration:none}
a:hover{color:#0000FF; text-decoration:underline}
a:active{color:#FF00FF; text-decoration:underline}
```

上面的样式表示该链接未访问时颜色为红色且无下划线，访问后是绿色且无下划线，激活链接时为蓝色且有下划线，鼠标放在链接上时为紫色且有下划线。

实例 14：伪类选择器(实例文件：ch08\8.14.html)

```
<!DOCTYPE html>
<html>
<head>
<title>伪类</title>
<style>
a:link {color:red}        /* 未访问的链接 */
a:visited {color:green}   /* 已访问的链接 */
a:hover {color:blue}      /* 鼠标移动到链接上 */
a:active {color:orange}   /* 选定的链接 */
</style>
</head>
<body>
<a href="">链接到本页</a>
<a href="http://www.sohu.com">搜狐</a>
</body>
</html>
```

浏览效果如图 8-14 所示，可以看到两个超链接，第一个超链接表示鼠标停留在上方时，显示颜色为蓝色；另一个表示访问过后，显示颜色为绿色。

图 8-14 伪类显示

8.4 选择器声明

使用 CSS 3 选择器可以控制 HTML 5 标记的样式，其中每个选择器属性可以一次声明多个，即创建多个 CSS 属性来修饰 HTML 标记。实际上，也可以将选择器声明多个，并且任何形式的选择器(如标记选择器、类选择器、ID 选择器等)都是合法的。

8.4.1 集体声明

在一个页面中，有时需要不同种类标记样式保持一致，例如需要 p 标记和 h1 标记保持一致，此时可以将 p 标记和 h1 标记共同使用类选择器，除了这个方法之外，还可以使用集体声明方法。集体声明就是在声明各种 CSS 选择器时，如果某些选择器的风格是完全相同的，或者部分相同，可以将风格相同的 CSS 选择器同时声明。

实例 15：集体声明(实例文件：ch08\8.15.html)

```
<!DOCTYPE html>
<html>
<head>
<title>集体声明</title>
<style type="text/css">
h1,h2,p{
    color:red;
    font-size:20px;
    font-weight:bolder;
}
</style>
</head>
<body>
<h1>此处使用集体声明</h1>
<h2>此处使用集体声明</h2>
<p>此处使用集体声明</p>
</body>
</html>
```

图 8-15 集体声明的显示

浏览效果如图 8-15 所示，可以看到，网页上标题 1、标题 2 和段落都以红色字体加粗显示，并且大小为 20px。

8.4.2 多重嵌套声明

在 CSS 3 控制 HTML 5 标记样式时，还可以使用层层递进的方式，即嵌套方式(或称组合方式)，对指定位置的 HTML 标记进行修饰，例如，当<p>与</p>之间包含<a></a>标记时，就可以使用这种方式对 HTML 标记进行修饰。

实例 16：多重嵌套声明(实例文件：ch08\8.16.html)

```
<!DOCTYPE html>
<html>
<head>
<title>多重嵌套声明</title>
<style>
p{font-size:20px;}
p a{color:red;font-size:30px;font-weight:bolder;}
</style>
</head>
<body>
<p>头上红冠不用裁，满身雪白走将来。平生不敢轻言语，一叫千门万户开。
<a href="">画鸡</a></p></body>
</html>
```

浏览效果如图 8-16 所示，可以看到，在段落中，超链接显示为红色字体，大小为 30px，其原因是使用了嵌套声明。

图 8-16　多重嵌套声明

8.5　疑难解惑

疑问 1：CSS 定义的字体在不同浏览器中大小为何不一样？

例如，使用 font-size:14px 定义的宋体文字，在 IE 浏览器下实际高是 16px，下空白是 3px；而在 Firefox 浏览器下实际高是 17px，上空 1px，下空 3px。其解决办法是在定义文字时设定 line-height，并确保所有文字都有默认的 line-height 值。

疑问 2：CSS 在网页制作中有多种用法，具体在使用时，该采用哪种用法呢？

当有多个网页要用到的 CSS 时，采用外连 CSS 文件的方式，这样网页的代码大大减少，修改起来非常方便；只对单个网页中使用的 CSS，采用文档头部方式；只对一个网页中一两个地方用到的 CSS，采用行内插入方式。

疑问 3：CSS 的行内样式、内嵌样式和链接样式可以在一个网页中混用吗？

三种用法可以混用，且不会造成混乱，这就是为什么称为"层叠样式表"的原因。浏览器在显示网页时是这样处理的：先检查有没有行内插入式 CSS，有就执行，针对本句的其他 CSS 就不去管了；其次检查内嵌方式的 CSS，有就执行；在前两者都没有的情况下，再检查外连文件方式的 CSS。因此，可以看出三种 CSS 的执行优先级是：行内样式>内嵌样式>链接样式。

8.6　跟我学上机

上机练习 1：制作炫彩网站 Logo

结合前面学习的 CSS 知识，给网页中的文字设置不同的字体样式，从而制作出炫彩的网站 Logo。运行结果如图 8-17 所示。

图 8-17　炫彩网站 Logo

第 8 章 CSS 3 概述与基本语法

上机练习 2：设计一个在线商城的酒类爆款推荐效果

结合所学知识，为在线商城设计酒类爆款推荐效果。运行结果如图 8-18 所示。

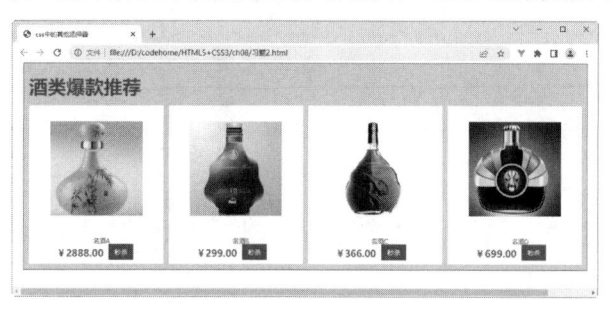

图 8-18　设计酒类爆款推荐效果

第 9 章

使用 CSS 3 美化网页字体与段落

常见的网站、博客是使用文字或图片来展示内容的，其中文字是传递信息的主要手段。而美观大方的网站或者博客，需要使用 CSS 样式来修饰。

设置文本样式是 CSS 技术的基本功能，通过 CSS 文本标记语言，可以设置文本的样式和粗细等。

案例效果

9.1 美化网页文字

在 HTML 中，CSS 字体属性用于定义文字的字体、大小、粗细等。常见的字体属性包括字体、字号、字体风格、字体颜色等。

9.1.1 设置文字的字体

font-family 属性用于指定文字的字体类型，例如宋体、黑体、隶书、Times New Roman 等，即在网页中展示字体不同的形状。具体的语法如下所示：

```
{font-family: name}
{font-family: cursive | fantasy | monospace | serif | sans-serif}
```

从语法格式上可以看出，font-family 有两种声明方式。第一种方式使用 name 字体名称，按优先顺序排列，以逗号隔开；如果字体名称包含空格，则应使用双引号括起；在 CSS 3 中，比较常用的是这种声明方式。第二种声明方式使用所列出的字体序列名称。如果使用 fantasy 序列，需提供默认字体序列。

实例 1：设置文字的字体(实例文件：ch09\9.1.html)

```
<!DOCTYPE html>
<html>
<head>
<style type=text/css>
p{font-family:黑体}
</style>
</head>
<body>
<p align=center>天行健，君子以自强不息。</p>
</body>
</html>
```

浏览效果如图 9-1 所示，可以看到，文字居中，并以黑体显示。

在设计页面时，一定要考虑字体的显示问题。为了保证页面达到预计的效果，最好提供多种字体类型，而且最好以最基本的字体类型作为首选。

图 9-1 字形显示

其样式设置如下所示：

```
p{font-family:华文彩云,黑体,宋体}
```

当 font-family 属性值中的字体类型由多个字符串和空格组成时，例如 Times New Roman，那么，该值就需要使用双引号引起来：

```
p{font-family: "Times New Roman"}
```

9.1.2 设置文字的字号

在 CSS 3 新规定中，通常使用 font-size 来设置文字大小。其语法格式如下：

```
{font-size: 数值 | inherit | xx-small | x-small | small | medium | large
 | x-large | xx-large | larger | smaller | length}
```

其中，可以通过数值来定义字体大小，例如，用 font-size:12px 的方式定义字体大小为 12 像素。此外，还可以通过 medium 之类的参数定义字体的大小，其参数含义如表 9-1 所示。

表 9-1 font-size 参数的含义

参　数	说　　明
xx-small	绝对字体尺寸。根据对象字体进行调整。最小
x-small	绝对字体尺寸。根据对象字体进行调整。较小
small	绝对字体尺寸。根据对象字体进行调整。小
medium	默认值。绝对字体尺寸。根据对象字体进行调整。正常
large	绝对字体尺寸。根据对象字体进行调整。大
x-large	绝对字体尺寸。根据对象字体进行调整。较大
xx-large	绝对字体尺寸。根据对象字体进行调整。最大
larger	相对字体尺寸。相对于父对象中字体的尺寸进行相对增大。使用成比例的 em 单位计算
smaller	相对字体尺寸。相对于父对象中字体的尺寸进行相对减小。使用成比例的 em 单位计算
length	百分数或由浮点数和单位标识符组成的长度值，不可为负值。其百分比取值是基于父对象中字体的尺寸

实例 2：设置文字的字号(实例文件：ch09\9.2.html)

```html
<!DOCTYPE html>
<html>
<body>
<div style="font-size:10pt">停车坐爱枫林晚，霜叶红于二月花。
    <p style="font-size:small">停车坐爱枫林晚，霜叶红于二月花。</p>
    <p style="font-size:larger">停车坐爱枫林晚，霜叶红于二月花。</p>
    <p style="font-size:x-small">停车坐爱枫林晚，霜叶红于二月花。</p>
    <p style="font-size:x-larger">停车坐爱枫林晚，霜叶红于二月花。</p>
    <p style="font-size:50%">停车坐爱枫林晚，霜叶红于二月花。</p>
    <p style="font-size:25pt">停车坐爱枫林晚，霜叶红于二月花。</p>
</div>
</body>
</html>
```

浏览效果如图 9-2 所示，可以看到网页中文字被设置成不同的大小，其设置方式采用了绝对数值、关键字和百分比等形式。

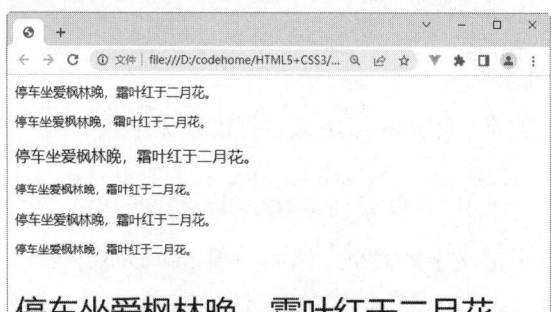

图 9-2 字体大小显示

在上面的例子中，font-size 字体大小为 50%时，其比较对象是上级标记中的 10pt。同样，我们还可以使用 inherit 值，直接继承上级标记的字体大小。例如：

```
<div style="font-size:50pt">上级标记
    <p style="font-size: inherit">继承</p>
</div>
```

9.1.3 设置字体风格

font-style 通常用来定义字体风格，即字体的显示样式。在 CSS 3 新规定中，语法格式如下所示：

```
font-style: normal | italic | oblique | inherit
```

其属性值有 4 个，具体含义如表 9-2 所示。

表 9-2 font-style 属性值的含义

属 性 值	含 义
normal	默认值。浏览器显示一个标准的字体样式
italic	浏览器会显示一个斜体的字体样式
oblique	浏览器会显示一个倾斜的字体样式
inherit	规定应该从父元素继承字体样式

实例 3：设置字体风格(实例文件：ch09\9.3.html)

```
<!DOCTYPE html>
<html>
<body>
    <p style="font-style:italic">梅花香自苦寒来</p>
    <p style="font-style:normal">梅花香自苦寒来</p>
    <p style="font-style:oblique">梅花香自苦寒来</p>
</body>
</html>
```

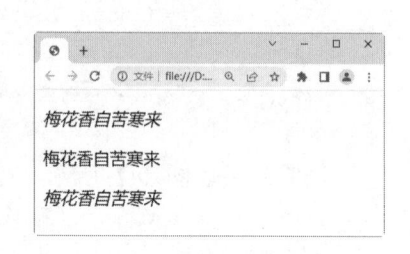

图 9-3 字体风格的显示

浏览效果如图 9-3 所示，可以看到，文字分别显示为不同的样式。

9.1.4 设置加粗字体

通过 CSS 3 中的 font-weight 属性，可以定义字体的粗细程度，其语法格式如下：

```
font-weight: 100～900 | bold | bolder | lighter | normal
```

font-weight 属性有 13 个有效值，分别是 bold、bolder、lighter、normal、100～900。如果没有设置该属性，则使用其默认值 normal。如果属性值设置为 100～900，那么值越大，加粗的程度就越高。其具体含义如表 9-3 所示。

表 9-3 font-weight 属性值的含义

属性值	含义
bold	定义粗体字体
bolder	定义更粗的字体，相对值
lighter	定义更细的字体，相对值
normal	默认，标准字体

浏览器默认的字体粗细是 400，另外，也可以通过参数 lighter 和 bolder 使得字体在原有基础上显得更细或更粗。

实例 4：设置加粗字体(实例文件：ch09\9.4.html)

```
<!DOCTYPE html>
<html>
<body>
    <p style="font-weight:bold">梅花香自苦寒来(bold)</p>
    <p style="font-weight:bolder">梅花香自苦寒来(bolder)</p>
    <p style="font-weight:lighter">梅花香自苦寒来(lighter)</p>
    <p style="font-weight:normal">梅花香自苦寒来(normal)</p>
    <p style="font-weight:100">梅花香自苦寒来(100)</p>
    <p style="font-weight:400">梅花香自苦寒来(400)</p>
    <p style="font-weight:900">梅花香自苦寒来(900)</p>
</body>
</html>
```

浏览效果如图 9-4 所示，可以看到，文字以不同方式加粗，其中使用了关键字加粗和数值加粗。

图 9-4 字体粗细的显示

9.1.5 将小写字母转换为大写字母

font-variant 属性用来设置大写字母的字体显示文本,这意味着所有的小写字母均会被转换为大写,但是所有使用大写字体的字母与其余文本相比,其字体尺寸更小。在 CSS 3 中,其语法格式如下:

```
font-variant: normal | small-caps | inherit
```

font-variant 有三个属性值,即 normal、small-caps 和 inherit,具体含义如表 9-4 所示。

表 9-4 font-variant 属性值的含义

属 性 值	含 义
normal	默认值。浏览器会显示一个标准的字体
small-caps	浏览器会显示小型大写字母的字体
inherit	规定应该从父元素继承 font-variant 属性的值

实例 5:将小写字母转换为大写字母(实例文件:ch09\9.5.html)

```
<!DOCTYPE html>
<html>
<body>
<p style="font-variant:normal">Happy BirthDay to You</p>
<p style="font-variant:small-caps">Happy BirthDay to You</p>
</body>
</html>
```

浏览效果如图 9-5 所示,可以看到,第 2 行字母都以大写形式显示。

图 9-5 中,通过对两个属性值产生的效果进行比较,可以看到,设置为 normal 属性值的文本以正常文本显示,而设置为 small-caps 属性值的文本中有稍大的大写字母,也有小的大写字母,也就是说,使用了 small-caps 属性值的段落文本全部变成了大写,只是大写字母的尺寸不同而已。

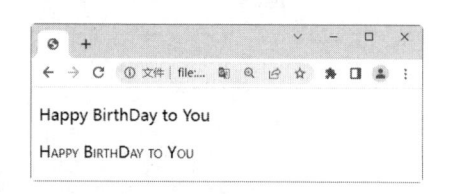

图 9-5 字母大小写转换

9.1.6 设置字体的复合属性

在设计网页时,为了使网页布局合理且文本规范,对字体需要使用多种属性,例如定义字体粗细,并定义字体的大小。但是,多个属性分别书写相对比较麻烦,CSS 3 样式表中提供的 font 属性就解决了这一问题。

font 属性可以一次性地使用多个属性的属性值来定义文本字体。其语法格式如下所示:

```
{font: font-style font-variant font-weight font-size font-family}
```

font 属性中的属性排列顺序是 font-style、font-variant、font-weight、font-size 和 font-family,各属性的属性值之间使用空格隔开,但是,如果 font-family 属性要定义多个属性值,则需使用逗号(,)隔开。

> 注意：属性排列中，font-style、font-variant 和 font-weight 这三个属性值是可以自由调换的。而 font-size 和 font-family 则必须按照固定的顺序出现，而且还必须都出现在 font 属性中。如果这两者的顺序不对，或缺少一个，那么，整条样式规则可能会被忽略。

实例 6：设置字体的复合属性(实例文件：ch09\9.6.html)

```
<!DOCTYPE html>
<html>
<style type=text/css>
p{
    font: normal small-caps bolder 20pt "Cambria","Times New Roman",宋体
}
</style>
<body>
<p>众里寻他千百度，蓦然回首，那人却在灯火阑珊处。</p>
</body>
</html>
```

浏览效果如图 9-6 所示，可以看到，文字被设置成宋体并加粗。

图 9-6 复合属性 font 的显示

9.1.7 设置字体颜色

在 CSS 3 样式中，通常使用 color 属性来设置颜色。其属性值通常使用下面的方式设定，如表 9-5 所示。

表 9-5 color 属性

属 性 值	说 明
color_name	规定颜色值为颜色名称的颜色(例如 red)
hex_number	规定颜色值为十六进制值的颜色(例如#FF0000)
rgb_number	规定颜色值为 RGB 代码的颜色(例如 rgb(255,0,0))
inherit	规定应该从父元素继承颜色
hsl_number	规定颜色值为 HSL 代码的颜色(例如 hsl(0,75%,50%))，此为 CSS 3 新增加的颜色表现方式
hsla_number	规定颜色只为 HSLA 代码的颜色(例如 hsla(120,50%,50%,1))，此为 CSS 3 新增加的颜色表现方式
rgba_number	规定颜色值为 RGBA 代码的颜色(例如 rgba(125,10,45,0.5))，此为 CSS 3 新增加的颜色表现方式

实例 7：设置字体颜色(实例文件：ch09\9.7.html)

```
<!DOCTYPE html>
<html>
<head>
<style type="text/css">
```

```
body {color:red}
h1 {color:#00ff00}
p.ex {color:rgb(0,0,255)}
p.hs{color:hsl(0,75%,50%)}
p.ha{color:hsla(120,50%,50%,1)}
p.ra{color:rgba(125,10,45,0.5)}
</style>
</head>
<body>
<h1>《青玉案 元夕》</h1>
<p>众里寻他千百度,蓦然回首,那人却在灯火阑珊处。</p>
<p class="ex">众里寻他千百度,蓦然回首,那人却在灯火阑珊处。(该段落定义了 class="ex"。该段落中的文本是蓝色的。)</p>
<p class="hs">众里寻他千百度,蓦然回首,那人却在灯火阑珊处。(此处使用了CSS3 中的新增加的HSL 函数,构建颜色。)</p>
<p class="ha">众里寻他千百度,蓦然回首,那人却在灯火阑珊处。(此处使用了CSS3 中的新增加的HSLA 函数,构建颜色。)</p>
<p class="ra">众里寻他千百度,蓦然回首,那人却在灯火阑珊处。(此处使用了CSS3 中的新增加的RGBA 函数,构建颜色。)</p>
</body>
</html>
```

浏览效果如图 9-7 所示,可以看到文字以不同颜色显示。

图 9-7 color 属性的显示

9.2 设置文本的高级样式

对于一些有特殊要求的文本,例如文字存在阴影、字体类型发生变化,如果再使用上面所介绍的 CSS 样式进行定义,就不会得到正确显示,这时就需要一些特定的 CSS 标记来满足这些要求。

9.2.1 设置文本阴影效果

在显示字体时,有时需要给出文字的阴影效果,以增强网页的整体吸引力,同时为文字阴影添加颜色,这时就需要用到 CSS 3 样式中的 text-shadow 属性。实际上,在 CSS 2.1 中,W3C 就已经定义了 text-shadow 属性,但在 CSS 3 中又重新定义了它,并增加了不透明度效果。其语法格式如下:

```
{text-shadow: none | <length> none | [<shadow>, ] * <opacity>
 或 none | <color> [, <color> ]* }
```

其属性值如表 9-6 所示。

表 9-6 text-shadow 属性值的含义

属 性 值	含 义
<color>	指定颜色
<length>	由浮点数字和单位标识符组成的长度值。可为负值，指定阴影的水平延伸距离
<opacity>	由浮点数和单位标识符组成的长度值。不可为负值，指定模糊效果的作用距离。如果仅仅需要模糊效果，可将前两个 length 全部设定为 0

text-shadow 属性有 4 个属性值，最后两个是可选的，第一个属性值表示阴影的水平位移，可取正负值；第二个值表示阴影垂直位移，可取正负值；第三个值表示阴影的模糊半径，该值可选；第四个值表示阴影的颜色值，该值可选。

示例如下所示：

```
text-shadow:阴影水平偏移值(可取正负值);阴影垂直偏移值(可取正负值);阴影模糊值;阴影颜色
```

实例 8：设置文本阴影效果(实例文件：ch09\9.8.html)

```
<!DOCTYPE html>
<html>
<head></head>
<body>
<p align=center style="text-shadow:0.1em 2px 6px blue;font-size:80px">
   毕竟西湖六月中，风光不与四时同。</p>
</body>
</html>
```

浏览效果如图 9-8 所示，可以看到，文字居中并带有阴影显示。

图 9-8 阴影显示的结果

通过上面的实例可以看出，阴影偏移由两个 length 值指定其到文本的距离。第一个长度值指定到文本右边的水平距离，负值会把阴影放置在文本左边。第二个长度值指定到文本下边的垂直距离，负值会把阴影放置在文本上方。在阴影偏移之后，可以指定一个模糊半径。

9.2.2 设置文本的溢出效果

text-overflow 属性用来定义当文本溢出时是否显示省略标记，即定义省略文本的方式。它并不具备其他的样式属性定义。要实现溢出时产生省略号的效果，还须强制文本在一行内显示(white-space:nowrap)及溢出内容为隐藏(overflow:hidden)，只有这样才能实现溢出文本显示为省略号的效果。

text-overflow 的语法如下：

```
text-overflow: clip | ellipsis
```

其属性值的含义如表 9-7 所示。

表 9-7　text-overflow 属性值的含义

属 性 值	含 义
clip	不显示省略标记(…)，而是简单的裁切
ellipsis	当对象内文本溢出时显示省略标记(…)

实例 9：设置文本的溢出效果(实例文件：ch09\9.9.html)

```
<!DOCTYPE html>
<html>
<head>
</head>
<body>
<style type="text/css">
.test_demo_clip{text-overflow:clip; overflow:hidden; white-space:nowrap;
 width:200px; background:#ccc;}
.test_demo_ellipsis{text-overflow:ellipsis; overflow:hidden;
 white-space:nowrap; width:200px; background:#ccc;}
</style>
<h2>text-overflow : clip </h2>
<div class="test_demo_clip">
    不显示省略标记，而是简单的裁切
</div>
<h2>text-overflow : ellipsis </h2>
<div class="test_demo_ellipsis">
    显示省略标记，不是简单的裁切
</div>
</body>
</html>
```

浏览效果如图 9-9 所示，可以看到文字在指定位置被裁切，但 ellipsis 属性被执行，以省略号形式出现。

9.2.3　设置文本的控制换行

当在一个指定区域显示一整行文字时，如果文字在一行显示不完，就需要进行换行。如果不进行换行，则会超出指定区域范围，此时可以采用 CSS 3 中新增加的 word-wrap 文本样式来控制文本换行。

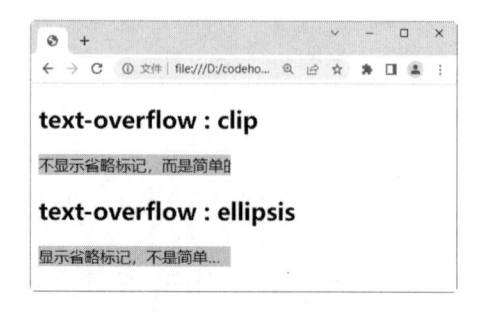

图 9-9　文本省略处理

word-wrap 语法的格式如下：

```
word-wrap: normal | break-word
```

其属性值的含义比较简单，如表 9-8 所示。

表 9-8 word-wrap 属性值的含义

属 性 值	含 义
normal	控制连续文本换行
break-word	内容将在边界内换行

实例 10：设置文本的控制换行(实例文件：ch09\9.10.html)

```
<!DOCTYPE html>
<html>
<head></head>
<body>
<style type="text/css">
    div{ width:300px;word-wrap:break-word;border:1px solid #999999;}
</style>
<div>
    wordwrapbreakwordwordwrapbreakwordwordwrapbreakwordwordwrapbreakword
</div><br>
<div>全中文的情况，全中文的情况，全中文的情况全中文的情况全中文的情况</div><br>
<div>This is all English,This is all English,This is all English,This is all English,</div>
</body>
</html>
```

浏览效果如图 9-10 所示，文字在指定位置被控制换行。

可以看出，word-wrap 属性可以控制换行，当属性取值 break-word 时将强制换行，这对中文文本没有任何问题，对英文语句也没有任何问题。但是对于长串的英文就不起作用了，也就是说，break-word 属性是控制是否断词的，而不是断字符。

图 9-10 文本强制换行

9.2.4 保持字体尺寸不变

有时候，同一行的文字，由于采用的字体种类不一样或者修饰样式不一样，导致其字体尺寸(即显示大小)不一样，整行文字看起来就显得杂乱。此时需要使用 CSS 3 的属性 font-size-adjust 处理。font-size-adjust 用来定义整个字体序列中所有字体的大小是否保持同一个尺寸，语法格式如下：

```
font-size-adjust: none | number
```

其属性值的含义如表 9-9 所示。

表 9-9 font-size-adjust 属性值的含义

属 性 值	含 义
none	默认值。允许字体序列中每一字体遵守它自己的尺寸设定
number	为字体序列中的所有字体强制指定同一尺寸

实例 11：保持字体尺寸不变(实例文件：ch09\9.11.html)

```
<!DOCTYPE html>
<html>
<head></head>
<style>
.big { font-family: sans-serif; font-size: 40pt; }
.a { font-family: sans-serif; font-size: 15pt; font-size-adjust: 1; }
.b { font-family: sans-serif; font-size: 30pt; font-size-adjust: 0.5; }
</style>
<body>
  <p class="big"><span class="b">厚德载物</span></p>
  <p class="big"><span class="a">厚德载物</span></p>
</body>
</html>
```

浏览效果如图 9-11 所示。

图 9-11　尺寸一致显示

9.3　美化网页中的段落

网页由文字组成，而用来表达同一个意思的多个文字组合，可以称为段落。段落是文章的基本单位，同样也是网页的基本单位。段落的放置与效果的显示会直接影响页面的布局及风格。CSS 样式表提供了文本属性，可实现对页面中段落文本的控制。

9.3.1　设置单词之间的间隔

单词之间的间隔如果设置合理，一是会给整个网页布局节省空间，二是可以给人赏心悦目的感受，提升阅读效果。在 CSS 中，可以使用 word-spacing 属性直接定义指定区域或者段落中字符之间的间隔。

word-spacing 属性用于设定词与词之间的间距，即增加或者减少词与词之间的间隔。其语法格式如下：

```
word-spacing: normal | length
```

其中，属性值 normal 和 length 的含义如表 9-10 所示。

表 9-10 word-spacing 属性值的含义

属 性 值	含 义
normal	默认，定义单词之间的标准间隔
length	定义单词之间的固定宽度，可以是正值或负值

实例 12：设置单词之间的间隔(实例文件：ch09\9.12.html)

```
<!DOCTYPE html>
<html>
<head></head>
<body>
<p style="word-spacing:normal">Welcome to my home</p>
<p style="word-spacing:15px">Welcome to my home</p>
<p style="word-spacing:15px">欢迎来到我家</p>
</body>
</html>
```

浏览效果如图 9-12 所示，可以看到段落中单词以不同间隔显示。

图 9-12 设定词的间隔

> **注意**：从上面的显示结果可以看出，word-spacing 属性不能用于设定字符之间的间隔。

9.3.2 设置字符之间的间隔

在一个网页中，词与词之间的间隔可以通过 word-spacing 进行设置，那么字符之间的间隔使用什么设置呢？在 CSS 3 中，可以通过 letter-spacing 来设置字符之间的距离，即在字符之间插入多少空间。这里允许使用负值，让字母之间更加紧凑。

语法格式如下：

```
letter-spacing: normal | length
```

属性值的含义如表 9-11 所示。

表 9-11 letter-spacing 属性值的含义

属 性 值	含 义
normal	默认间隔，即以字符之间的标准间隔显示
length	由浮点数和单位标识符组成的长度值，允许为负值

实例 13：设置字符之间的间隔(实例文件：ch09\9.13.html)

```html
<!DOCTYPE html>
<html>
<head></head>
<body>
<p style="letter-spacing:normal">Welcome to my home</p>
<p style="letter-spacing:5px">Welcome to my home</p>
<p style="letter-spacing:1ex">这里的字间距是1ex</p>
<p style="letter-spacing:-1ex">这里的字间距是-1ex</p>
<p style="letter-spacing:1em">这里的字间距是1em</p>
</body>
</html>
```

浏览效果如图 9-13 所示，可以看到，文字以不同的间距大小显示。

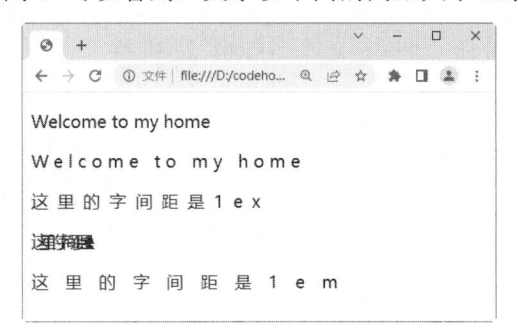

图 9-13　字间距效果

> **注意**　从上述代码中可以看出，通过 letter-spacing 定义了字符间距的效果。应特别注意，当设置的字间距是-1ex 时，文字就会粘到一块儿。

9.3.3　设置文字的修饰效果

在 CSS 3 中，text-decoration 属性可以修饰文本，该属性可以为页面提供文本的多种修饰效果，例如下划线、删除线、闪烁等。

text-decoration 属性的语法格式如下：

```
text-decoration: none | underline | blink | overline | line-through
```

其属性值的含义如表 9-12 所示。

表 9-12　text-decoration 属性值的含义

属 性 值	含 义
none	默认值，对文本不进行任何修饰
underline	下划线
overline	上划线
line-through	删除线
blink	闪烁

实例 14：设置文字的修饰效果(实例文件：ch09\9.14.html)

```html
<!DOCTYPE html>
<html>
<head></head>
<body>
    <p style="text-decoration:none">明明知道相思苦，偏偏对你牵肠挂肚！</p>
    <p style="text-decoration:underline">明明知道相思苦，偏偏对你牵肠挂肚！</p>
    <p style="text-decoration:overline">明明知道相思苦，偏偏对你牵肠挂肚！</p>
    <p style="text-decoration:line-through">明明知道相思苦，偏偏对你牵肠挂肚！</p>
    <p style="text-decoration:blink">明明知道相思苦，偏偏对你牵肠挂肚！</p>
</body>
</html>
```

浏览效果如图 9-14 所示。可以看到，段落中出现了下划线、上划线和删除线等。

> **注意**：blink(闪烁)效果只有 Mozilla 和 Netscape 浏览器支持，其他浏览器(如 Opera)都不支持该效果。

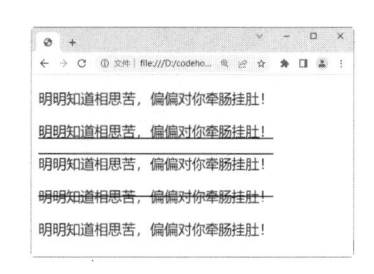

图 9-14 文本修饰

9.3.4 设置垂直对齐方式

在 CSS 中，可以直接使用 vertical-align 属性设定垂直对齐方式。该属性定义行内元素的基线相对于该元素所在行的基线的垂直对齐，允许指定负长度值和负百分比值，这会使元素降低而不是升高。在表单元格中，这个属性会设置单元格框中的单元格内容的对齐方式。

vertical-align 属性的语法格式如下：

`{vertical-align: 属性值}`

vertical-align 属性有 9 个预设值可以使用，也可以使用百分比，如表 9-13 所示。

表 9-13 vertical-align 属性值的含义

属 性 值	含 义
baseline	默认。元素放置在父元素的基线上
sub	垂直对齐文本的下标
super	垂直对齐文本的上标
top	把元素的顶端与行中最高元素的顶端对齐
text-top	把元素的顶端与父元素字体的顶端对齐
middle	把此元素放置在父元素的中部
bottom	把元素的顶端与行中最低的元素的顶端对齐
text-bottom	把元素的底端与父元素字体的底端对齐
length	设置元素的堆叠顺序

实例 15：设置垂直对齐的效果(实例文件：ch09\9.15.html)

```html
<!DOCTYPE html>
<html>
<head></head>
<body>
<p>
    世界杯<b style="font-size:8pt;vertical-align:super">2018</b>!
    中国队<b style="font-size: 8pt;vertical-align: sub">[注]</b>!
    加油! <img src="1.gif" style="vertical-align: baseline">
</p>
<p><img src="2.gif" style="vertical-align:middle"/>
    世界杯! 中国队! 加油! <img src="1.gif" style="vertical-align:top">
</p>
<hr/>
<p><img src="2.gif" style="vertical-align:middle"/>
    世界杯! 中国队! 加油! <img src="1.gif" style="vertical-align:text-top">
</p>
<p><img src="2.gif" style="vertical-align:middle"/>
    世界杯! 中国队! 加油! <img src="1.gif" style="vertical-align:bottom">
</p>
<hr/>
<p><img src="2.gif" style="vertical-align:middle"/>
    世界杯! 中国队! 加油! <img src="1.gif" style="vertical-align:text-bottom">
</p>
<p>
    世界杯<b style=" font-size:8pt;vertical-align:100%">2008</b>!
    中国队<b style="font-size: 8pt;vertical-align: -100%">[注]</b>!
    加油! <img src="1.gif" style="vertical-align: baseline">
</p>
</body>
</html>
```

浏览效果如图 9-15 所示，即文字在垂直方向以不同的对齐方式显示。

上下标在页面中有数学运算或注释标号时使用得比较多。顶端对齐有两种参照方式，一种是参照整个文本块，另一种是参照某个文本。底部对齐与顶端对齐方式相同，分别参照文本块和文本块中包含的文本。

> **提示**：vertical-align 属性值还能使用百分比来设定垂直高度，该高度具有相对性，它是基于行高的值来计算的。而且百分比还能使用正负号，正百分比使文本上升，负百分比使文本下降。

图 9-15 垂直对齐显示

9.3.5 转换文本的大小写

将小写字母转换为大写字母，或者将大写字母转换为小写，在文本编辑中都是很常见的。在 CSS 样式中，text-transform 属性可用于设定文本字体的大小写转换。

text-transform 属性的语法格式如下：

```
text-transform: none | capitalize | uppercase | lowercase
```

其属性值的含义如表 9-14 所示。

表 9-14　text-transform 属性值的含义

属 性 值	含 义
none	无转换发生
capitalize	将每个单词的第一个字母转换成大写，其余无转换发生
uppercase	转换成大写
lowercase	转换成小写

因为文本转换属性仅作用于字母型文本，所以相对来说比较简单。

实例 16：转换文本的大小写(实例文件：ch09\9.16.html)

```html
<!DOCTYPE html>
<html>
<head></head>
<body style="font-size:15pt; font-weight:bold">
  <p style="text-transform:none">welcome to home</p>
  <p style="text-transform:capitalize">welcome to home</p>
  <p style="text-transform:lowercase">WELCOME TO HOME</p>
  <p style="text-transform:uppercase">welcome to home</p>
</body>
</html>
```

浏览效果如图 9-16 所示。

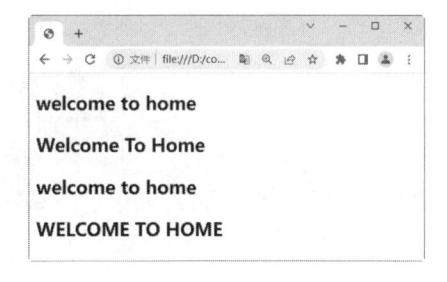

图 9-16　大小写字母转换

9.3.6　设置文本的水平对齐方式

一般情况下，居中对齐适用于标题类文本，其他对齐方式可以根据页面布局来选择使用。根据需要，可以设置多种对齐，例如水平方向上的居中、左对齐、右对齐或者两端对齐等。在 CSS 中，可以通过 text-align 属性进行设置。

text-align 属性用于定义对象文本的对齐方式，与 CSS 2.1 相比，CSS 3 增加了 start、end 和 string 属性值。text-align 的语法格式如下：

```
{text-align: sTextAlign}
```

其属性值的含义如表 9-15 所示。

表 9-15 text-align 属性值的含义

属 性 值	含　义
start	文本向行的开始边缘对齐
end	文本向行的结束边缘对齐
left	文本向行的左边缘对齐。垂直方向的文本中，文本在 left-to-right 模式下向开始边缘对齐
right	文本向行的右边缘对齐。垂直方向的文本中，文本在 left-to-right 模式下向结束边缘对齐
center	文本在行内居中对齐
justify	文本根据 text-justify 的属性设置分散对齐。即两端对齐，均匀分布
match-parent	继承父元素的对齐方式，但有个例外：继承的 start 或者 end 值是根据父元素的 direction 值进行计算的，因此计算的结果可能是 left 或者 right
string	string 是单个字符，否则就忽略此设置，按指定的字符进行对齐。此属性可以跟其他关键字同时使用，如果没有设置字符，则默认值是 end 方式
inherit	继承父元素的对齐方式

在新增加的属性值中，start 和 end 属性值主要是针对行内元素的，即在包含元素的头部或尾部显示；而 string 属性值主要用于表格单元格中，将根据某个指定的字符对齐。

实例 17：设置文本的水平对齐方式(实例文件：ch09\9.17.html)

```
<!DOCTYPE html>
<html>
<head></head>
<body>
<h1 style="text-align:center">登幽州台歌</h1>
<h3 style="text-align:left">选自：</h3>
<h3 style="text-align:right">
  <img src="1.gif" />
  唐诗三百首</h3>
<p style="text-align:justify">
  前不见古人 后不见来者(这是一个测试，这是一个测试，这是一个测试，)
</p>
<p style="text-align:start">念天地之悠悠</p>
<p style="text-align:end">独怆然而涕下</p>
</body>
</html>
```

浏览效果如图 9-17 所示，即文字在水平方向上以不同的对齐方式显示。

图 9-17 对齐效果

> **注意**　text-align 属性只能用于文本块，而不能直接应用到图像标记<img>。如果要使图像与文本一样应用对齐方式，那么就必须将图像包含在文本块中。如上例，由于向右对齐方式作用于<h3>标记定义的文本块，图像包含在文本块中，所以图像能够同文本一样向右对齐。

> **提示**　CSS 只能定义两端对齐方式，并按要求显示。但对于具体的两端对齐文本如何分配字体空间以实现文本左右两边均对齐，CSS 并未规定，这就需要设计者自行定义了。

9.3.7　设置文本的缩进效果

在普通段落中，通常首行缩进两个字符，用来表示这是一个段落的开始。同样在网页的文本编辑中，可以通过指定属性来控制文本缩进。CSS 的 text-indent 属性就是用来设定文本块中首行缩进的。text-indent 属性的语法格式如下所示：

```
text-indent: length
```

其中，length 属性值表示由百分比数值或由浮点数和单位标识符组成的长度值，允许为负值。可以这样认为：text-indent 属性可以定义两种缩进方式，一种是直接定义缩进的长度，另一种是定义缩进百分比。使用该属性，HTML 的任何标记都可以让首行以给定的长度或百分比缩进。

实例 18：设置文本的缩进效果(实例文件：ch09\9.18.html)

```
<!DOCTYPE html>
<html>
<head></head>
<body>
<p style="text-indent:10mm">此处直接定义长度，直接缩进。</p>
<p style="text-indent:10%">此处使用百分比，进行缩进。</p>
</body>
</html>
```

浏览效果如图 9-18 所示，可以看到文字以首行缩进方式显示。

图 9-18　缩进显示

如果上级标记定义了 text-indent 属性，那么子标记可以继承其上级标记的缩进长度。

9.3.8　设置文本的行高

在 CSS 中，line-height 属性用来设置行间距，即行高。其语法格式如下：

```
line-height: normal | length
```

其属性值的具体含义如表 9-16 所示。

表 9-16　line-height 属性值的含义

属 性 值	含　义
normal	默认行高，即网页文本的标准行高
length	百分比数值或由浮点数和单位标识符组成的长度值，允许为负值。其百分比取值基于字体的高度尺寸

实例 19：设置文本的行高(实例文件：ch09\9.19.html)

```
<!DOCTYPE html>
<html>
<head></head>
<body>
<div style="text-indent:10mm;">
    <p style="line-height:50px">
        世界杯(World Cup,FIFA World Cup)，国际足联世界杯，世界足球锦标赛是世界上最高水平的足球比赛，与奥运会、F1 并称为全球三大顶级赛事。
    </p>
    <p style="line-height:50%">
        世界杯(World Cup,FIFA World Cup)，国际足联世界杯，世界足球锦标赛是世界上最高水平的足球比赛，与奥运会、F1 并称为全球三大顶级赛事。
    </p>
</div>
</body>
</html>
```

浏览效果如图 9-19 所示，其中，有段文字重叠在一起，即行高设置较小。

图 9-19　设置文本行高

9.3.9　文本的空白处理

在 CSS 中，white-space 属性用于设置对象内空格字符的处理方式。white-space 属性对文本的显示有着重要的影响。在标记上应用 white-space 属性，可以影响浏览器对字符串或文本间空格的处理方式。

white-space 属性的语法格式如下：

```
white-space: normal | pre | nowrap | pre-wrap | pre-line | inherit
```

其属性值的含义如表 9-17 所示。

表 9-17 white-space 属性值的含义

属 性 值	含 义
normal	默认。空格会被浏览器忽略
pre	空格会被浏览器保留。其行为方式类似于 HTML 中的<pre>标记
nowrap	文本不会换行，会在同一行上继续，直到遇到 标记为止
pre-wrap	保留空格序列，但是正常地进行换行
pre-line	合并空格序列，但是保留换行符
inherit	从父元素继承 white-space 属性的值

实例 20：文本的空格处理(实例文件：ch09\9.20.html)

```html
<!DOCTYPE html>
<html>
<body>
  <h1 style="color:red; text-align:center;white-space:pre">
    蜂 蜜 的 功 效 与 作 用！</h1>
  <div>
    <p style="white-space:nowrap;text-indent:10mm">
      蜂蜜，是昆虫蜜蜂从开花植物的花中采得的花蜜在蜂巢中酿制的蜜。<br>
蜂蜜的成分除了葡萄糖、果糖之外还含有各种维生素、矿物质和氨基酸。1千克的蜂蜜含有2940卡的热
量。蜂蜜是糖的过饱和溶液，低温时会产生结晶，生成结晶的是葡萄糖，不产生结晶的部分主要是果糖。
</p>
    <p style="white-space:pre-wrap;text-indent:10mm">
      蜂蜜的成分除了葡萄糖、果糖之外还含有各种维生素、矿物质和氨基酸。
      1千克的蜂蜜含有2940卡的热量。<br/>
      蜂蜜是糖的过饱和溶液，低温时会产生结晶，生成结晶的是葡萄糖，不产生结晶的部分主要是果
糖。</p>
    <p style="white-space:pre-line;text-indent:10mm">
      蜂蜜的成分除了葡萄糖、果糖之外还含有各种维生素、矿物质和氨基酸。
      1千克的蜂蜜含有2940卡的热量。<br/>
      蜂蜜是糖的过饱和溶液，低温时会产生结晶，生成结晶的是葡萄糖，不产生结晶的部分主要是果
糖。</p>
  </div>
</body>
</html>
```

浏览效果如图 9-20 所示，可以看到文字中处理空格的不同方式。

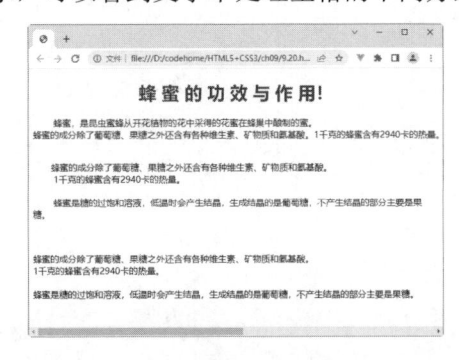

图 9-20 处理空格

9.3.10 文本的反排

在网页文本编辑中，英语文档的基本方向通常是从左至右。如果文档中某一段的多个部分包含从右至左阅读的语言，若该语言的方向正确地显示为从右至左，则可以通过 CSS 提供的两个属性 unicode-bidi 和 direction 来解决这个文本反排的问题。

unicode-bidi 属性的语法格式如下：

```
unicode-bidi: normal | embed | bidi-override
```

其属性值的含义如表 9-18 所示。

表 9-18 unicode-bidi 属性值的含义

属 性 值	含 义
normal	默认值，元素不会打开一个额外的嵌入层。对于内联元素，隐式的重新排序将跨元素边界起作用
embed	元素将打开一个额外的嵌入层，direction 属性值指定嵌入级别。重新排序在元素内是隐式进行的
bidi-override	与 embed 值相同，但除了这一点外，在元素内，重新排序依照 direction 属性严格按顺序进行。此值替代隐式双向算法

direction 属性用于设定文本流的方向，其语法格式如下：

```
direction: ltr | rtl
```

属性值的含义如表 9-19 所示。

表 9-19 direction 属性值的含义

属 性 值	含 义
ltr	文本流从左到右
rtl	文本流从右到左

实例 21：文本的反排(实例文件：ch09\9.21.html)

```
<!DOCTYPE html>
<html>
<head>
<style type="text/css">
a {color:#000;}
</style>
</head>
<body>
<h3>文本的反排</h3>
<div style=" direction:rtl; unicode-bidi:bidi-override; text-align:left">
秋风吹不尽，总是玉关情。
</div>
</body>
</html>
```

浏览效果如图 9-21 所示，可以看到文字以反转形式显示。

图 9-21　文本反转显示

9.4　疑难解惑

疑问 1：字体为什么在别的电脑上不显示呢？

楷体很漂亮，草书也不逊色于宋体，但不是所有人的电脑都安装有这些字体。因此在设计网页时，不要为了追求漂亮美观而采用一些比较新奇的字体，否则往往达不到预期的效果。使用最基本的字体，才是最好的选择。

不要使用难阅读的花哨字体。当然，某些字体可以让网页精彩纷呈，但网页的主要目的是传递信息并让读者阅读，应该让读者阅读过程舒服些。

不要用小字体。虽然网页浏览器有放大功能，但如果必须放大才能看清一个网页的话，用户以后估计就再也不会去访问它了。

疑问 2：网页中如何处理空白呢？

注意不留空白。不要用图像、文本和不必要的动画 GIF 来充斥网页，即使有足够的空间，在设计时也应该避免这样做。

疑问 3：文字和图片的导航速度哪个更快呢？

应该使用文字做导航栏。文字导航不仅速度快，而且更稳定，而且有些用户上网时会关闭图片。在处理文本时，不要在普通文本上添加下划线或者颜色。除非有特别需要，否则不要为普通文字添加下划线，不要让浏览者将本不能点击的文字误认为能够点击。

9.5　跟我学上机

上机练习 1：创建一个网站的网页

根据前面所学的知识，创建一个网站的网页，主要利用文字和段落方面的 CSS 属性。具体要求如下：在网页的最上方显示出标题，标题下方是正文，其中正文部分是文字段落。在设计网页标题时，需要将其加粗并居中显示。用大号字体显示标题，与其下面的正文进行区分。上述要求使用 CSS 样式属性来实现，预览效果如图 9-22 所示。

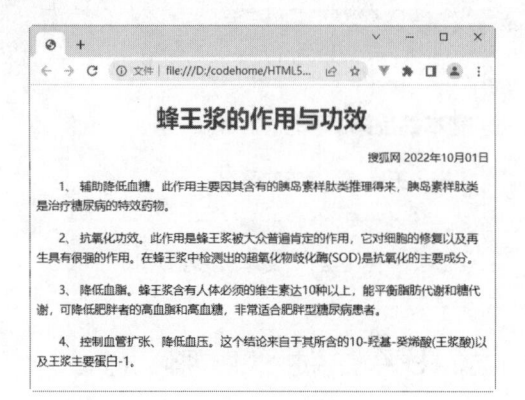

图 9-22　网页的显示

上机练习 2：制作新闻页面

制作一个新闻页面，效果如图 9-23 所示。

图 9-23　浏览效果

第 10 章

使用 CSS 3 美化网页图片

一个网页中如果都是文字，会给浏览者带来枯燥感，而一张恰当的图片会给网页带来许多生趣。图片是直观、形象的，一张好的图片还会给网页带来很高的点击率。在 CSS 3 中，定义了很多属性用来美化和设置图片。

案例效果

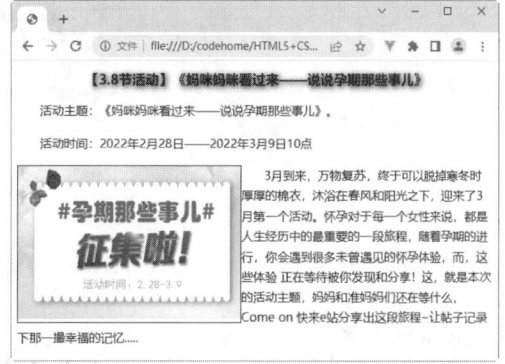

10.1 图片缩放

在网页上显示一张图片时，默认情况下都是以图片的原始大小显示。如果要对网页进行排版，通常情况下，还需要重新设定图片的大小。如果对图片设置不恰当，会造成图片的变形和失真，所以一定要保持宽度和高度的比例适中。设定图片大小，可以采用三种方式来完成。

10.1.1 通过描述标记 width 和 height 缩放图片

在 HTML 标记语言中，通过 img 的描述标记 width 和 height 可以设置图片的大小。width 和 height 分别表示图片的宽度和高度，可以是数值或百分比，单位可以是 px。需要注意的是，高度(height)和宽度(width)的设置方式要相同。

实例 1：通过描述标记 width 和 height 缩放图片(实例文件：ch10\10.1.html)

```html
<!DOCTYPE html>
<html>
<head>
<title>缩放图片</title>
</head>
<body>
<img src="01.jpg" width=200 height=120>
</body>
</html>
```

浏览效果如图 10-1 所示，可以看到，网页显示了一张图片，其宽度为 200px，高度为 120px。

图 10-1 使用标记来缩放图片

10.1.2 使用 CSS 3 中的 max-width 和 max-height 缩放图片

max-width 和 max-height 分别用来设置图片宽度最大值和高度最大值。在定义图片大小时，如果图片默认尺寸超过了定义的大小，就以 max-width 所定义的宽度值显示，而图片高度将同比例变化。如果定义的是 max-height，则宽度也同比例变化。但是，如果图片的尺寸小于最大宽度或者高度，那么图片就按原尺寸大小显示。max-width 和 max-height 的值一般是数值类型。

其语法格式如下：

```
img{
    max-height:180px;
}
```

实例 2：使用 CSS 3 中的 max-height 缩放图片(实例文件：ch10\10.2.html)

```
<!DOCTYPE html>
<html>
<head>
<title>缩放图片</title>
<style>
img{
    max-height:300px;
}
</style>
</head>
<body>
<img src="01.jpg">
</body>
</html>
```

浏览效果如图 10-2 所示，可以看到，网页显示了一张图片，其显示高度是 300px，宽度将做同比例缩放。

图 10-2　同比例缩放图片

在本例中，也可以只设置 max-width 来定义图片的最大宽度，而让高度自动缩放。

10.1.3　使用 CSS 3 中的 width 和 height 缩放图片

在 CSS 3 中，可以使用 width 和 height 属性来设置图片的宽度和高度，从而实现对图片的缩放效果。

实例 3：使用 CSS 3 中的 width 和 height 缩放图片(实例文件：ch10\10.3.html)

```
<!DOCTYPE html>
<html>
<head>
<title>缩放图片</title>
</head>
<body>
<img src="01.jpg" >
<img src="01.jpg" style="width:150px;height:100px" >
</body>
</html>
```

浏览效果如图 10-3 所示，可以看到，网页中显示了两张图片，第一张图片以原大小显示，第二张图片以指定大小显示。

图 10-3　用 CSS 指定图片的大小

> **提示**　当仅仅设置了图片的 width 属性，而没有设置 height 属性时，图片本身会自动等纵横比例缩放；如果只设定 height 属性，也是一样的道理。只有同时设定 width 和 height 属性时，才会不等比例缩放。

10.2　设置图片的对齐方式

一个凌乱的图文网页，是每一个浏览者都不喜欢看到的。而一个图文并茂、排版格式整洁简约的页面，更容易让网页浏览者接受，可见图片的对齐方式是非常重要的。本节将介绍如何使用 CSS 3 属性定义图片的对齐方式。

10.2.1　设置图片的横向对齐

所谓图片横向对齐，就是在水平方向上进行对齐。其对齐样式和文字对齐比较相似，都是有三种对齐方式，分别为左对齐、右对齐和居中对齐。

要定义图片的对齐方式，不能在样式表中直接定义，需要在图片的上一个标记级别(即父标记)定义对齐方式，然后让图片继承父标记的对齐方式。之所以这样定义，是因为 img(图片)本身没有对齐属性，需要使用 CSS 继承父标记的 text-align 属性来定义对齐方式。

实例 4：设置图片的横向对齐(实例文件：ch10\10.4.html)

```
<!DOCTYPE html>
<html>
<head>
<title>图片横向对齐</title>
</head>
<body>
<p style="text-align:left">
  <img src="02.jpg" style="max-width:140px;">
  图片左对齐
  </p>
<p style="text-align:center">
  <img src="02.jpg" style="max-width:140px;">
  图片居中对齐
```

```
    </p>
<p style="text-align:right">
    <img src="02.jpg" style="max-width:140px;">
    图片右对齐
    </p>
</body>
</html>
```

浏览效果如图 10-4 所示，可以看到，网页上显示了三张图片，大小一样，但对齐方式分别是左对齐、居中对齐和右对齐。

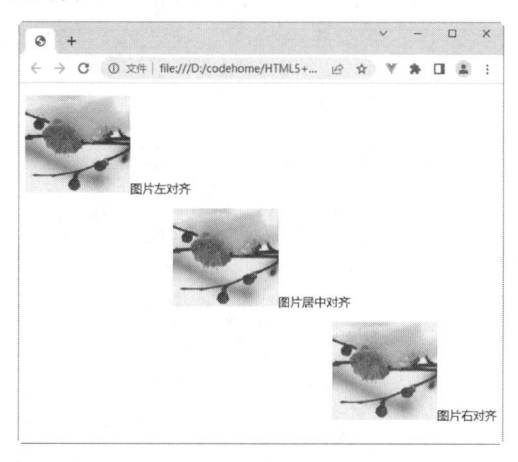

图 10-4　图片的横向对齐

10.2.2　设置图片的纵向对齐

纵向对齐就是垂直对齐，即在垂直方向上与文字进行搭配。通过对图片垂直方向上的设置，可以设定图片和文字的高度一致。在 CSS 3 中对图片进行纵向设置时，通常使用 vertical-align 属性。

vertical-align 属性设置元素的垂直对齐方式，即定义行内元素的基线相对于该元素所在行的基线的垂直对齐。允许指定负长度值和百分比值，这会使元素降低而不是升高。在表单元格中，可通过这个属性设置单元格框中的单元格内容的对齐方式。其语法格式为：

```
vertical-align: baseline | sub | super | top | text-top | middle
    | bottom | text-bottom | length
```

上面各参数的含义如表 10-1 所示。

表 10-1　vertical-align 属性

参数名称	说　　明
baseline	支持 valign 特性的对象的内容与基线对齐
sub	垂直对齐文本的下标
super	垂直对齐文本的上标
top	将支持 valign 特性的对象的内容与对象顶端对齐
text-top	将支持 valign 特性的对象的文本与对象顶端对齐
middle	将支持 valign 特性的对象的内容与对象中部对齐

续表

参数名称	说　明
bottom	将支持 valign 特性的对象的文本与对象底端对齐
text-bottom	将支持 valign 特性的对象的文本与对象顶端对齐
length	由浮点数和单位标识符组成的长度值或者百分数。可为负数。定义由基线算起的偏移量。基线对于数值来说为 0，对于百分数来说就是 0%

实例 5：设置图片纵向对齐(实例文件：ch10\10.5.html)

```
<!DOCTYPE html>
<html>
<head>
<title>图片纵向对齐</title>
<style>
img{
    max-width:100px;
}
</style>
</head>
<body>
<p>纵向对齐方式:baseline<img src=02.jpg style="vertical-align:baseline"></p>
<p>纵向对齐方式:bottom<img src=02.jpg style="vertical-align:bottom"></p>
<p>纵向对齐方式:middle<img src=02.jpg style="vertical-align:middle"></p>
<p>纵向对齐方式:sub<img src=02.jpg style="vertical-align:sub"></p>
<p>纵向对齐方式:super<img src=02.jpg style="vertical-align:super"></p>
<p>纵向对齐方式:数值定义<img src=02.jpg style="vertical-align:20px"></p>
</body>
</html>
```

浏览效果如图 10-5 所示。可以看到，网页显示 6 张图片，垂直方向上分别是 baseline、bottom、middle、sub、super 和数值对齐。

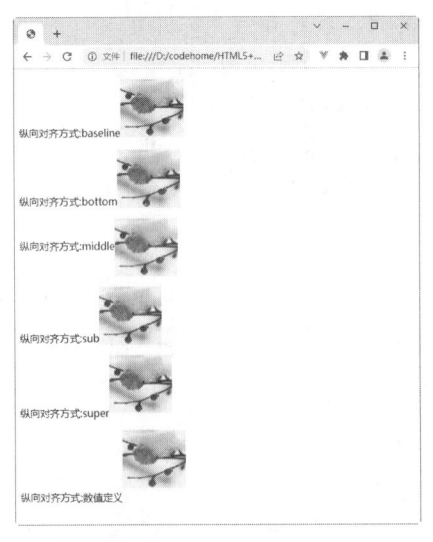

图 10-5　图片的纵向对齐

> **提示**：仔细观察图片和文字的不同对齐方式，即可深刻理解各种纵向对齐的不同。

10.3 图文混排

一个普通的网页，最常见的方式就是图文混排：文字说明主题，图像显示新闻情境，二者结合起来相得益彰。本节将介绍图片和文字的混合排版方式。

10.3.1 设置文字环绕效果

在网页中进行排版时，可以将文字设置成环绕图片的形式，即文字环绕。文字环绕应用非常广泛，配合背景，可以实现绚丽的效果。

在 CSS 3 中，可以使用 float 属性定义该效果。float 属性主要定义元素在哪个方向浮动。一般情况下，这个属性总是应用于图像，使文本围绕在图像周围；有时它也可以定义其他元素浮动。浮动元素会生成一个块级框，而不管它本身是何种元素。如果浮动非图像元素，则要指定一个明确的宽度；否则，它们会尽可能地窄。

float 属性的语法格式如下：

```
float: none | left | right
```

其中，none 表示默认值，即对象不漂浮；left 表示文本流向对象的右边；right 表示文本流向对象的左边。

实例 6：设置文字环绕效果(实例文件：ch10\10.6.html)

```html
<!DOCTYPE html>
<html>
<head>
<title>文字环绕</title>
<style>
img{
    max-width:120px;
    float:left;
}
</style>
</head>
<body>
<p>
可爱的向日葵。
<img src="03.jpg">
```

向日葵，别名太阳花，是菊科向日葵属的植物。因花序随太阳转动而得名。一年生植物，高 1～3 米，茎直立，粗壮，圆形多棱角，被白色粗硬毛，性喜温暖，耐旱，能产果实葵花籽。原产北美洲，主要分布在我国东北、西北和华北地区，世界各地均有栽培！

向日葵，1 年生草本，高 1.0～3.5 米，对于杂交品种也有半米高的。茎直立，粗壮，圆形多棱角，为白色粗硬毛。叶通常互生，心状卵形或卵圆形，先端锐突或渐尖，有基出 3 脉，边缘具粗锯齿，两面粗糙，被毛，有长柄。头状花序，极大，直径 10～30 厘米，单生于茎顶或枝端，常下倾。总苞片多层，叶质，覆瓦状排列，被长硬毛，夏季开花，花序边缘生黄色的舌状花，不结实。花序中部为两性的管状花，棕色或紫色。结实。瘦果，倒卵形或卵状长圆形，稍扁压，果皮木质化，灰色或黑色，俗称葵花籽。性喜温暖，耐旱。
</p>
</body>
</html>

浏览效果如图 10-6 所示，可以看到，图片被文字所环绕，并在文字的左方显示。如果将 float 属性的值设置为 right，则图片会在文字的右方显示并被文字环绕。

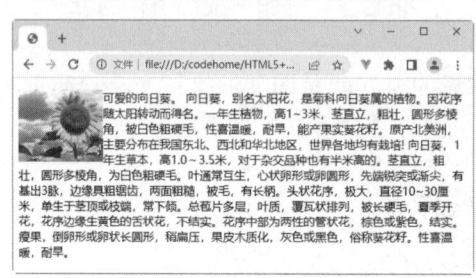

图 10-6　文字环绕的效果

10.3.2　设置图片与文字的间距

如果需要设置图片和文字之间的距离，即与文字之间存在一定间距，不是紧紧地环绕，可以使用 CSS 3 中的 padding 属性。

padding 属性主要用来设置所有内边距属性，即可以设置元素所有内边距的宽度，或者设置各边上内边距的宽度。如果一个元素既有内边距又有背景，从视觉上看可能会延伸到其他行，有可能还会与其他内容重叠。设置 padding 属性后，元素的背景会延伸穿过内边距。不允许指定负边距值。

padding 属性的语法格式如下：

```
padding: padding-top | padding-right | padding-bottom | padding-left
```

参数值 padding-top 用来设置距离顶部的内边距；padding-right 用来设置距离右部的内边距；padding-bottom 用来设置距离底部的内边距；padding-left 用来设置距离左部的内边距。

实例 7：设置图片与文字的间距(实例文件：ch10\10.7.html)

```
<!DOCTYPE html>
<html>
<head>
<title>文字环绕</title>
<style>
img{
    max-width:120px;
    float:left;
    padding-top:10px;
    padding-right:50px;
    padding-bottom:10px;
}
</style>
</head>
<body>
<p>
```

```
可爱的向日葵。
<img src="03.jpg">
向日葵，别名太阳花，是菊科向日葵属的植物。因花序随太阳转动而得名。一年生植物，高1～3米，茎
直立，粗壮，圆形多棱角，被白色粗硬毛，性喜温暖，耐旱，能产果实葵花籽。原产北美洲，主要分布在
我国东北、西北和华北地区，世界各地均有栽培！
向日葵，1年生草本，高1.0～3.5米，对于杂交品种也有半米高的。茎直立，粗壮，圆形多棱角，为白
色粗硬毛。叶通常互生，心状卵形或卵圆形，先端锐突或渐尖，有基出3脉，边缘具粗锯齿，两面粗糙，
被毛，有长柄。头状花序，极大，直径10～30厘米，单生于茎顶或枝端，常下倾。总苞片多层，叶质，
覆瓦状排列，被长硬毛，夏季开花，花序边缘生黄色的舌状花，不结实。花序中部为两性的管状花，棕色
或紫色，结实。瘦果，倒卵形或卵状长圆形，稍扁压，果皮木质化，灰色或黑色，俗称葵花籽。性喜温
暖，耐旱。
</p>
</body>
</html>
```

浏览效果如图 10-7 所示，可以看到，图片被文字所环绕，并且文字和图片右边的间距为 50 像素，上下各为 10 像素。

图 10-7　设置图片与文字的间距

10.4　疑　难　解　惑

疑问 1：对网页进行图文排版时，哪些是必须做的？

在进行图文排版时，通常有如下 5 个方面需要网页设计者考虑。

（1）首行缩进：段落的开头应该空两格。在 HTML 中，空格键起不了作用。当然，可以用 来代替一个空格，但这不是理想的方式。可以用 CSS 3 中的首行缩进，大小为 2em。

（2）图文混排：在 CSS 3 中，可以用 float 让文字在没有清理浮动的时候，显示在图片以外的空白处。

（3）设置背景色：设置网页背景，增加效果。此内容会在后面介绍。

（4）文字居中：可以通过 CSS 的 text-align 属性设置文字居中。

（5）显示边框：通过 border 为图片添加一个边框。此内容会在后面介绍。

疑问 2：设置文字环绕时，float 元素为什么会失去作用？

很多浏览器在显示未指定 width 的 float 元素时会有错误，所以不管 float 元素的内容如何，一定要为其指定 width 属性。

10.5 跟我学上机

上机练习 1：制作学校宣传单

制作一个学校宣传页，从而巩固图文混排的相关 CSS 知识。本例包含两部分，一部分是图片信息，显示学校场景；另一部分是段落信息，介绍学校的理念。这两部分都放在一个 div 中。完成效果如图 10-8 所示。

图 10-8 宣传页面的效果

上机练习 2：制作简单的图文混排网页

创建一个图片与文字的简单混排效果。具体要求如下：在网页的最上方显示标题，标题下方是正文，在正文部分显示图片。在设计这个网页标题时，其方法与前面的例子相同。上述要求使用 CSS 样式属性实现，效果如图 10-9 所示。

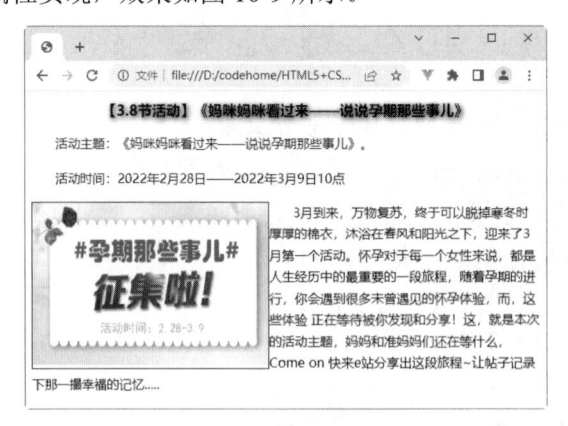

图 10-9 图文混排网页

第 11 章

使用 CSS 3 美化网页背景与边框

网页的背景色和基调决定了浏览者的第一印象。不同类型的网站有不同的背景和基调，因此页面中的背景通常是网站设计时一个重要的步骤。对于单个 HTML 元素，可以通过 CSS 3 属性设置元素边框的样式，包括宽度、显示风格和颜色等。本章将重点介绍网页背景设置和 HTML 元素边框样式。

案例效果

11.1 使用 CSS 3 美化背景

背景是进行网页设计时的重要因素之一，一个背景优美的网页，总能吸引不少访问者。例如，喜庆类网站通常以火红背景为主题。CSS 的强大表现功能在背景设置方面同样发挥得淋漓尽致。

11.1.1 设置背景颜色

background-color 属性用于设定网页的背景色。与设置前景色的 color 属性一样，background-color 属性接受任何有效的颜色值。而没有设定背景色的标记，默认背景色为透明(transparent)。

background-color 属性的语法格式为：

```
{background-color: transparent | color}
```

关键字 transparent 是默认值，表示透明。背景颜色 color 设定方法可以采用英文单词、十六进制、RGB、HSL、HSLA 和 GRBA。

实例 1：设置背景颜色(实例文件：ch11\11.1.html)

```
<!DOCTYPE html>
<html>
<head>
<title>背景色设置</title>
</head>
<body style="background-color:PaleGreen; color:Blue">
  <p>
     background-color 属性设置背景色，color 属性设置字体颜色。
  </p>
</body>
</html>
```

浏览效果如图 11-1 所示，可以看到，网页的背景色为浅绿色，而字体颜色为蓝色。

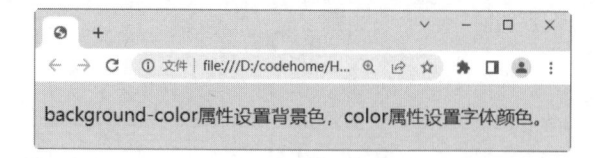

图 11-1 设置背景色

注意，设计网页时，背景色不要使用太艳的颜色，否则会给人以喧宾夺主的感觉。

background-color 属性不仅可以设置整个网页的背景颜色，同样还可以设置指定 HTML 元素的背景色，例如设置 h1 标题的背景色，设置段落 p 的背景色。在一个网页中，可以根据需要设置不同 HTML 元素的背景色。

实例 2：设置不同 HTML 元素的背景色(实例文件：ch11\11.2.html)

```
<!DOCTYPE html>
<html>
```

```
<head>
<title>背景色设置</title>
<style>
h1 {
    background-color:red;
    color:black;
    text-align:center;
}
p{
    background-color:gray;
    color:blue;
    text-indent:2em;
}
</style>
</head>
<body>
    <h1>颜色设置</h1>
    <p>background-color 属性设置背景色,color 属性设置字体颜色。</p>
</body>
</html>
```

浏览效果如图 11-2 所示,可以看到,网页标题区域背景色为红色,段落区域背景色为灰色,并且分别为字体设置了不同的前景色。

图 11-2 设置 HTML 元素的背景色

11.1.2 设置背景图片

不但可以使用背景色来填充网页背景,而且还可以使用图片来填充网页背景。通过 CSS 3 属性,可以对背景图片进行精确定位。background-image 属性用于设定标记的背景图片,通常情况下,在标记<body>中将图片用于整个主体中。

background-image 属性的语法格式如下:

```
background-image: none | url(url)
```

其默认属性是无背景图,当需要使用背景图时,可以用 url 导入。url 可以使用绝对路径,也可以使用相对路径。

实例 3:设置背景图片(实例文件:ch11\11.3.html)

```
<!DOCTYPE html>
<html>
<head>
<title>背景色设置</title>
<style>
body{
    background-image:url(01.jpg)
}
</style>
```

```
</head>
<body>
<p>夕阳无限好,只是近黄昏! </p>
</body>
</html>
```

浏览效果如图 11-3 所示,可以看到,网页中显示了背景图。

图 11-3　设置了背景图片

在设定背景图片时,最好同时设定背景色,当背景图片因某种原因无法正常显示时,可以使用背景色来代替。如果背景图片正常显示,它会覆盖背景色。

11.1.3　背景图片重复

在进行网页设计时,通常都是一个网页使用一张背景图片。如果图片小于背景,会直接重复铺满整个网页,但这种方式不适用于大多数页面。

在 CSS 3 中,可以通过 background-repeat 属性来设置图片的重复方式,包括水平重复、垂直重复和不重复等,各属性值如表 11-1 所示。

表 11-1　background-repeat 属性

属 性 值	描　　述
repeat	背景图片水平和垂直方向都重复平铺
repeat-x	背景图片水平方向重复平铺
repeat-y	背景图片垂直方向重复平铺
no-repeat	背景图片不重复平铺

background-repeat 设置重复背景图片从元素的左上角开始平铺,直到水平、垂直或全部页面都被背景图片覆盖。

实例 4:背景图片重复(实例文件:ch11\11.4.html)

```
<!DOCTYPE html>
<html>
<head>
```

第 11 章 使用 CSS 3 美化网页背景与边框

```
<title>背景图片重复</title>
<style>
body{
    background-image:url(01.jpg);
    background-repeat:no-repeat;
}
</style>
</head>
<body>
<p>夕阳无限好, 只是近黄昏! </p>
</body>
</html>
```

  浏览效果如图 11-4 所示，可以看到，网页中显示了背景图，但图片以默认大小显示，而且没有对整个网页背景进行填充，这是因为代码中设置了背景图不重复平铺。

  在上面的代码中，可以设置 background-repeat 的属性值为其他值，例如，可以设置值为 repeat-x，表示图片在水平方向平铺。此时，预览效果如图 11-5 所示。

图 11-4 背景图不重复　　　　　　　　　　图 11-5 水平方向平铺

11.1.4 背景图片显示

  对于一个文本较多、一屏显示不完的页面来说，如果使用的背景图片不能覆盖整个页面，而且只将背景图片应用在页面的一个位置上，那么在浏览页面时肯定会出现看不到背景图片的情况；同时还可能出现背景图片初始可见，而随着页面的滚动又不可见的情况。也就是说，背景图片不能时刻随着页面的滚动而显示。

  要解决上述问题，就要使用 background-attachment 属性。该属性用来设定背景图片是否随文档一起滚动，它包含两个属性值 scroll 和 fixed，适用于所有元素，如表 11-2 所示。

表 11-2 background-attachment 属性

属 性 值	描 述
scroll	默认值，当页面滚动时，背景图片随页面一起滚动
fixed	背景图片固定在页面的可见区域里

  使用 background-attachment 属性可以使背景图片始终处于视野范围内，可以避免出现因页面滚动而背景消失的情况。

177

实例 5：背景图片显示(实例文件：ch11\11.5.html)

```html
<!DOCTYPE html>
<html>
<head>
<title>背景显示方式</title>
<style>
body{
    background-image:url(01.jpg);
    background-repeat:no-repeat;
    background-attachment:fixed;
}
p{
    text-indent:2em;
    line-height:30px;
}
h1{
    text-align:center;
}
</style>
</head>
<body>
<h1>兰亭序</h1>
<p>
永和九年，岁在癸(guǐ)丑，暮春之初，会于会稽(kuài jī)山阴之兰亭，修禊(xì)事也。群贤毕至，少长咸集。此地有崇山峻岭，茂林修竹，又有清流激湍(tuān)，映带左右。引以为流觞(shāng)曲(qū)水，列坐其次，虽无丝竹管弦之盛，一觞(shang)一咏，亦足以畅叙幽情。</p>
<p>是日也，天朗气清，惠风和畅。仰观宇宙之大，俯察品类之盛，所以游目骋(chěng)怀，足以极视听之娱，信可乐也。</p>
<p>夫人之相与，俯仰一世。或取诸怀抱，晤言一室之内；或因寄所托，放浪形骸(hái)之外。虽趣(qǔ)舍万殊，静躁不同，当其欣于所遇，暂得于己，快然自足，不知老之将至。及其所之既倦，情随事迁，感慨系(xì)之矣。向之所欣，俯仰之间，已为陈迹，犹不能不以之兴怀。况修短随化，终期于尽。古人云："死生亦大矣。"岂不痛哉！</p>
<p>每览昔人兴感之由，若合一契，未尝不临文嗟(jiē)悼，不能喻之于怀。固知一死生为虚诞，齐彭殇(shāng)为妄作。后之视今，亦犹今之视昔，悲夫！故列叙时人，录其所述。虽世殊事异，所以兴怀，其致一也。后之览者，亦将有感于斯文。</p>
</body>
</html>
```

浏览效果如图 11-6 所示，可以看到网页 background-attachment 属性的值为 fixed 时，背景图片的位置固定，此时背景不是相对于页面的，而是相对于页面的可视范围。

图 11-6　网页 background-attachment 属性的值为 fixed 时的显示效果

11.1.5 背景图片的位置

背景图片的位置都是从设置了 background 属性的标记(例如 body 标记)的左上角开始出现，但在实际网页设计中，可以根据需要直接指定背景图片出现的位置。在 CSS 3 中，可以通过 background-position 属性轻松地调整背景图片的位置。

background-position 属性用于指定背景图片在页面中所处的位置。该属性值可以分为 4 类：绝对定义位置(length)、百分比定义位置(percentage)、垂直对齐值和水平对齐值。其中，垂直对齐值包括 top、center 和 bottom，水平对齐值包括 left、center 和 right，如表 11-3 所示。

表 11-3 background-position 属性

属 性 值	描　　述
length	设置图片与边框水平和垂直方向的距离长度，后跟长度单位(如 cm、mm、px 等)
percentage	以页面元素框的宽度或高度的百分比放置图片
top	背景图片顶部居中显示
center	背景图片居中显示
bottom	背景图片底部居中显示
left	背景图片左部居中显示
right	背景图片右部居中显示

垂直对齐值还可以与水平对齐值一起使用，从而决定图片的垂直位置和水平位置。

实例 6：设置背景图片的位置(实例文件：ch11\11.6.html)

```
<!DOCTYPE html>
<html>
<head>
<title>背景位置设定</title>
<style>
body{
    background-image:url(01.jpg);
    background-repeat:no-repeat;
    background-position:top right;
}
</style>
</head>
<body>
</body>
</html>
```

浏览效果如图 11-7 所示，可以看到网页中显示了背景，其背景是从顶部和右边开始的。

图 11-7 设置背景的位置

使用垂直对齐值和水平对齐值只能格式化地放置图片。如果要在页面中自由地定义图片的位置，则需要使用确定数值或百分比。

此时在上面的代码中，将：

```
background-position:top right;
```

语句修改为：

```
background-position:20px 30px
```

浏览效果如图 11-8 所示，可以看到网页中显示了背景，其背景是从左上角开始的，但并不是从(0,0)坐标位置开始，而是从(20,30)坐标位置开始。

图 11-8　指定背景的位置

11.1.6　背景图片的大小

在以前的网页设计中，背景图片的大小是不可以控制的。如果想要图片填充整个背景，需要事先设计一个较大的背景图片，否则只能让背景图片以平铺的方式来填充页面元素。在 CSS 3 中，新增了一个 background-size 属性，用来控制背景图片的大小，从而降低了网页设计的开发成本。

background-size 属性的语法格式如下：

```
background-size: <length> | <percentage> | auto]{1,2} | cover | contain
```

参数值的含义如表 11-4 所示。

表 11-4　background-size 属性

参 数 值	说　明
\<length\>	由浮点数和单位标识符组成的长度值。不可为负值
\<percentage\>	取值为 0%～100%。不可为负值
cover	保持背景图像本身的宽高比例，将图片缩放到正好完全覆盖所定义的背景区域
contain	保持图像本身的宽高比，将图片缩放到宽度或高度正好适应所定义的背景区域

实例 7：设置背景图片的大小(实例文件：ch11\11.7.html)

```
<!DOCTYPE html>
<html>
<head>
<title>背景大小设定</title>
<style>
body{
    background-image:url(01.jpg);
    background-repeat:no-repeat;
```

```
        background-size:cover;
}
</style>
</head>
</body>
</html>
```

浏览效果如图 11-9 所示，可以看到，网页背景图片填充了整个页面。

同样，也可以用像素或百分比指定背景的大小。当指定为百分比时，大小会由所在区域的宽度、高度以及 background-origin 的位置决定。使用示例如下：

```
background-size:900 800;
```

此时 background-size 属性可以设置一个或两个值，一个为必填，一个为选填。其中，第一个值用于指定图片的宽度，第二个值用于指定图片的高度，如果只设定一个值，则第二个值默认为 auto。

图 11-9　设定背景大小

11.1.7　背景的显示区域

在网页设计中，如果能改善背景图片的定位方式，使设计师能够更灵活地确定背景图应该显示的位置，会大大减少设计成本。在 CSS 3 中，新增了一个 background-origin 属性，用来完成背景图片的定位。

默认情况下，background-position 属性总是以元素左上角原点作为背景图像定位点，而使用 background-origin 属性可以改变这种定位方式。background-origin 属性的语法格式如下：

```
background-origin: border | padding | content
```

其参数含义如表 11-5 所示。

表 11-5　background-origin 属性

参 数 值	说　　明
border	从 border 区域开始显示背景
padding	从 padding 区域开始显示背景
content	从 content 区域开始显示背景

实例 8：设置背景的显示区域(实例文件：ch11\11.8.html)

```
<!DOCTYPE html>
<html>
<head>
<title>背景显示区域设定</title>
<style>
div{
    text-align:center;
```

```
    height:500px;
    width:416px;
    border:solid 1px red;
    padding:32px 2em 0;
    background-image:url(02.jpg);
    background-origin:padding;
}
div h1{
    font-size:18px;
    font-family:"幼圆";
}
div p{
    text-indent:2em;
    line-height:2em;
    font-family:"楷体";
}
</style>
</head>
<body>
<div>
<h1>神笔马良的故事</h1>
<p>从前,有个孩子名字叫马良。父亲母亲早就死了,靠他自己打柴、割草过日子。他从小喜欢学画,可是,他连一支笔也没有啊!</p>
<p>一天,他走过一个学馆门口,看见学馆里的教师,拿着一支笔,正在画画。他不自觉地走了进去,对教师说:"我很想学画,借给我一支笔可以吗?"教师瞪了他一眼,"呸!"一口唾沫啐在他脸上,骂道:"穷娃子想拿笔,还想学画?做梦啦!"说完,就将他撵出大门来。马良是个有志气的孩子,他说:"偏不相信,怎么穷孩子连画也不能学了!"。</p>
</div>
</body>
</html>
```

浏览效果如图 11-10 所示,可以看到,网页背景图片以指定大小在网页的左侧显示,在背景图片上显示了相应的段落信息。

图 11-10 设置背景的显示区域

11.1.8 背景图像的裁剪区域

在 CSS 3 中,新增了一个 background-clip 属性,用来定义背景图片的裁剪区域。

background-clip 属性与 background-origin 属性有几分相似,通俗地说,background-clip 属

性用来判断背景是否包含边框区域，而 background-origin 属性用来确定 background-position 属性定位的参考位置。

background-clip 属性的语法格式如下：

```
background-clip: border-box | padding-box | content-box | no-clip
```

其参数值的含义如表 11-6 所示。

表 11-6　background-clip 属性

参 数 值	说　明
border-box	背景被裁剪到边框盒
padding-box	背景被裁剪到内边距框
content-box	背景被裁剪到内容框
no-clip	从边框区域外裁剪背景

实例 9：背景图像的裁剪区域(实例文件：ch11\11.9.html)

```
<!DOCTYPE html>
<html>
<head>
<title>
    背景裁剪
</title>
<style>
div{
    height:150px;
    width:200px;
    border:dotted 50px red;
    padding:50px;
    background-image:url(02.jpg);
    background-repeat:no-repeat;
    background-clip:content;
}
</style>
</head>
<body>
<div>
</div>
</body>
</html>
```

浏览效果如图 11-11 所示，可以看到，网页背景图像仅在内容区域内显示。

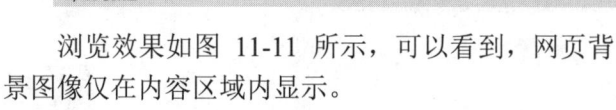

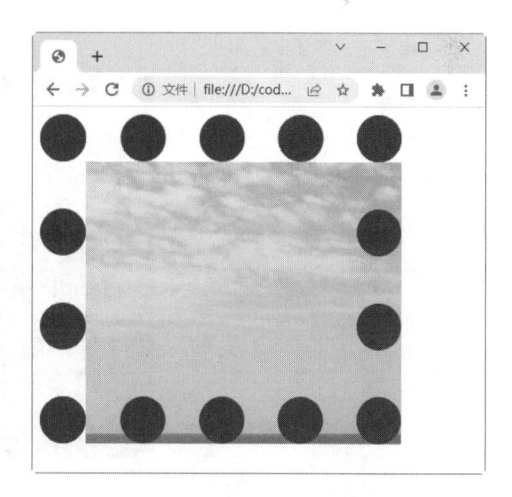

图 11-11　以内容边缘裁剪背景

11.1.9　背景复合属性

在 CSS 3 中，background 属性依然保持了以前的用法，综合了所有与背景有关的属性(即以 background-开头的属性)，可以一次性地设定背景样式。格式如下：

```
background:[background-color] [background-image] [background-repeat] [background-attachment] [background-position][background-size] [background-clip] [background-origin]
```

其中的属性顺序可以自由调换，并且可以有选择地设定。对于没有设定的属性，系统会自行为其添加默认值。

实例 10：背景复合属性(实例文件：ch11\11.10.html)

```
<!DOCTYPE html>
<html>
<head>
<title>背景的复合属性</title>
<style>
body
{
    background-color:Black;
    background-image:url(01.jpg);
    background-position:center;
    background-repeat:repeat-x;
    background-attachment:fixed;
    background-size:900 800;
    background-origin:padding;
    background-clip:content;
}
</style>
</head>
</body>
</html>
```

浏览效果如图 11-12 所示，可以看到，网页背景以复合方式显示。

图 11-12 设置背景的复合属性

11.2 使用 CSS 3 美化边框

边框就是将元素内容及间隙包含在其中的边线，类似于表格的外边线。每一个页面元素的边框可以从三个方面来描述：样式、颜色和宽度，这三个方面决定了边框所显示出来的外观。CSS 3 中分别使用 border-style、border-color 和 border-width 这三个属性来设定边框的三个方面。

11.2.1 设置边框的样式

border-style 属性用于设定边框的样式,也就是风格。设定边框格式是边框最重要的操作,它主要用于为页面元素添加边框。

border-style 属性的语法格式如下:

```
border-style: none | hidden | dotted | dashed | solid | double | groove | ridge | inset | outset
```

CSS 3 设定了 9 种边框样式,如表 11-7 所示。

表 11-7 border-style 属性

属性值	描述
none	无边框,无论边框宽度设为多大
hidden	与 none 相同。不过应用于表时除外,对于表 hidden 用于解决边框冲突
dotted	点线式边框
dashed	破折线式边框
solid	直线式边框
double	双线式边框
groove	槽线式边框
ridge	脊线式边框
inset	内嵌效果的边框
outset	凸起效果的边框

实例 11:设置边框的样式(实例文件:ch11\11.11.html)

```html
<!DOCTYPE html>
<html>
<head>
<title>边框样式</title>
<style>
h1 {
    border-style:dotted;
    color:black;
    text-align:center;
}
p{
    border-style:double;
    text-indent:2em;
}
</style>
</head>

<body>
    <h1>带有边框的标题</h1>
    <p>带有边框的段落</p>
</body>

</html>
```

浏览效果如图 11-13 所示，可以看到，标题 h1 带有边框，样式为点线式；同样，段落也带有边框，样式为双线式。

图 11-13 设置边框

> **提示**：在没有设定边框颜色的情况下，groove、ridge、inset 和 outset 边框默认的颜色是灰色，dotted、dashed、solid 和 double 这 4 种边框的颜色是基于页面元素的 color 值。

其实，这些边框样式还可以分别应用在一个边框中，从上边框开始，按照顺时针的方向，分别定义边框的上、右、下、左边框样式，从而形成多样式边框。

例如，有下面一条样式规则：

```
p{border-style:dotted solid dashed groove}
```

另外，如果需要单独定义边框一条边的样式，可以使用如表 11-8 所列的属性。

表 11-8 各边样式属性

属　　性	描　　述
border-top-style	设定上边框的样式
border-right-style	设定右边框的样式
border-bottom-style	设定下边框的样式
border-left-style	设定左边框的样式

11.2.2 设置边框的颜色

border-color 属性用于设定边框的颜色。如果不想让边框与页面元素的颜色相同，则可以使用该属性为边框定义其他颜色。border-color 属性的语法格式如下：

```
border-color: color
```

color 表示指定颜色，其颜色值通过十六进制和 RGB 等方式获取。与边框样式属性一样，border-color 属性可以为边框设定一种颜色，也可以同时设定 4 个边的颜色。

实例 12：设置边框的颜色(实例文件：ch11\11.12.html)

```
<!DOCTYPE html>
<html>
<head>
<title>设置边框颜色</title>
<style>
```

```
p{
    border-style:double;
    border-color:red;
    text-indent:2em;
}
</style>
</head>
<body>
    <p>边框颜色设置</p>
    <p style="border-style:solid; border-color:red blue yellow green">
    分别定义边框颜色</p>
</body>
</html>
```

浏览效果如图 11-14 所示,可以看到,网页中第一个段落的边框颜色为红色,第二个段落的边框颜色分别为红色、蓝色、黄色和绿色。

图 11-14　设置边框颜色

除了上面设置 4 个边框颜色的方法外,还可以使用表 11-9 中所列出的属性单独为相应的边框设定颜色。

表 11-9　各边颜色属性

属　　性	描　　述
border-top-color	设定上边框颜色
border-right-color	设定右边框颜色
border-bottom-color	设定下边框颜色
border-left-color	设定左边框颜色

11.2.3　设置边框的线宽

在 CSS 3 中,可以通过设定边框宽度来增强边框的效果。border-width 属性就是用来设定边框宽度的,其语法格式如下:

```
border-width: medium | thin | thick | length
```

其中预设有三种属性值:medium、thin 和 thick,另外,还可以自行设置宽度(length),如表 11-10 所示。

表 11-10　border-width 属性

属　性　值	描　　述
medium	默认值,中等宽度
thin	比 medium 细

续表

属 性 值	描 述
thick	比 medium 粗
length	自定义宽度

实例 13：设置边框的宽度(实例文件：ch11\11.13.html)

```
<!DOCTYPE html>
<html>
<head>
<title>设置边框宽度</title>
</head>
<body>
    <p style="border-style:dotted; border-width:medium;">设置边框宽度 medium
</p>
    <p style="border-style:dashed;border-width:thin;">设置边框宽度 thin</p>
    <p style="border-style:solid; border-width:12px;"> 自定义边框宽度</p>
</body>
</html>
```

浏览效果如图 11-15 所示，可以看到，网页的三个段落边框以不同的粗细显示。

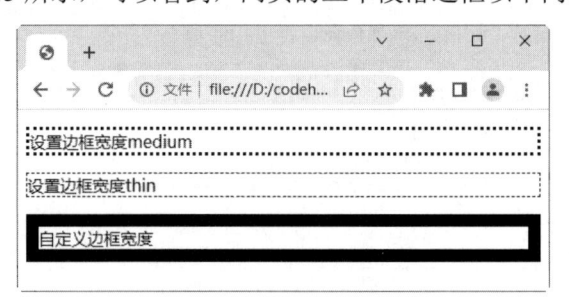

图 11-15　设置边框宽度

border-width 属性其实是 border-top-width、border-right-width、border-bottom-width 和 border-left-width 这 4 个属性的综合属性，这 4 个属性分别用于设定上边框、右边框、下边框、左边框的宽度。

实例 14：分别设置上、右、下、左边框的宽度(实例文件：ch11\11.14.html)

```
<!DOCTYPE html>
<html>
<head>
<title>边框宽度设置</title>
<style>
p{
    border-style:solid;
    border-color:#ff00ee;
    border-top-width:medium;
    border-right-width:thin;
    border-bottom-width:20px;
    border-left-width:15px;
}
</style>
</head>
```

```
<body>
    <p>边框宽度设置</p>
</body>
</html>
```

浏览效果如图 11-16 所示,边框的上、右、下、左以不同的宽度显示。

图 11-16　分别设置 4 个边框的宽度

11.2.4　设置边框的复合属性

border 属性集合了上面所介绍的三种属性,可为页面元素的边框设定宽度、样式和颜色。语法格式如下:

```
border: border-width | border-style | border-color
```

其中,三个属性的顺序可以自由调换。

实例 15:设置边框的复合属性(实例文件:ch11\11.15.html)

```
<!DOCTYPE html>
<html>
<head>
<title>边框复合属性设置</title>
</head>
<body>
    <p style="border:dashed red 12px">边框复合属性设置</p>
</body>
</html>
```

浏览效果如图 11-17 所示,可以看到,网页段落边框样式以破折线显示,颜色为红色,宽度为 12 像素。

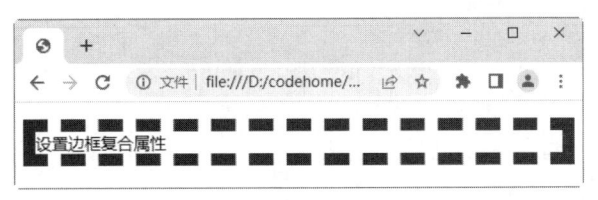

图 11-17　设置边框的复合属性

11.3　设置边框的圆角效果

在没有制定 CSS 3 标准之前,如果想要实现圆角效果,需要花费很大的精力,但在 CSS 3 标准推出之后,网页设计者可以使用 border-radius 轻松实现圆角效果。

189

11.3.1 设置圆角边框

在 CSS 3 中，可以使用 border-radius 属性定义边框的圆角效果，从而大大降低了圆角开发成本。border-radius 的语法格式如下：

```
border-radius: none | <length>{1,4} [ / <length>{1,4} ]
```

其中，none 为默认值，表示元素没有圆角。<length>表示由浮点数和单位标识符组成的长度值，不可为负值。

实例 16：设置圆角边框(实例文件：ch11\11.16.html)

```
<!DOCTYPE html>
<html>
<head>
<title>圆角边框设置</title>
<style>
p{
    text-align:center;
    border:15px solid red;
    width:100px;
    height:50px;
    border-radius:10px;
}
</style>
</head>
<body>
    <p>这是一个圆角边框</p>
</body>
</html>
```

浏览效果如图 11-18 所示，可以看到，网页中的段落边框以圆角显示，其半径为 10 像素。

图 11-18　定义圆角边框

11.3.2 指定两个圆角半径

border-radius 属性可以包含两个参数值：第一个参数表示圆角的水平半径，第二个参数表示圆角的垂直半径，两个参数通过斜线(/)隔开。

如果仅含一个参数值，则第二个值与第一个值相同，表示的是一个 1/4 的圆。如果参数值中包含 0，则这个值就是矩形，不会显示圆角。

实例 17：指定两个圆角半径(实例文件：ch11\11.17.html)

```
<!DOCTYPE html>
<html>
<head>
```

```
<title>圆角边框设置</title>
<style>
.p1{
    text-align:center;
    border:15px solid red;
    width:100px;
    height:50px;
    border-radius:5px/50px;
}
.p2{
    text-align:center;
    border:15px solid red;
    width:100px;
    height:50px;
    border-radius:50px/5px;
}
</style>
</head>
<body>
    <p class=p1>这是一个圆角边框 A</p>
    <p class=p2>这也是一个圆角边框 B</p>
</body>
</html>
```

浏览效果如图 11-19 所示，可以看到，网页中显示了两个圆角边框，第一个段落圆角半径为 5px/50px，第二个段落圆角半径为 50px/5px。

11.3.3 绘制四个不同角的圆角边框

在 CSS 3 中，要实现四个不同角的圆角边框，其方法有两种：一种是使用 border-radius 属性，另一种是使用 border-radius 的衍生属性。

图 11-19 定义不同半径的圆角边框

1. 使用 border-radius 属性

利用 border-radius 属性可以绘制四个不同角的圆角边框。如果直接给 border-radius 属性赋四个值，这四个值将按照 top-left、top-right、bottom-right、bottom-left 的顺序来设置。如果 bottom-left 值省略，其圆角效果将与 top-right 效果相同；如果 bottom-right 值省略，其圆角效果将与 top-left 效果相同；如果 top-right 的值省略，其圆角效果将与 top-left 效果相同。如果为 border-radius 属性设置四个值的集合参数，则每个值表示每个角的圆角半径。

实例 18：使用 border-radius 属性(实例文件：ch11\11.18.html)

```
<!DOCTYPE html>
<html>
<head>
<title>设置圆角边框</title>
<style>
.div1{
    border:15px solid blue;
    height:100px;
    border-radius:10px 30px 50px 70px;
}
```

```
.div2{
    border:15px solid blue;
    height:100px;
    border-radius:10px 50px 70px;
}
.div3{
    border:15px solid blue;
    height:100px;
    border-radius:10px 50px;
}
</style>
</head>
<body>
<div class=div1></div><br>
<div class=div2></div><br>
<div class=div3></div>
</body>
</html>
```

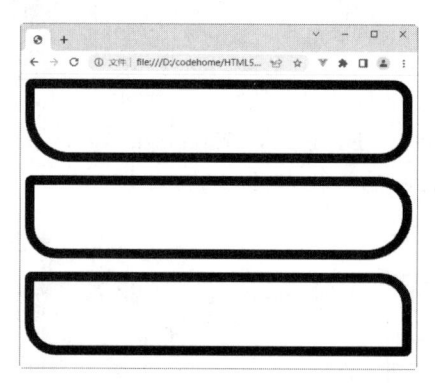

浏览效果如图 11-20 所示。

图 11-20 设置四个角的圆角边框

可以看到，网页的第一个 div 层设置了四个不同的圆角边框，第二个 div 层设置了三个不同的圆角边框，第三个 div 层设置了两个不同的圆角边框。

2. 使用 border-radius 的衍生属性

除了上面设置圆角边框的方法外，还可以使用如表 11-11 中所列出的属性，单独为相应的边框设置圆角。

表 11-11 定义不同角的圆角

属 性	描 述
border-top-right-radius	定义右上角的圆角
border-bottom-right-radius	定义右下角的圆角
border-bottom-left-radius	定义左下角的圆角
border-top-left-radius	定义左上角的圆角

实例 19：使用 border-radius 的衍生属性(实例文件：ch11\11.19.html)

```
<!DOCTYPE html>
```

第 11 章 使用 CSS 3 美化网页背景与边框

```html
<html>
<head>
<title>圆角边框设置</title>
<style>
.div{
    border:15px solid blue;
    height:100px;
    border-top-left-radius:70px;
    border-bottom-right-radius:40px;
}
</style>
</head>
<body>
<div class=div></div><br>
</body>
</html>
```

浏览效果如图 11-21 所示，可以看到网页中设置了两个圆角边框，分别由 border-top-left-radius 和 border-bottom-right-radius 指定。

图 11-21　绘制指定的圆角边框

11.3.4　绘制不同种类的边框

border-radius 属性可以根据不同的半径值来绘制不同的圆角边框，同样可以利用 border-radius 来定义边框内部的圆角，即内圆角。需要注意的是，外部圆角边框的半径称为外半径，因为内边半径等于外半径减去对应边的宽度，所以把边框内部的圆的半径称为内半径。

通过外半径和边框宽度的不同设置，可以绘制出不同形状的内边框，例如内直角、小内圆角、大内圆角和圆。

实例 20：绘制不同种类的边框(实例文件：ch11\11.20.html)

```html
<!DOCTYPE html>
<html>
<head>
<title>圆角边框设置</title>
<style>
.div1{
    border:70px solid blue;
    height:50px;
    border-radius:40px;
}
.div2{
    border:30px solid blue;
    height:50px;
    border-radius:40px;
}
.div3{
    border:10px solid blue;
```

```
        height:50px;
        border-radius:60px;
}
.div4{
        border:1px solid blue;
        height:100px;
        width:100px;
        border-radius:50px;
}
</style>
</head>
<body>
<div class=div1></div><br>
<div class=div2></div><br>
<div class=div3></div><br>
<div class=div4></div><br>
</body>
</html>
```

浏览效果如图 11-22 所示,可以看到,网页中的第一个边框内角为直角,第二个边框内角为小圆角,第三个边框内角为大圆角,第四个边框为圆。

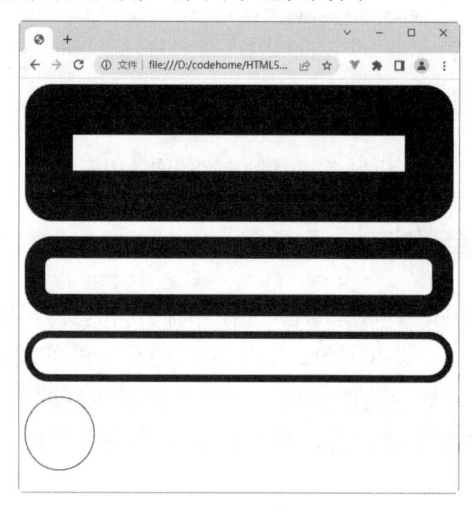

图 11-22 绘制不同种类的边框

> **提示** 当边框宽度大于圆角外半径时,即内半径为 0,则会显示内直角,而不是圆直角,所以内外边曲线的圆心必然是一致的(见上例中第一种边框的设置)。如果边框宽度小于圆角半径,内半径小于 0,就会显示小幅圆角效果(见上例中第二个边框设置)。如果边框宽度设置远远小于圆角半径,内半径远远大于 0,就会显示大幅圆角效果(见上例中第三个边框设置)。如果设置元素相同,同时设置圆角半径为元素大小的一半,则会显示圆(见上例中的第四个边框设置)。

11.4 疑难解惑

疑问 1:我的背景图片为什么不显示呢?是不是路径有问题呀?

在一般情况下,设置图片路径的代码如下:

```
background-image:url(logo.jpg);
background-image:url(../logo.jpg);
background-image:url(../images/logo.jpg);
```

对于第一种情况"url(logo.jpg)",要看此图片是不是与 CSS 文件在同一目录中。

对于第二种和第三种情况,是不推荐使用的,因为网页文件可能存在于多级目录中,不同级目录的文件位置注定了相对路径是不一样的。而这样就让问题复杂化了,很可能图片在这个文件中显示正常,换了一级目标图片就找不到了。

有一种方法可以轻松解决这一问题,即建立一个公共文件目录,例如"images",用来存放一些公用的图片文件。将图片文件直接存于该目录中,然后在 CSS 文件中可以使用下列方式调用:

```
url(images/logo.jpg)
```

疑问 2:用小图片进行背景平铺好吗?

不要使用过小的图片做背景平铺。这是因为宽、高为 1px 的图片平铺出一个宽、高为 200px 的区域,需要计算 200×200=40000 次,很占用 CPU 资源。

疑问 3:边框样式 border:0 会占用资源吗?

推荐的写法是 border:none,虽然 border:0 只是定义边框宽度为 0,但边框样式、颜色还是要被浏览器解析,会占用资源。

11.5　跟我学上机

上机练习 1:制作商业网站主页

创建一个简单的商业网站主页,它包括三个部分,一部分是网站 Logo,一部分是导航栏,最后一部分是主页的显示内容。网站 Logo 此处使用了一个背景图来代替,导航栏使用表格来实现,内容列表使用无序列表来实现。完成效果如图 11-23 所示。

图 11-23　商业网站的主页

上机练习 2：制作简单的生活资讯主页

制作一个简单的生活资讯主页，预览效果如图 11-24 所示。

图 11-24　生活资讯主页

第 12 章

使用 CSS 3 美化超级链接和光标

超级链接是网页的灵魂,各个网页都是通过超链接进行相互访问的,超级链接可以实现页面跳转。通过 CSS 3 属性定义,可以设置出美观大方、具有不同外观和样式的超级链接,从而增强网页样式特效。

案例效果

12.1 使用 CSS 3 来美化超级链接

一般情况下,超级链接是由<a></a>标记组成的,超级链接可以是文字或图片。添加了超级链接的文字具有自己的样式,从而与其他文字有区别,其中默认链接样式为蓝色文字,有下划线。不过,通过 CSS 3 属性,可以修饰超级链接,从而实现美观的效果。

12.1.1 改变超级链接的基本样式

通过 CSS 3 的伪类,可以改变超级链接的基本样式。使用伪类,可以很方便地为超级链接定义在不同状态下的样式。伪类是 CSS 本身定义的一种类。

对于超级链接伪类,其详细信息如表 12-1 所示。

表 12-1 超级链接伪类

伪 类	用 途
a:link	定义 a 对象在未被访问前的样式
a:hover	定义 a 对象在光标悬停时的样式
a:active	定义 a 对象被用户激活时的样式(在鼠标单击与释放之间发生的事件)
a:visited	定义 a 对象在链接地址已被访问过时的样式

> 提示:如果要定义未被访问时超级链接的样式,可以通过 a:link 来实现;如果要设置被访问过的超级链接的样式,可以通过定义 a:visited 来实现。要定义悬浮和激活时的样式,可以用 a:hover 和 a:active 来实现。

实例 1:改变超级链接的基本样式(实例文件:ch12\12.1.html)

```
<!DOCTYPE html>
<html>
<head>
<title>超级链接样式</title>
<style>
a{
    color:#545454;
    text-decoration:none;
}
a:link{
    color:#545454;
    text-decoration:none;
}
a:hover{
    color:#f60;
    text-decoration:underline;
}
a:active{
    color:#FF6633;
    text-decoration:none;
}
</style>
```

```
</head>
<body>
<center>
<a href=#>返回首页</a>|<a href=#>成功案例</a>
</center>
</body>
</html>
```

浏览效果如图 12-1 所示,可以看到,对于这两个超级链接,当光标停留在第一个超级链接上方时,颜色显示为黄色,并带有下划线,另一个超级链接没有被访问时不带有下划线,颜色显示为灰色。

图 12-1　用伪类修饰超级链接

> **提示**　从上面的介绍可以知道,伪类只是提供一种途径来修饰超级链接,而对超级链接真正起作用的其实还是文本、背景和边框等属性。

12.1.2　设置带有提示信息的超级链接

在显示网页的时候,有时一个超级链接并不能说明这个链接背后的含义,通常还要为这个链接加上一些介绍性信息,即提示信息。此时可以使用超级链接 a 提供的描述标记 title。title 属性的值即为提示内容,当浏览器的光标停留在超级链接上时,会出现提示内容,并且不会影响页面排版的整洁。

实例 2:设置带有提示信息的超级链接(实例文件:ch12\12.2.html)

```
<!DOCTYPE html>
<html>
<head>
<title>超级链接样式</title>
<style>
a{
    color:#005799;
    text-decoration:none;
}
a:link{
    color:#545454;
    text-decoration:none;
}
a:hover{
    color:#f60;
    text-decoration:underline;
}
a:active{
    color:#FF6633;
    text-decoration:none;
```

```
}
</style>
</head>
<body>
<a href="" title="这是一个优秀的团队">了解我们</a>
</body>
</html>
```

浏览效果如图 12-2 所示，可以看到，当光标停留在超级链接上方时，颜色显示为黄色，带有下划线，并且有一个提示信息"这是一个优秀的团队"。

图 12-2　超级链接的提示信息

12.1.3　设置超级链接的背景图

一个普通超级链接，要么是文本，要么是图片，方式很单一。此时可以将图片作为背景图添加到超级链接里，这样超级链接会具有更加精美的效果。超级链接如果要添加背景图片，通常使用 background-image。

实例3：设置超级链接的背景图(实例文件：ch12\12.3.html)

```
<!DOCTYPE html>
<html>
<head>
<title>设置超级链接的背景图</title>
<style>
a{
    background-image:url(01.jpg);
    width:90px;
    height:30px;
    color:#005799;
    text-decoration:none;
}
a:hover{
    background-image:url(02.jpg);
    color:#006600;
    text-decoration:underline;
}
</style>
</head>
<body>
<a href="#">品牌特卖</a>
<a href="#">服饰精选</a>
<a href="#">食品保健</a>
</body>
</html>
```

浏览效果如图 12-3 所示，可以看到页面中显示了三个超级链接，当光标停留在一个超级链接上时，其背景图就会显示为蓝色并带有下划线；而当光标不在超级链接上时，背景图则显示为浅蓝色,并且不带有下划线。

图 12-3　图片超级链接

> **提示**　在上面的代码中,使用 background-image 引入背景图,使用 text-decoration 设置超级链接是否具有下划线。

12.1.4　设置超级链接的按钮效果

有时,为了增强超级链接的效果,会将超级链接模拟成表单按钮,即当鼠标指针被移到一个超级链接上的时候,超级链接的文章或图片就会像被按下一样,有一种凹陷的效果。其实现方式通常是利用 CSS 中的 a:hover,当光标经过链接时,将链接向下、向右各移一像素,这时候,显示效果就像按钮被按下了一样。

实例 4:设置超级链接的按钮效果(实例文件:ch12\12.4.html)

```
<!DOCTYPE html>
<html>
<head>
<title>设置超级链接的按钮效果</title>
<style>
a{
    font-family:"幼圆";
    font-size:2em;
    text-align:center;
    margin:3px;
}
a:link,a:visited{
    color:#ac2300;
    padding:4px 10px 4px 10px;
    background-color:#ccd8db;
    text-decoration:none;
    border-top:1px solid #EEEEEE;
    border-left:1px solid #EEEEEE;
    border-bottom:1px solid #717171;
    border-right:1px solid #717171;
}
a:hover{
    color:#821818;
    padding:5px 8px 3px 12px;
    background-color:#e2c4c9;
    border-top:1px solid #717171;
    border-left:1px solid #717171;
    border-bottom:1px solid #EEEEEE;
    border-right:1px solid #EEEEEE;
}
```

201

```
</style>
</head>
<body>
<a href="#">首页</a>
<a href="#">团购</a>
<a href="#">品牌特卖</a>
<a href="#">服饰精选</a>
<a href="#">食品保健</a>
</body>
</html>
```

浏览效果如图 12-4 所示，可以看到显示了 5 个超级链接，当光标停留在一个超级链接上时，其背景色显示为黄色并具有凹陷的感觉；而当光标不在超级链接上时，背景图显示为浅灰色。

图 12-4　超级链接按钮的效果

上面的 CSS 代码中，对 a 标记进行了整体控制，同时加入了 CSS 的两个伪类属性。对于普通超链接和单击过的超链接采用同样的样式，并且边框的样式模拟按钮效果。而对于鼠标指针经过时的超级链接，相应地改变文本颜色、背景色、位置和边框，从而模拟出按钮被按下的效果。

12.2　使用 CSS 3 美化光标特效

对于经常操作计算机的人来说，当光标移动到不同地方或执行不同操作时，光标样式是不同的，这些就是光标特效，例如当需要缩放窗口时，将光标放置在窗口边沿处，光标会变成双向箭头状；当系统繁忙时，光标会变成漏斗状。如果要在网页中实现这种效果，可以通过 CSS 属性定义实现。

12.2.1　使用 CSS 3 控制光标箭头

在 CSS 3 中，光标的箭头样式可以通过 cursor 属性来实现。cursor 属性包含 18 个属性值，对应光标的 18 个样式，而且还能够通过 URL 链接地址自定义鼠标指针。cursor 属性值的含义如表 12-2 所示。

表 12-2　光标样式(cursor 属性)

属性值	说明
auto	自动，按照默认状态改变
crosshair	精确定位十字
default	默认鼠标指针

续表

属 性 值	说 明
hand	手形
move	移动
help	帮助
wait	等待
text	文本
n-resize	箭头朝上双向
s-resize	箭头朝下双向
w-resize	箭头朝左双向
e-resize	箭头朝右双向
ne-resize	箭头右上双向
se-resize	箭头右下双向
nw-resize	箭头左上双向
sw-resize	箭头左下双向
pointer	指示
url (url)	自定义鼠标指针

实例 5：使用 CSS 3 控制光标箭头(实例文件：ch12\12.5.html)

```
<!DOCTYPE html>
<html>
<head>
<title>光标特效</title>
</head>
<body>
<h2>CSS 控制光标箭头</h2>
<div style="font-size:10pt;color:DarkBlue">
    <p style="cursor:hand">手形</p>
    <p style="cursor:move">移动</p>
    <p style="cursor:help">帮助</p>
    <p style="cursor:n-resize">箭头朝上双向</p>
    <p style="cursor:ne-resize">箭头右上双向</p>
    <p style="cursor:wait">等待</p>
</div>
</body>
</html>
```

浏览效果如图 12-5 所示，可以看到多个光标样式提示信息，当光标放到一个帮助文字上时，光标会以问号"？"显示，从而起到提示作用。读者可以将光标放在不同的文字上，查看不同的光标样式。

图 12-5　光标样式

12.2.2　设置光标变幻式超链接

知道了如何控制光标样式，就可以轻松地制作出鼠标指针样式变幻的超级链接效果，即鼠标放到超级链接上时，超级链接文字的颜色、背景图片发生变化，并且光标样式也发生变化。

实例 6：设置光标变幻式超链接(实例文件：ch12\12.6.html)

```
<!DOCTYPE html>
<html>
<head>
<title>光标变幻</title>
<style>
a{
    display:block;
    background-image:url(03.jpg);
    background-repeat:no-repeat;
    width:100px;
    height:30px;
    line-height:30px;
    text-align:center;
    color:#FFFFFF;
    text-decoration:none;
}
a:hover{
    background-image:url(02.jpg);
    color:#FF0000;
    text-decoration:none;
}
.help{
    cursor:help;
}
.text{cursor:text;}
</style>
</head>
<body>
<a href="#" class="help">帮助我们</a>
<a href="#" class="text">招聘信息</a>
```

```
</body>
</html>
```

浏览效果如图 12-6 所示，可以看到，当光标放到一个"帮助我们"超链接上时，其光标中带有问号，文字显示为红色，背景为蓝天白云。当光标不放到超链接上时，背景为绿色，文字为白色。

图 12-6　光标变幻效果

12.3　设计一个简单的导航栏

网站的每个页面中，基本都设置一个导航栏，作为浏览者跳转的入口。导航栏一般是用超级链接创建的，导航栏的样式可以用 CSS 来设置。导航栏样式变化的基础是在文字、背景图片和边框方面的变化。

下面结合前面学习的知识，创建一个实用导航栏，具体步骤如下。

01 分析需求。

一个导航栏，通常需要创建一些超级链接，然后对这些超级链接进行修饰。这些超级链接可以是横排，也可以是竖排。链接上可以导入背景图片，文字上可以加下划线等。

02 构建 HTML，创建超级链接：

```
<!DOCTYPE html>
<html>
<head>
<title>制作导航栏</title>
</head>
<body>
<a href="#">最新消息</a>
<a href="#">产品展示</a>
<a href="#">客户中心</a>
<a href="#">联系我们</a>
</body>
</html>
```

浏览效果如图 12-7 所示，可以看到，页面中创建了 4 个超级链接，其排列方式是横排，文字颜色为蓝色，带有下划线。

图 12-7　创建超级链接

03 添加 CSS 代码，修饰超级链接的基本样式：

```css
<style type="text/css">
<!--
a, a:visited {
    display: block;
    font-size: 16px;
    height: 50px;
    width: 80px;
    text-align: center;
    line-height: 40px;
    color: #000000;
    background-image: url(20.jpg);
    background-repeat: no-repeat;
    text-decoration: none;
}
-->
</style>
```

浏览效果如图 12-8 所示，可以看到，页面中的 4 个超级链接排列方式变为竖排，并且每个链接都导入了一个背景图片。超级链接高度为 50 像素，宽度为 80 像素，字体颜色为黑色，不带下划线。

04 添加 CSS 代码，修饰链接的光标悬浮样式：

```css
a:hover {
    font-weight: bolder;
    color: #FFFFFF;
    text-decoration: underline;
    background-image: url(hover.gif);
}
```

浏览效果如图 12-9 所示，可以看到，当光标放到导航栏的一个超级链接上时，其背景图片发生了变化，文字带下划线。

图 12-8　设置链接的基本样式　　　　图 12-9　设置光标悬浮样式

12.4　疑　难　解　惑

疑问 1：丢失标记中的结尾斜线，会造成什么后果呢？

会造成页面排版失效。结尾斜线也是造成页面失效比较常见的原因，我们会很容易忽略结尾斜线之类的东西，特别是在 image 标记等元素中。在严格的 DOCTYPE 中，这是无效的。

疑问 2：设置了超级链接的激活状态，怎么看不到结果呢？

当前激活状态"a:active"被显示的情况非常少，因为当用户单击一个超级链接之后，焦点很容易就会从这个链接上转移到其他地方，例如新打开的窗口等。此时该超级链接就不再是"当前激活"状态了。

12.5 跟我学上机

上机练习 1：制作图片版本的超级链接

结合前面学习的知识，创建一个图片版本的超级链接。其中包含两个部分，一个是图片，一个是文字。图片是作为超级链接存在的，可以进入下一个页面；文字主要用于介绍。完成的实际效果如图 12-10 所示。

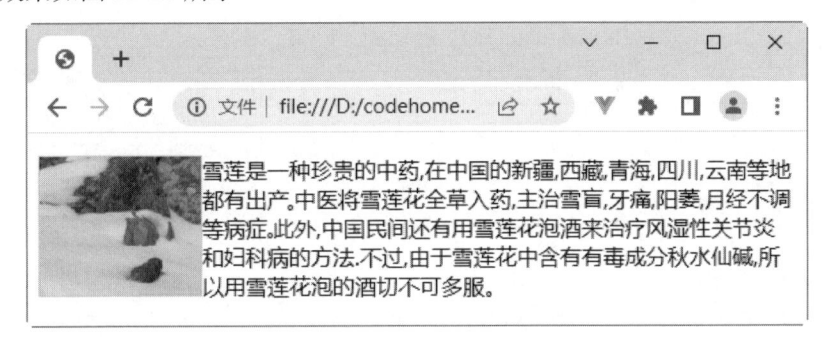

图 12-10 图片版本的超级链接

上机练习 2：制作光标特效和自定义光标

通过样式呈现光标特效并自定义一个光标，创建 3 个超级链接，并设定它们的样式即可。完成效果如图 12-11 和图 12-12 所示。

图 12-11 光标特效　　　　　　　　图 12-12 自定义光标特效

第 13 章

使用 CSS 3 美化表格和表单

表格和表单是网页中常见的元素。表格通常用来显示二维关系数据，也可用于排版，从而实现页面整齐和美观的效果。而表单作为客户端与服务器交流的窗口，可以获取客户端信息，并反馈服务器端信息。本章将介绍如何使用 CSS 3 来美化表格和表单。

案例效果

13.1　美化表格的样式

在传统的网页设计中，表格一直占有比较重要的地位。使用表格排版网页，可以使网页更美观，更清晰，更易于维护和更新。

13.1.1　设置表格边框的样式

在显示表格数据时，通常都带有表格边框，用来界定不同区域的数据。如果 table(表格)的 border 值大于 0，就显示边框；如果 border 的值为 0，则不显示边框。边框显示之后，可以使用 CSS 3 的 border-collapse 属性对边框进行修饰。其语法格式为：

```
border-collapse: separate | collapse
```

其中，separate 是默认值，表示边框会被分开，不会忽略 border-spacing 和 empty-cells 属性。而 collapse 属性表示边框会合并为一个单一的边框，会忽略 border-spacing 和 empty-cells 属性。

实例 1：设置表格边框的样式(实例文件：ch13\13.1.html)

```
<!DOCTYPE html>
<html>
<head>
<title>家庭季度支出表</title>
<style>
<!--
.tabelist{
    border:1px solid #429fff;      /* 表格边框 */
    font-family:"楷体";
    border-collapse:collapse;       /* 边框重叠 */
}
.tabelist caption{
    padding-top:3px;
    padding-bottom:2px;
    font-weight:bolder;
    font-size:15px;
    font-family:"幼圆";
    border:2px solid #429fff;      /* 表格标题边框 */
}
.tabelist th{
    font-weight:bold;
    text-align:center;
}
.tabelist td{
    border:1px solid #429fff;      /* 单元格边框 */
    text-align:right;
    padding:4px;
}
-->
</style>
```

```html
</head>
<body>
<table class="tabelist">
    <caption class="tabelist">2022 季度 07-09</caption>
    <tr>
        <th>月份</th>
        <th>07 月</th>
        <th>08 月</th>
        <th>09 月</th>
    </tr>
    <tr>
        <td>收入</td>
        <td>8000</td>
        <td>9000</td>
        <td>7500</td>
    </tr>
    <tr>
        <td>吃饭</td>
        <td>600</td>
        <td>570</td>
        <td>650</td>
    </tr>
    <tr>
        <td>购物</td>
        <td>1000</td>
        <td>800</td>
        <td>900</td>
    </tr>
    <tr>
        <td>买衣服</td>
        <td>300</td>
        <td>500</td>
        <td>200</td>
    </tr>
    <tr>
        <td>看电影</td>
        <td>85</td>
        <td>100</td>
        <td>120</td>
    </tr>
    <tr>
        <td>买书</td>
        <td>120</td>
        <td>67</td>
        <td>90</td>
    </tr>
</table>
</body>
</html>
```

浏览效果如图 13-1 所示，可以看到表格带有边框，其边框宽度为 1 像素，用直线显示，并且边框进行了合并。表格标题"2022 季度 07-09"也带有边框，字体大小为 15px，字形是幼圆并加粗。表格中每个单元格都以 1 像素、直线的方式显示边框，并将文字对象右对齐。

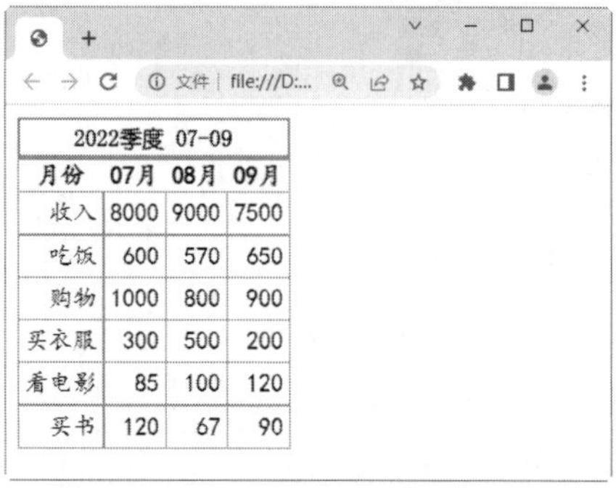

图 13-1 设置表格边框

13.1.2 设置表格边框的宽度

在 CSS 3 中，用户可以使用 border-width 属性来设置表格边框的宽度，从而美化边框。如果需要单独设置某一个边框的宽度，可以使用 border-width 的衍生属性，如 border-top-width 和 border-left-width 等。

实例 2：设置表格边框的宽度(实例文件：ch13\13.2.html)

```html
<!DOCTYPE html>
<html>
<head>
<title>表格边框宽度</title>
<style>
table{
    text-align:center;
    width:500px;
    border-width:6px;
    border-style:double;
    color:blue;
}
td{
    border-width:3px;
    border-style:dashed;
}
</style>
</head>
<body>
<table border=1 cellspacing="3" cellpadding="0">
  <tr>
    <td>姓名</td>
    <td class=tds>性别</td>
    <td>年龄</td>
  </tr>
  <tr>
    <td>张三</td>
    <td>男</td>
    <td>31</td>
  </tr>
  <tr>
    <td>李四 </td>
```

```
    <td>男</td>
    <td>18</td>
  </tr>
</table>
</body>
</html>
```

浏览效果如图 13-2 所示，可以看到，表格带有边框，宽度为 6px，双线式；表格中字体颜色为蓝色。单元格边框宽度为 3px，显示样式是破折线式。

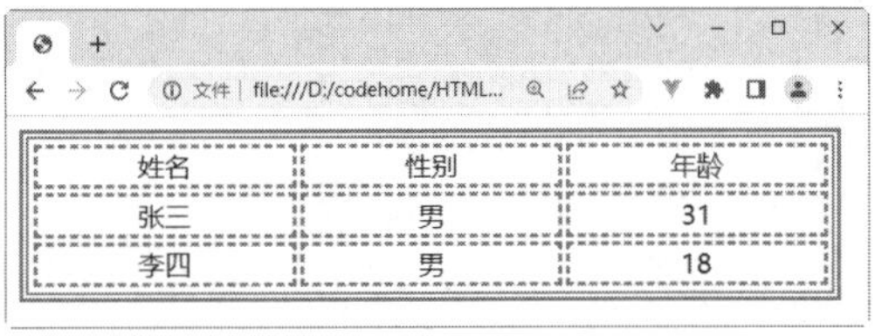

图 13-2　设置表格边框的宽度

13.1.3　设置表格边框的颜色

表格颜色设置非常简单，通常使用 CSS 3 的 color 属性来设置表格中的文本颜色，使用 background-color 属性设置表格的背景色。如果为了突出表格中的某一个单元格，还可以使用 background-color 属性来设置某一个单元格的颜色。

实例 3：设置表格边框的颜色(实例文件：ch13\13.3.html)

```
<!DOCTYPE html>
<html>
<head>
<title>设置表格边框颜色</title>
<style>
*{
    padding:0px;
    margin:0px;
}
body{
    font-family:"黑体";
    font-size:20px;
}
table{
    background-color:yellow;
    text-align:center;
    width:500px;
    border:1px solid green;
}
td{
    border:1px solid green;
    height:30px;
    line-height:30px;
}
.tds{
    background-color:blue;
}
</style>
</head>
```

```html
<body>
<table cellspacing="3" cellpadding="0">
  <tr>
    <td>姓名</td>
    <td class=tds>性别</td>
    <td>年龄</td>
  </tr>
  <tr>
    <td>张三</td>
    <td>男</td>
    <td>32</td>
  </tr>
  <tr>
    <td>小丽</td>
    <td>女</td>
    <td>28</td>
  </tr>
</table>
</body>
</html>
```

浏览效果如图 13-3 所示，可以看到，表格带有边框，边框显示为绿色；表格背景色为黄色，其中一个单元格背景色为蓝色。

图 13-3　设置边框的背景色

13.2　美化表单样式

表单可以用来向 Web 服务器发送数据，经常被用在主页页面中。实际用在 HTML 中的表单标记有 form、input、textarea、select 和 option。

13.2.1　美化表单中的元素

在网页中，表单元素的背景色默认都是白色的，可以使用颜色属性来定义表单元素的背景色。表单元素的背景色可以使用 background-color 属性来定义，使用示例如下：

```css
input{background-color: #ADD8E6;}
```

上面的代码设置了 input 表单元素的背景色，且都是统一的颜色。

实例 4：美化表单中的元素(实例文件：ch13\13.4.html)

```html
<!DOCTYPE html>
<html>
<head>
```

```html
<style>
<!--
input{                                  /* 所有 input 标记 */
    color: #cad9ea;
}
input.txt{                              /* 文本框单独设置 */
    border: 1px inset #cad9ea;
    background-color: #ADD8E6;
}
input.btn{                              /* 按钮单独设置 */
    color: #00008B;
    background-color: #ADD8E6;
    border: 1px outset #cad9ea;
    padding: 1px 2px 1px 2px;
}
select{
    width: 80px;
    color: #00008B;
    background-color: #ADD8E6;
    border: 1px solid #cad9ea;
}
textarea{
    width: 200px;
    height: 40px;
    color: #00008B;
    background-color: #ADD8E6;
    border: 1px inset #cad9ea;
}
-->
</style>
</head>
<body>
<h3>注册页面</h3>
<table border="1" width="45%">
<form method="post">
    <tr>
        <td width="30%">昵称:</td>
        <td><input class=txt>1—20 个字符<div id="qq"></div></td>
    </tr>
    <tr>
        <td>密码:</td>
        <td><input type="password" >长度为 6～16 位</td>
    </tr>
    <tr>
        <td>确认密码:</td>
        <td><input type="password" ></td>
    </tr>
    <tr>
        <td>真实姓名: </td>
        <td><input name="username1"></td>
    </tr>
    <tr>
        <td>性别:</td>
        <td><select><option>男</option><option>女</option></select></td>
    </tr>
    <tr>
        <td>E-mail 地址:</td>
        <td><input value="sohu@sohu.com"></td>
```

```html
        </tr>
        <tr>
            <td>备注:</td>
            <td><textarea cols=35 rows=10></textarea></td>
        </tr>
        <tr>
            <td><input type="button" value="提交" class=btn /></td>
            <td><input type="reset" value="重填"/></td>
        </tr>
</form>
</table>
</body>
</html>
```

浏览效果如图 13-4 所示，可以看到表单中"昵称"输入框、"性别"下拉框和"备注"文本框中都显示了指定的背景颜色。

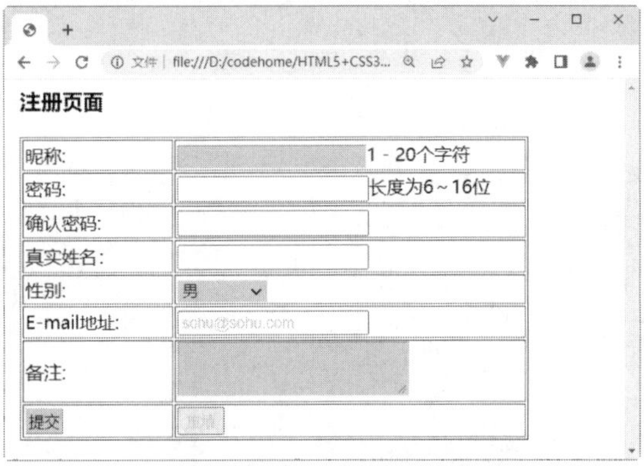

图 13-4 美化表单元素

在上面的代码中，首先使用 input 标记选择符定义了 input 表单元素的字体输入颜色；然后分别定义了两个类 txt 和 btn。其中，txt 用来修饰输入框的样式，btn 用来修饰按钮的样式；最后分别定义了 select 和 textarea 样式，其定义主要涉及边框和背景色。

13.2.2 美化提交按钮

通过对表单元素背景色的设置，可以在一定程度上起到美化提交按钮的效果，例如可以将 background-color 属性设置为 transparent(透明色)，这是最常见的一种方式。使用示例如下：

```css
background-color:transparent;       /* 背景色透明 */
```

实例 5：美化提交按钮(实例文件：ch13\13.5.html)

```html
<!DOCTYPE html>
<html>
<head>
<title>美化提交按钮</title>
<style>
<!--
form{
```

```
    margin:0px;
    padding:0px;
    font-size:14px;
}
input{font-size:14px; font-family:"幼圆";}
.t{
    border-bottom:1px solid #005aa7;      /* 下划线效果 */
    color:#005aa7;
    border-top:0px; border-left:0px;
    border-right:0px;
    background-color:transparent;         /* 背景色透明 */
}
.n{
    background-color:transparent;         /* 背景色透明 */
    border:0px;                           /* 边框取消 */
}
-->
</style>
</head>
<body>
<center>
    <h1>签名页</h1>
    <form method="post">
        值班主任：<input id="name" class="t">
        <input type="submit" value="提交上一级签名>>" class="n">
    </form>
</center>
</body>
</html>
```

浏览效果如图 13-5 所示，可以看到，输入框只显示一个下边框，其他边框被去掉了，提交按钮只剩下文字，常见的矩形边框被去掉了。

图 13-5　表单元素边框的设置

13.2.3　美化下拉菜单

在网页设计中，有时为了突出效果，会对文字进行加粗、添加颜色等设定，实际上也可以对表单元素中的文字进行这些修饰。使用 CSS 3 的 font 相关属性，就可以美化下拉菜单文字，例如 font-size、font-weight 等。对于颜色，可以用 color 和 background-color 属性进行设置。

实例 6：美化下拉菜单(实例文件：ch13\13.6.html)

```
<!DOCTYPE html>
<html>
```

```html
<head>
<title>美化下拉菜单</title>
<style>
<!--
.blue{
    background-color:#7598FB;
    color:#000000;
    font-size:15px;
    font-weight:bolder;
    font-family:"幼圆";
}
.red{
    background-color:#E20A0A;
    color:#ffffff;
    font-size:15px;
    font-weight:bolder;
    font-family:"幼圆";
}
.yellow{
    background-color:#FFFF6F;
    color:#000000;
    font-size:15px;
    font-weight:bolder;
    font-family:"幼圆";
}
.orange{
    background-color:orange;
    color:#000000;
    font-size:15px;
    font-weight:bolder;
    font-family:"幼圆";
}
-->
</style>
</head>
<body>
<form method="post">
    <p>
    <label for="color">选择暴雪预警信号级别:</label>
    <select name="color" id="color">
        <option value="">请选择</option>
        <option value="blue" class="blue">暴雪蓝色预警信号</option>
        <option value="yellow" class="yellow">暴雪黄色预警信号</option>
        <option value="orange" class="orange">暴雪橙色预警信号</option>
        <option value="red" class="red">暴雪红色预警信号</option>
    </select>
    </p>
    <p><input type="submit" value="提交"></p>
</form>
</body>
</html>
```

浏览效果如图 13-6 所示，可以看到下拉菜单的每个菜单项分别显示不同的背景色，以与其他菜单项区分开。

图 13-6　设置下拉菜单的样式

13.3　疑 难 解 惑

疑问 1：构建一个表格时需要注意哪些事项？

在 HTML 页面中构建表格框架时，应该尽量遵循表格的标准标记，养成良好的编写习惯，并适当地利用 Tab 键、空格键和空行来提高代码的可读性，从而降低后期维护成本。特别是使用 table(表格)来布局一个较大的页面时，需要在关键位置加上注释。

疑问 2：使用表格时会发生一些变形，这是什么原因引起的呢？

其中一个原因是表格排列的设置在不同分辨率下所出现的错位。例如，在 800×600 分辨率下时表格一切正常，而到了 1024×800 分辨率时，则出现了多个表格或者有的表格居中排列，有的表格左排列或右排列的情况。

表格有左、中、右三种排列方式，如果没有特别设置，则默认为居左排列。在 800×600 分辨率下，表格与编辑区域同宽，不容易察觉，而到了 1024×800 分辨率时就出现了问题。解决办法比较简单，即表格都设置为居中、居左或居右。

13.4　跟我学上机

上机练习 1：制作用户登录页面

结合前面学习的知识，创建一个简单的登录表单，其中包含三种表单元素：一个名称输入框、一个密码输入框和两个按钮。添加一些 CSS 代码，对表单元素进行修饰。完成效果如图 13-7 所示。

上机练习 2：制作网站注册页面

使用一个表单内的各种元素来开发一个网站的注册页面，并用 CSS 样式美化页面的效果。创建注册表单非常简单，通常包含三个部分，在页面上方给出标题；标题下方是正文部分，即表单元素；最下方是表单元素提交按钮。在设计这个页面时，需要把"用户注册"标题设置成 h1，正文使用 p 来限制表单元素。完成后的实际效果如图 13-8 所示。

图 13-7 登录表单

图 13-8 注册页面

第14章

使用 CSS 3 美化网页菜单

网页菜单是网站常见的元素之一，通过网页菜单，可以在页面间自由跳转。网页菜单的风格往往影响网站的整体风格，所以网页设计者会花费大量的时间和精力去制作各式各样的网页菜单来吸引浏览者。利用 CSS 3 的属性和项目列表，可以制作出美观大方的网页菜单。

案例效果

14.1 使用 CSS 3 美化项目列表

在 HTML 5 中，项目列表用来显示一系列相关的文本信息，分为有序、无序和自定义列表三类。当引入 CSS 3 后，就可以使用 CSS 3 来美化项目列表了。

14.1.1 美化无序列表

无序列表<ul>是网页中常见的元素之一，它使用<li>标记罗列各个项目，每个项目前面都带有特殊符号，例如黑色实心圆等。在 CSS 3 中，可以通过 list-style-type 属性来定义无序列表前面的项目符号。

对于无序列表，list-style-type 语法的格式如下：

```
list-style-type: disc | circle | square | none
```

list-style-type 参数值的含义如表 14-1 所示。

表 14-1 list-style-type 参数(无序列表的常用符号)

参　　数	说　　明
disc	实心圆
circle	空心圆
square	实心方块
none	不使用任何标号

可以通过这些参数为 list-style-type 设置不同的特殊符号，从而改变无序列表的样式。

实例 1：美化无序列表(实例文件：ch14\14.1.html)

```
<!DOCTYPE html>
<html>
<head>
<title>美化无序列表</title>
<style>
* {
    margin:0px;
    padding:0px;
    font-size:12px;
}
p {
    margin:5px 0 0 5px;
    color:#3333FF;
    font-size:14px;
    font-family:"幼圆";
}
div{
    width:300px;
    margin:10px 0 0 10px;
    border:1px #FF0000 dashed;
}
div ul {
```

```
    margin-left:40px;
    list-style-type: disc;
}
div li {
    margin:5px 0 5px 0;
    color:blue;
    text-decoration:underline;
}
</style>
</head>
<body>
<div class="big01">
  <p>最新课程</p>
  <ul>
    <li>网络安全培训班 </li>
    <li>网站开发培训班</li>
    <li>艺术设计培训班</li>
    <li>办公技能培训班</li>
    <li>动画摄影培训班</li>
  </ul>
</div>
</body>
</html>
```

浏览效果如图 14-1 所示，可以看到网页中显示了一个导航菜单，导航菜单中有不同的导航信息，每条导航信息前面都是用实心圆作为每行的开始。

图 14-1 用无序列表制作导航菜单

> **提示**
> 上面的代码中，使用 list-style-type 设置了无序列表的项目符号为实心圆，用 border 设置层 div 边框为红色、虚线，宽度为 1px。

14.1.2 美化有序列表

有序列表标记<ol>可以创建有顺序的列表，例如，每条信息前面加上 1、2、3、4。如果要改变有序列表前面的符号，同样需要利用 list-style-type 属性，只不过属性值不同。

对于有序列表，list-style-type 的语法格式如下：

```
list-style-type: decimal | lower-roman | upper-roman | lower-alpha
 | upper-alpha | none
```

其中，list-style-type 参数值的含义如表 14-2 所示。

表 14-2　list-style-type 参数(有序列表的常用符号)

参　数	说　明
decimal	阿拉伯数字带圆点
lower-roman	小写罗马数字
upper-roman	大写罗马数字
lower-alpha	小写英文字母
upper-alpha	大写英文字母
none	不使用项目符号

> **注意**　除了列表里的这些常用符号，list-style-type 还具有很多不同的参数值。由于不经常使用，这里不再罗列。

实例 2：美化有序列表(实例文件：ch14\14.2.html)

```
<!DOCTYPE html>
<html>
<head>
<title>美化有序列表</title>
<style>
* {
    margin:0px;
    padding:0px;
    font-size:12px;
}
p {
    margin:5px 0 0 5px;
    color:#3333FF;
    font-size:14px;
    font-family:"幼圆";
    border-bottom-width:1px;
    border-bottom-style:solid;
}
div{
    width:300px;
    margin:10px 0 0 10px;
    border:1px #F9B1C9 solid;
}
div ol {
    margin-left:40px;
    list-style-type: decimal;
}
div li {
    margin:5px 0 5px 0;
    color:blue;
}
</style>
</head>
<body>
<div class="big">
```

```
        <p>最新课程</p>
        <ol>
            <li>网络安全培训班 </li>
            <li>网站开发培训班</li>
            <li>艺术设计培训班</li>
            <li>办公技能培训班</li>
            <li>动画摄影培训班</li>
        </ol>
    </div>
</body>
</html>
```

浏览效果如图 14-2 所示，可以看到网页中显示了一个导航菜单，导航信息前面都带有相应的数字，表示其顺序。导航菜单具有红色边框，并用一条蓝线将题目和内容分开。

图 14-2 用有序列表制作菜单

> **注意**　上面的代码中，使用 list-style-type: decimal 语句定义了有序列表前面的符号。严格来说，无论是<ul>标记还是<ol>标记，都可以使用相同的属性值，而且效果完全相同，即二者的 list-style-type 可以通用。

14.1.3 美化自定义列表

自定义列表是比较特殊的一个列表，相对于无序列表和有序列表，它的使用次数很少。引入 CSS 3 的一些相关属性，可以改变自定义列表的显示样式。

实例 3：美化自定义列表(实例文件：ch14\14.3.html)

```
<!DOCTYPE html>
<html>
<head>
<style>
*{margin:0; padding:0;}
body{font-size:12px; line-height:1.8; padding:10px;}
dl{clear:both; margin-bottom:5px;float:left;}
dt,dd{padding:2px 5px;float:left; border:1px solid #3366FF;width:120px;}
dd{position:absolute; right:5px;}
h1{clear:both;font-size:14px;}
</style>
</head>
<body>
<h1>日志列表</h1>
```

```
<div>
    <dl> <dt><a href="#">我多久没有笑了</a></dt> <dd>(0/11)</dd> </dl>
    <dl> <dt><a href="#">12道营养健康菜谱</a></dt> <dd>(0/8)</dd> </dl>
    <dl> <dt><a href="#">太有才了</a></dt> <dd>(0/6)</dd> </dl>
    <dl> <dt><a href="#">怀念童年</a></dt> <dd>(2/11)</dd> </dl>
    <dl> <dt><a href="#">三字经</a></dt> <dd>(0/9)</dd> </dl>
    <dl> <dt><a href="#">我的小小心愿</a></dt> <dd>(0/2)</dd> </dl>
    <dl> <dt><a href="#">想念你，你可知道</a></dt> <dd>(0/1)</dd>
</dl>
</div>
</body>
</html>
```

浏览效果如图 14-3 所示，可以看到一个日志导航菜单，每个选项都有蓝色边框，并且后面带有浏览次数等。

图 14-3　用自定义列表制作导航菜单

> **提示**：上面的代码中，通过使用 border 属性设置边框的相关属性，用 font 属性设置文本大小、颜色等。

14.1.4　制作图片列表

使用 list-style-image 属性可以将每项前面的项目符号替换为任意的图片。list-style-image 属性用来定义作为一个有序或无序列表项标志的图片，图片相对于列表项内容的放置位置通常使用 list-style-position 属性控制。其语法格式如下：

```
list-style-image: none | url(url)
```

其中，none 表示不指定图片，url 表示使用绝对路径和相对路径指定图片。

实例 4：制作图片列表(实例文件：ch14\14.4.html)

```
<!DOCTYPE html>
<html>
<head>
```

```html
<title>图片符号</title>
<style>
<!--
ul{
    font-family:Arial;
    font-size:20px;
    color:#00458c;
    list-style-type:none;                    /* 不显示项目符号 */
}
li{
    list-style-image:url(01.jpg);
    padding-left:25px;                       /* 设置图标与文字的间隔 */
    width:350px;
}
-->
</style>
</head>
<body>
    <p>最新课程</p>
    <ul>
        <li>网络安全培训班 </li>
        <li>网站开发培训班</li>
        <li>艺术设计培训班</li>
        <li>办公技能培训班</li>
        <li>动画摄影培训班</li>
    </ul>
</body>
</html>
```

浏览效果如图 14-4 所示，可以看到一个导航菜单，每个导航信息前面都具有一个小图标。

图 14-4　制作图片导航菜单

> **提示**　在上面的代码中，用 list-style-image:url(01.jpg)语句定义列表前显示的图片，实际上，还可以用"background:url(01.jpg) no-repeat"语句完成这个效果，只不过 background 对图片大小要求比较苛刻。

14.1.5　缩进图片列表

使用图片作为列表符号时，图片通常显示在列表的外部。实际上，还可以将图片列表中的文本信息对齐，从而显示另外一种效果。在 CSS 3 中，可以通过 list-style-position 来设置图片的显示位置。list-style-position 属性的语法格式如下：

```
list-style-position: outside | inside
```

其属性值含义如表 14-3 所示。

表 14-3 list-style-position 属性(列表缩进属性)

属 性	说 明
outside	列表项目标记放置在文本以外，且环绕文本不根据标记对齐
inside	列表项目标记放置在文本以内，且环绕文本根据标记对齐

实例 5：缩进图片列表(实例文件：ch14\14.5.html)

```html
<!DOCTYPE html>
<html>
<head>
<title>图片位置</title>
<style>
.list1{list-style-position:inside;}
.list2{list-style-position:outside;}
.content{
    list-style-image:url(01.jpg);
    list-style-type:none;
    font-size:20px;
}
</style>
</head>
<body>
<ul class=content>
<li class=list1>君不见，黄河之水天上来，奔流到海不复回。</li>
<li class=list2>君不见，高堂明镜悲白发，朝如青丝暮成雪。</li>
</ul>
</body>
</html>
```

浏览效果如图 14-5 所示，可以看到一个图片列表，第一个图片列表选项中图片与文字对齐，即放在文本信息以内，第二个图片列表选项没有与文字对齐，而是放在文字信息以外。

图 14-5 图片缩进

14.1.6 列表的复合属性

在前面的小节中，分别使用 list-style-type 定义了列表的项目符号，使用 list-style-image 定义了列表的图片符号，使用 list-style-position 定义了图片的显示位置。实际上，在对项目列表操作时，可以直接使用一个复合属性 list-style，将前面的三个属性一起设置。

list-style 属性的语法格式如下：

```
{list-style: style}
```

其中，style 指定或接收以下值(任意次序，最多三个)的字符串，如表 14-4 所示。

表 14-4　list-style 属性

属 性 值	说　　明
图像	可供 list-style-image 属性使用的图像值的任意范围
位置	可供 list-style-position 属性使用的位置值的任意范围
类型	可供 list-style-type 属性使用的类型值的任意范围

实例 6：复合属性(实例文件：ch14\14.6.html)

```
<!DOCTYPE html>
<html>
<head>
<title>复合属性</title>
<style>
#test1{list-style:square inside url("01.jpg");}
#test2{list-style:none;}
</style>
</head>
<body>
<ul>
<li id=test1>人生得意须尽欢，莫使金樽空对月。</li>
<li id=test2>天生我材必有用，千金散尽还复来。</li>
</ul>
</body>
</html>
```

浏览效果如图 14-6 所示，可以看到两个列表选项，一个列表选项中带有图片，一个列表选项中没有显示符号和图片。

图 14-6　用复合属性指定列表

list-style 属性是复合属性。在指定类型和图像值时，除非将图像值设置为 none 或无法显示 URL 所指向的图像，否则图像值的优先级较高。例如在上面例子中，类 test1 同时设置项目符号为方块符号和图片，但只显示了图片。

> **提示**　list-style 属性也适用于其 display 属性被设置为 list-item 的所有元素。要显示圆点符号，必须显式设置这些元素的 margin 属性，以提高代码的安全性。

14.2 使用 CSS 3 制作网页菜单

使用 CSS 3 除了可以美化项目列表外，还可以制作网页中的菜单，并能设置不同显示效果的菜单。

14.2.1 制作无须表格的菜单

在使用 CSS 3 制作导航条和菜单之前，需要将 list-style-type 的属性值设置为 none，即去掉列表前的项目符号。下面通过一个示例介绍如何完成一个菜单导航条，具体的操作步骤如下。

01 创建 HTML 文档，并实现一个无序列表，列表中的选项表示各个菜单。具体代码如下：

```html
<!DOCTYPE html>
<html>
<head>
<title>无须表格菜单</title>
</head>
<body>
<div>
    <ul>
        <li><a href="#">网站首页</a></li>
        <li><a href="#">产品大全</a></li>
        <li><a href="#">下载专区</a></li>
        <li><a href="#">购买服务</a></li>
        <li><a href="#">服务类型</a></li>
    </ul>
</div>
</body>
</html>
```

上面的代码中，创建了一个 div 层，在层中放置了一个 ul 无序列表，列表中的各个选项就是将来所使用的菜单。浏览效果如图 14-7 所示，可以看到网页中显示了一个无序列表，每个选项前都带有一个实心圆。

图 14-7 显示项目列表

02 利用 CSS 相关属性对 HTML 中的元素进行修饰，例如 div 层、ul 列表和 body 页面。代码如下所示：

```
<style>
<!--
body{
    background-color:#84BAE8;
}
div{
    width:200px;
    font-family:"黑体";
}
div ul{
    list-style-type:none;
    margin:0px;
    padding:0px;
}
-->
</style>
```

> **提示**：上面的代码设置了网页背景色、层大小和文字字形，最重要的就是设置了列表 <ul> 的属性，将项目符号设置为不显示。

浏览效果如图 14-8 所示，可以看到，项目列表变成一个普通的超级链接列表，无项目符号，并带有下划线。

03 使用 CSS 3 对列表中的各个选项进行修饰，去掉超级链接下的下划线，并增加 li 标记下的边框线，从而增强菜单的实际效果。

```
div li{
    border-bottom:1px solid #ED9F9F;
}
div li a{
    display:block;
    padding:5px 5px 5px 0.5em;
    text-decoration:none;
    border-left:12px solid #6EC61C;
    border-right:1px solid #6EC61C;
}
```

浏览效果如图 14-9 所示，可以看到在每个选项中，超级链接的左方显示了蓝色条，右方显示了蓝色线，每个链接下方显示了一条黄色线。

图 14-8　链接列表

图 14-9　导航菜单

04 使用 CSS 3 设置动态菜单效果，即当光标悬浮在导航菜单上时，显示另外一种样式，具体的代码如下：

```
div li a:link, div li a:visited{
    background-color:#F0F0F0;
    color:#461737;
}
div li a:hover{
    background-color:#7C7C7C;
    color:#ffff00;
}
```

上面的代码设置了链接样式、访问后的链接样式和光标悬浮时的链接样式。浏览效果如图 14-10 所示,可以看到,光标悬浮在菜单上时,会显示灰色。

图 14-10 动态导航菜单

14.2.2 制作水平和垂直菜单

在实际网页设计中,因题材或业务需求不同,垂直导航菜单不能满足要求,有时需要导航菜单水平显示。例如常见的百度首页,其导航菜单就是水平显示的。通过 CSS 属性,不但可以创建垂直导航菜单,还可以创建水平导航菜单。具体的操作步骤如下。

01 建立 HTML 项目列表结构,将要创建的菜单项都以列表选项显示出来。具体的代码如下:

```
<!DOCTYPE html>
<html>
<head>
<title>制作水平和垂直菜单</title>
<style>
<!--
body{
    background-color:#84BAE8;
}
div {
    font-family:"幼圆";
}
div ul {
    list-style-type:none;
    margin:0px;
    padding:0px;
}
</style>
</head>
<body>
<div id="navigation">
<ul>
```

```
        <li><a href="#">网站首页</a></li>
        <li><a href="#">产品大全</a></li>
        <li><a href="#">下载专区</a></li>
        <li><a href="#">购买服务</a></li>
        <li><a href="#">服务类型</a></li>
    </ul>
</div>
</body>
</html>
```

浏览效果如图 14-11 所示，可以看到，显示的是一个普通的超级链接列表。

图 14-11 链接列表

02 目前是垂直导航菜单，需要利用 CSS 的 float 属性将其设置为水平菜单，并设置选项 li 和超级链接的基本样式，代码如下：

```
div li {
    border-bottom:1px solid #ED9F9F;
    float:left;
    width:150px;
}
div li a{
    display:block;
    padding:5px 5px 5px 0.5em;
    text-decoration:none;
    border-left:12px solid #EBEBEB;
    border-right:1px solid #EBEBEB;
}
```

当 float 属性值为 left 时，导航栏为水平显示，浏览效果如图 14-12 所示。可以看到，各个链接选项水平地排列在当前页面上。

图 14-12 列表水平显示

03 设置超级链接<a>的样式，即设置光标动态效果。代码如下：

```
div li a:link, div li a:visited{
    background-color:#F0F0F0;
    color:#461737;
}
div li a:hover{
    background-color:#7C7C7C;
```

```
    color:#ffff00;
}
```

浏览效果如图 14-13 所示,可以看到当光标放到菜单上时,会变换为另一种样式。

图 14-13　水平菜单显示

14.3　疑 难 解 惑

疑问 1:对比使用项目列表和 table(表格)制作表单,项目列表有哪些优势?

采用项目列表制作水平菜单时,如果没有设置 \<ul\> 标记的宽度 width 属性,那么当浏览器的宽度缩小时,菜单会自动换行,这是采用 \<table\> 标记制作的菜单无法实现的。因此,项目列表常用来实现各种变换效果。

疑问 2:使用 url 引入图像时,加引号好,还是不加引号好?

不加引号好,且需要将带有引号的修改为不带引号的。例如:

```
background:url("xxx.gif")
```

应改为

```
background:url(xxx.gif)
```

因为对于部分浏览器来说,加引号反而会引起错误。

14.4　跟我学上机

上机练习 1:模拟 SOSO 导航栏

结合本章学习的制作菜单知识,实现 SOSO 导航栏。其中需要包含三个部分,第一个部分是 SOSO 图标;第二个部分是水平菜单导航栏,也是本例的重点;第三个部分是表单部分,包含一个输入框和按钮。最终预览效果如图 14-14 所示。

图 14-14　模拟 SOSO 导航栏

上机练习 2：将段落转变成列表

CSS 的功能非常强大，可以变换不同的样式，既可以让列表代替 table 制作出表格，也可以让一个段落 p 模拟项目列表。

利用前面介绍的 CSS 知识，将段落转变为一个列表，浏览效果如图 14-15 所示，可以看到其字体颜色发生了变化，并带有下划线。

图 14-15　将段落转变成列表

第15章
使用滤镜美化网页元素

随着网页设计技术的发展，人们已经不满足于单调地展示页面布局并显示文本，而是希望在页面中能够加入一些多媒体特效使页面丰富起来。滤镜能够实现这些需求，它能够产生各种各样的图片特效，从而大大地提高页面的吸引力。

案例效果

高斯模糊效果：

添加阴影效果：

15.1 滤镜概述

CSS 3 Filter(滤镜)属性提供了模糊和改变元素颜色的功能。特别是对于图像，利用滤镜能产生很多绚丽的效果。CSS 3 的 Filter 常用于调整图像的渲染、背景或边框显示效果，例如灰度、模糊、饱和度、老照片等。图 15-1 所示为通过 CSS 3 滤镜产生的各种绚丽效果。

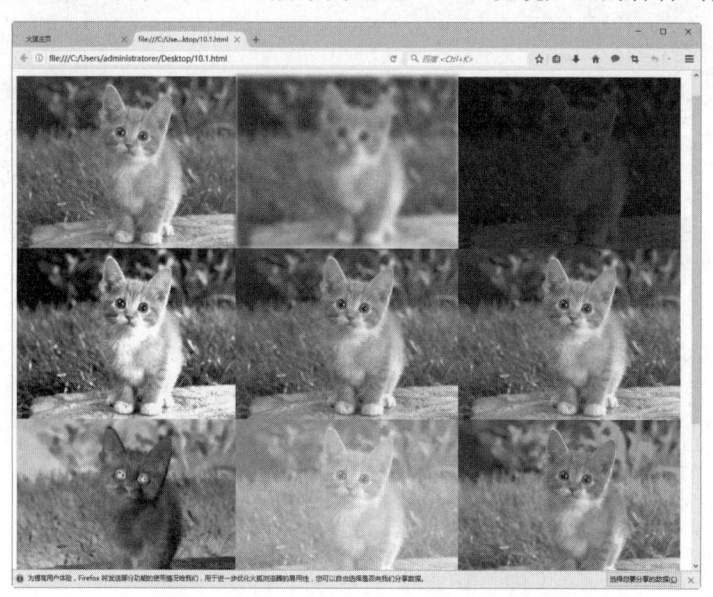

图 15-1 使用 CSS 3 产生的各种滤镜效果

目前，并不是所有的浏览器都支持 CSS 3 的滤镜，具体支持情况如表 15-1 所示。

表 15-1 常见浏览器对 CSS 3 滤镜的支持情况

名 称	图 标	支持滤镜的情况
Chrome 浏览器		18.0 及以上版本支持 CSS 3 滤镜
IE 浏览器		不支持 CSS 3 滤镜
Mozilla Firefox 浏览器		35.0 及以上版本支持 CSS 3 滤镜
Opera 浏览器		15.0 及以上版本支持 CSS 3 滤镜
Safari 浏览器		6.0 及以上版本支持 CSS 3 滤镜

使用 CSS 3 滤镜的语法如下：

```
filter: none | blur() | brightness() | contrast() | drop-shadow() |
grayscale() | hue-rotate() | invert() | opacity() | saturate() ;
```

如果想一次添加多个滤镜效果，可以使用空格分隔多个滤镜。上述各个滤镜参数的含义如表 15-2 所示。

第 15 章　使用滤镜美化网页元素

表 15-2　CSS 3 滤镜参数的含义

参数名称	效　果
blur()	设置图像的高斯模糊效果
brightness()	设置图形的明暗度效果
contrast()	设置图像的对比度
drop-shadow()	设置图像的阴影效果
grayscale()	将图像转换为灰度图像
hue-rotate()	给图像应用色相旋转
invert()	反转输入图像
opacity()	转换图像的透明度
saturate()	转换图像饱和度

15.2　设置基本滤镜效果

本节将学习常用滤镜的设置方法和技巧，需要特别注意不同滤镜的参数含义的区别。

15.2.1　高斯模糊滤镜

高斯模糊(blur)滤镜用于设置图像的高斯模糊效果，语法格式如下：

```
filter : blur (px)
```

其中，px 的值越大，图像越模糊。

实例 1：高斯模糊(blur)滤镜(实例文件：ch15\15.1.html)

```
<!DOCTYPE html>
<html>
<head>
<style>
img {
    width: 40%;
    height: auto;
}
.blur {
-webkit-filter: blur(4px);filter: blur(4px);
}
</style>
</head>
<body>
原始图：
<img src="1.jpg" alt="原始图" width="300" height="300">
高斯模糊效果：
<img class="blur" src="1.jpg" alt="高斯模糊图" width="300" height="300">
</body>
</html>
```

浏览效果如图 15-2 所示，可以看到右侧的图片是模糊的。

239

图 15-2　模糊效果

15.2.2　明暗度滤镜

明暗度(brightness)滤镜用于设置图像的明暗度效果，语法格式如下：

```
filter:brightness(%)
```

如果参数值是 0%，图像会全黑；参数值是 100%，则图像无变化；参数值超过 100%，图像会比原来更亮。

实例 2：设置图像不同的明暗度(实例文件：ch15\15.2.html)

```
<!DOCTYPE html>
<html>
<head>
<style>
img {
    width: 40%;
    height: auto;
}
.aa{
-webkit-filter: brightness(200%);filter: brightness(200%);
}
.bb{
-webkit-filter: brightness(30%);filter: brightness(30%);
}
</style>
</head>
<body>
图像变亮效果：
<img class="aa" src="2.jpg" alt="变亮图" width="300" height="300">
图像变暗效果：
<img class="bb" src="2.jpg" alt="变暗图" width="300" height="300">
</body>
</html>
```

浏览效果如图 15-3 所示，可以看到左侧图像变亮，右侧图像变暗。

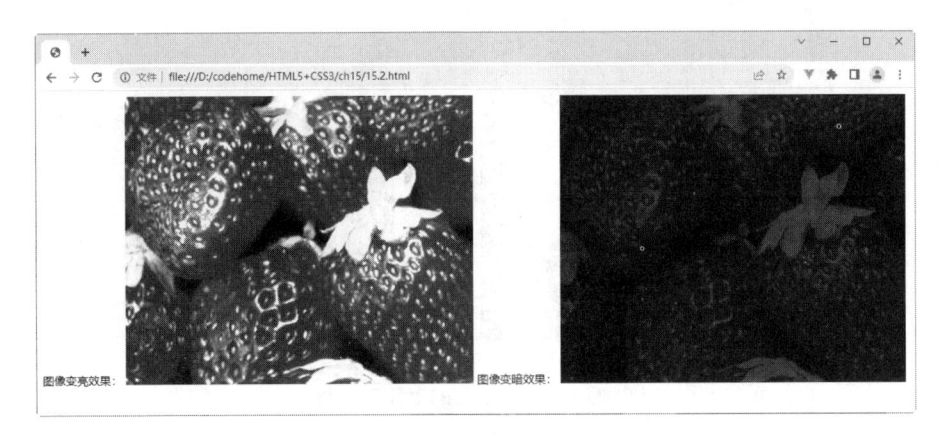

图 15-3 调整图像明亮度效果

15.2.3 对比度滤镜

对比度(contrast)滤镜用于设置图像的对比度效果，语法格式如下：

```
filter:contrast(%)
```

如果参数值是 0%，图像会全黑。如果参数值是 100%，图像不变。

实例 3：设置图像不同的对比度(实例文件：ch15\15.3.html)

```
<!DOCTYPE html>
<html>
<head>
<style>
img {
    width: 40%;
    height: auto;
}
.aa{
-webkit-filter: contrast(200%);filter: contrast(200%);
}
.bb{
-webkit-filter: contrast(30%);filter: contrast(30%);
}
</style>
</head>
<body>
增加对比度效果：
<img class="aa" src="3.jpg" alt="变亮图" width="300" height="300">
减少对比度效果：
<img class="bb" src="3.jpg" alt="变暗图" width="300" height="300">
</body>
</html>
```

浏览效果如图 15-4 所示，可以看到左侧图像对比度增大，右侧图像对比度减小。

图 15-4　调整图像的对比效果

15.2.4　阴影滤镜

阴影(drop-shadow)滤镜用于设置图像的阴影效果，使元素内容在页面上产生投影，从而实现立体效果。drop-shadow 滤镜的语法格式如下：

```
filter:drop-shadow(h-shadow v-shadow blur spread color)
```

其中，参数 h-shadow 和 v-shadow 用于设置水平和垂直方向的偏移量；blur 用于设置阴影的模糊度；spread 用于设置阴影的大小，正值会使阴影变大，负值会使阴影缩小；color 用于设置阴影的颜色。

实例 4：为图像添加不同的阴影效果(实例文件：ch15\15.4.html)

```
<!DOCTYPE html>
<html>
<head>
<style>
img {
    width: 40%;
    height: auto;
}
.aa{
-webkit-filter:drop-shadow(15px 15px 20px red);filter:drop-shadow(15px 15px 20px red);
}
.bb{
-webkit-filter:drop-shadow(30px 30px 10px blue);filter:drop-shadow(30px 30px 10px blue);
}
</style>
</head>
<body>
添加阴影效果：
<img class="aa" src="4.jpg" alt="红色阴影图" width="300" height="300">
<img class="bb" src="4.jpg" alt="蓝色阴影图" width="300" height="300">
</body>
</html>
```

浏览效果如图 15-5 所示，可以看到左侧图像添加了红色阴影效果，右侧图像添加了蓝色阴影效果。

图 15-5　为图像添加阴影效果

15.2.5　灰度滤镜

灰度(grayscale)滤镜能够轻松将彩色图片变为黑白图片，语法格式如下：

```
filter:grayscale(%)
```

参数值用于定义转换的比例。如果参数值为 0%，图形无变化；如果参数值为 100%，则完全转为灰度图像。

实例 5：为图像添加不同的灰度效果(实例文件：ch15\15.5.html)

```html
<!DOCTYPE html>
<html>
<head>
<style>
img {
    width: 40%;
    height: auto;
}
.aa{
-webkit-filter:grayscale(100%);filter:grayscale(100%);
}
.bb{
-webkit-filter:grayscale(30%);filter:grayscale(30%);
}
</style>
</head>
<body>
不同的灰度效果：
<img class="aa" src="5.jpg" width="300" height="300">
<img class="bb" src="5.jpg" width="300" height="300">
</body>
</html>
```

浏览效果如图 15-6 所示，可以看到左侧图像完全转换为灰度图，右侧图像 30%转换为灰度。

图 15-6　为图像添加灰度效果

15.2.6 反相滤镜

反相(invert)滤镜可以把对象的可视化属性全部翻转，包括色彩、饱和度和亮度值，使图片产生一种"底片"或负片的效果。语法格式如下：

```
filter:invert(%)
```

参数值用于定义反相的比例。如果参数值为 100%，图片完全反相；如果参数值为 0%，则图像无变化。

实例 6：为图像添加不同的反相效果(实例文件：ch15\15.6.html)

```
<!DOCTYPE html>
<html>
<head>
<style>
img {
    width: 40%;
    height: auto;
}
.aa{
-webkit-filter:invert(100%);filter: invert(100%);
}
.bb{
-webkit-filter:grayscale(50%);filter:grayscale(50%);
}
</style>
</head>
<body>
不同的反相效果：
<img class="aa" src="2.jpg" width="300" height="300">
<img class="bb" src="2.jpg" width="300" height="300">
</body>
</html>
```

浏览效果如图 15-7 所示，可以看到左侧图像是完全反相效果，右侧图像是 50%反相效果。

图 15-7 为图像添加反相效果

15.2.7 透明度滤镜

透明度(opacity)滤镜用于设置图像的透明度效果，语法格式如下：

```
filter:opacity (%)
```

参数值用于定义透明度的比例。如果参数值为 100%，图片无变化；如果参数值为 0%，则图像完全透明。

实例 7：为图像设置不同的透明度(实例文件：ch15\15.7.html)

```
<!DOCTYPE html>
<html>
<head>
<style>
img {
    width: 40%;
    height: auto;
}
.aa{
-webkit-filter:opacity(30%);filter:opacity(30%);
}
.bb{
-webkit-filter:opacity(80%);filter:opacity(80%);
}
</style>
</head>
<body>
不同的透明度效果：
<img class="aa" src="1.jpg" width="300" height="300">
<img class="bb" src="1.jpg" width="300" height="300">
</body>
</html>
```

浏览效果如图 15-8 所示，可以看到左侧图像的不透明度为 30%，左侧图像的不透明度为 80%。

图 15-8 设置图像的不同透明度效果

15.2.8 饱和度滤镜

饱和度(saturate)滤镜用于设置图像的饱和度效果，语法格式如下：

`filter:saturate(%)`

参数值用于定义饱和度的比例。如果参数值为 100%，图片无变化；如果参数值为 0%，则图像完全不饱和。

实例 8：为图像设置不同的饱和度(实例文件：ch15\15.8.html)

```
<!DOCTYPE html>
<html>
<head>
```

```
<style>
img {
    width: 40%;
    height: auto;
}
.aa{
-webkit-filter:saturate(30%);filter:saturate (30%);
}
.bb{
-webkit-filter:saturate (80%);filter:saturate(80%);
}
</style>
</head>
<body>
不同的饱和度效果：
<img class="aa" src="2.jpg" width="300" height="300">
<img class="bb" src="2.jpg" width="300" height="300">
</body>
</html>
```

浏览效果如图 15-9 所示，可以看到左侧图像的饱和度为 30%，左侧图像的饱和度为 80%。

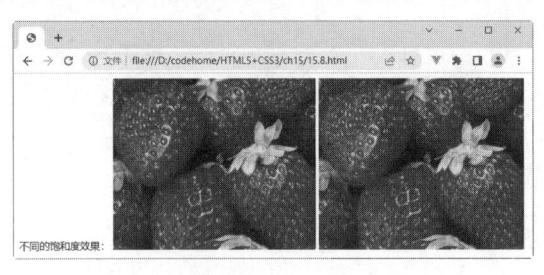

图 15-9　设置图像的不同饱和度效果

15.3　使用滤镜制作动画效果

通过综合使用滤镜，可以产生一些奇特的动画效果。这里将制作一个电闪雷鸣的动画效果，此案例中使用了明暗度滤镜、对比度滤镜和深褐色滤镜。

实例 9：使用滤镜制作动画效果(实例文件：ch15\15.9.html)

```
<!DOCTYPE html>
<html>
<head>
<style>
body {
  text-align: center;
}
img {
  max-width: 100%;
  width: 610px;
}
img {
  -webkit-animation: haunted 4s infinite;
  animation: haunted 4s infinite;
}
@keyframes haunted {
  0% {
    -webkit-filter: brightness(20%);
```

```
      filter: brightness(20%);
    }
    48% {
      -webkit-filter: brightness(20%);
      filter: brightness(20%);
    }
    50% {
      -webkit-filter: sepia(1) contrast(2) brightness(200%);
      filter: sepia(1) contrast(2) brightness(200%);
    }
    60% {
      -webkit-filter: sepia(1) contrast(2) brightness(200%);
      filter: sepia(1) contrast(2) brightness(200%);
    }
    62% {
      -webkit-filter: brightness(20%);
      filter: brightness(20%);
    }
    96% {
      -webkit-filter: brightness(20%);
      filter: brightness(20%);
    }
    96% {
      -webkit-filter: brightness(400%);
      filter: brightness(400%);
    }
}
</style>
</head>
<body>
使用滤镜产生动画效果：
<img src="6.jpg">
</body>
</html>
```

在上述代码中，@keyframes 主要用于规定动画的规则。浏览效果如图 15-10 所示，可以看到不同的色相旋转效果。

图 15-10　动画效果

15.4　疑 难 解 惑

疑问 1：如何对一个 html 对象添加多个滤镜效果？

在使用滤镜时，若同时有多个滤镜，则各滤镜之间用空格分隔开；若一个滤镜有若干个参数，用逗号分隔；filter 属性和其他样式属性并用时，以分号分隔。

疑问2：如何实现图像的光照效果？

Light 滤镜是一个高级滤镜，需要结合 JavaScript 使用。该滤镜用来产生类似于光照的效果，并可调节亮度以及颜色。语法格式如下：

```
{filter:Light(enabled=bEnabled)}
```

15.5　跟我学上机

上机练习1：添加不同饱和度和对比度的复合滤镜效果

添加饱和度和对比度复合滤镜效果时，须将各滤镜参数用空格分隔开。其中需要注意的是：滤镜参数的顺序非常重要，不同的顺序将产生不同的最终效果。浏览效果如图 15-11 所示，可以看到不同的添加顺序结果并不一样。

图 15-11　不同顺序的复合滤镜效果

上机练习2：制作色相旋转滤镜

制作色相旋转(hue-rotate)滤镜可以控制显示颜色变化，给图像应用色相旋转的效果。语法格式如下：

```
filter: hue-rotate(angle)
```

参数 angle 值用于设定图像会被调整的色环角度值。值为 0deg，则图像无变化。若值未设置，默认值是 0deg。该值虽然没有最大值，但超过 360deg 的值相当于又绕一圈。

为图像添加色相旋转效果后，浏览效果如图 15-12 所示，可以看到不同的色相旋转。

图 15-12　不同的色相旋转效果

第 16 章
CSS 3 中的动画效果

在 CSS 3 版本之前，用户如果想在网页中实现图像过渡和动画效果，只能使用 Flash 或者 JavaScript 脚本。在 CSS 3 中，用户可以轻松地通过新增的属性实现图像的过渡和动画效果，同时还可以通过改变网页元素的形状、大小和位置等产生 2D 或 3D 的效果。在 CSS 3 转换效果中，用户可以移动、反转、旋转和拉伸网页元素，从而产生各种各样绚丽的效果，丰富网页的特效。

案例效果

16.1 了解过渡效果

在 CSS3 中，过渡主要指网页元素从一种样式逐渐改变为另一种样式的效果。能实现过渡效果的属性如下。

(1) transition：过渡属性的简写版，用于在一个属性中设置下面四个过渡属性。

(2) transition-delay：用于规定过渡的 CSS 属性的名称。

(3) transition-duration：用于定义过渡效果持续时间。

(4) transition-property：用于规定过渡效果的时间曲线。

(5) transition-timing-function：规定过渡效果何时开始。

CSS 3 中过渡效果的属性，在浏览器中的支持情况如表 16-1 所示。

表 16-1 常见浏览器对过渡属性的支持情况

名　称	图　标	支持情况
Chrome 浏览器		26.0 及以上版本
IE 浏览器		10.0 及以上版本
Mozilla Firefox 浏览器		16.0 及以上版本
Opera 浏览器		15.0 及以上版本 CSS 3 滤镜
Safari 浏览器		6.1 及以上版本 CSS 3 滤镜

16.2 添加过渡效果

用户要实现过渡效果，不仅要添加效果的 CSS 属性，还需要指定过渡效果的持续时间。下面通过一个案例来学习如何添加过渡效果。

实例 1：添加过渡效果(实例文件：ch16\16.1.html)

```
<!DOCTYPE html>
<html>
<head>
<title>过渡效果</title>
<style>
div
{
    width:100px;
    height:100px;
    background:blue;
    transition:width,height 3s;
    -webkit-transition:width,height 3s; /* Safari */
}
div:hover
{
    width:300px;
    height:200px;
}
```

```
</style>
</head>
<body>
<p><b>光标移动到 div 元素上，查看过渡效果。</b></p>
<div></div>
</body>
</html>
```

浏览效果如图 16-1 所示。将光标放置在 div 块上，div 块的高度和宽度都发生了变化，过渡后的效果如图 16-2 所示。

图 16-1 过渡前的效果　　　　　　　　图 16-2 过渡后的效果

上面的案例使用了简写的 transition 属性，用户也可以使用全部的属性。上面的代码如下修改即可：

```
<!DOCTYPE html>
<html>
<head>
<title>过渡效果</title>
<style>
div
{
    width:100px;
    height:100px;
    background:blue;
    transition-property:width,height;
    transition-duration:3s;
    transition-timing-function:linear;
    transition-delay:0s;
    /* Safari */
    -webkit-transition-property:width,height;
    -webkit-transition-duration:3s;
    -webkit-transition-timing-function:linear;
    -webkit-transition-delay:0s;
}
div:hover
{
    width:300px;
    height:200px;
}
</style>
</head>
<body>
```

```
<p><b>鼠标移动到 div 元素上,查看过渡效果。</b></p>
<div></div>
</body>
</html>
```

修改后的运行结果和上面的例子一样,它们只是写法不同而已。

16.3 了解动画效果

通过 CSS3 提供的动画功能,用户可以制作很多具有动感效果的网页,从而取代网页动画图像。

在添加动画效果之前,用户需要了解有关动画的属性。

(1) @keyframes:此规则用于创建动画。

(2) animation:除了 animation-play-state 属性以外,其他所有动画属性的简写。

(3) animation-name:定义@keyframes 动画的名称。

(4) animation-duration:规定动画完成一个周期所花费的时间(秒或毫秒,默认是 0)。

(5) animation-timing-function:规定动画的速度曲线。默认是 ease。

(6) animation-delay:规定动画何时开始。默认是 0。

(7) animation-iteration-count:规定动画被播放的次数。默认是 1。

(8) animation-direction:规定动画是否在下一周期逆向地播放。默认是 normal。

(9) animation-play-state:规定动画是否正在运行或暂停。默认是 running。

在 CSS3 中,动画效果其实就是使元素从一种样式逐渐变化为另一种样式的效果。在创建动画时,首先需要创建动画规则@keyframes,然后将@keyframes 绑定到指定的选择器上。

在规定动画规则时,可使用关键字 from 和 to 来规定动画的初始时间和结束时间,也可以使用百分比来规定变化发生的时间,0%是动画的开始,100%是动画的完成。

例如定义一个动画规则,实现网页背景从蓝色转换为红色的动画效果,代码如下:

```
@keyframes colorchange
{
    from {background:blue;}
    to {background: red;}
}

@-webkit-keyframes colorchange /* Safari 与 Chrome */
{
    from {background:blue;}
    to {background: red;}
}
```

动画规则定义完成后,就可以将其规则绑定到指定的选择器上,然后指定动画持续的时间即可。例如将 colorchange 动画绑定到 div 元素,动画持续时间设置为 10 秒,代码如下:

```
div
{
    animation:colorchange 10s;
    -webkit-animation:colorchange 10s; /* Safari 与 Chrome */
}
```

> **注意** 这里需要注意的是，必须指定动画持续的时间，否则将无动画效果，因为动画默认的持续时间为 0。

16.4 添加动画效果

下面的案例将添加一个不仅改变背景色，还改变位置的动画效果。这里定义了 0%、50%、100%三个时间上的样式和位置。

实例 2：添加动画效果(实例文件：ch16\16.2.html)

```
<!DOCTYPE html>
<html>
<head>
<title>过渡效果</title>
<style>
div
{
   width:100px;
   height:100px;
   background:blue;
   position:relative;
   animation:mydh 10s;
   -webkit-animation:mydh 10s; /* Safari and Chrome */
}
@keyframes mydh
{
   0%   {background: red; left:0px; top:0px;}
   50%  {background: blue; left:100px; top:200px;}
   100% {background: red; left:200px; top:0px;}
}
@-webkit-keyframes mydh /* Safari 与 Chrome */
{
   0%   {background: red; left:0px; top:0px;}
   50%  {background: blue; left:100px; top:200px;}
   100% {background: red; left:200px; top:0px;}
}
</style>
</head>
<body>
<p><b>查看动画效果</b></p>
<div> </div>
</body>
</html>
```

浏览效果如图 16-3 所示，动画过渡中的效果如图 16-4 所示，动画过渡后的效果如图 16-5 所示。

图 16-3　过渡前的效果

图 16-4　过渡中的效果

图 16-5　过渡后的效果

16.5　了解 2D 转换效果

在 CSS 3 中，2D 转换效果主要指网页元素的形状、大小和位置从一个状态转换到另外一个状态，其中，2D 转换中的属性如下。

(1) transform：用于指定转换元素的方法。

(2) transform-origin：用于更改转换元素的位置。

CSS 3 中 2D 转换效果的属性，在浏览器中的支持情况如表 16-2 所示。

表 16-2　常见浏览器对 2D 转换属性的支持情况

名　称	图　标	支持情况
Chrome 浏览器		36.0 及以上版本
IE 浏览器		10.0 及以上版本
Mozilla Firefox 浏览器		16.0 及以上版本
Opera 浏览器		23.0 及以上版本
Safari 浏览器		3.2 及以上版本

2D 转换中的方法如下。

(1) translate()：定义 2D 移动效果，沿着 X 轴或 Y 轴移动元素。

(2) rotate()：定义 2D 旋转效果，在参数中规定角度。
(3) scale()：定义 2D 缩放效果，改变元素的宽度和高度。
(4) skew()：定义 2D 倾斜效果，沿着 X 轴或 Y 轴倾斜元素。
(5) matrix()：定义 2D 转换效果，包含 6 个参数，可以一次定义旋转、缩放、移动和倾斜综合效果。

16.6　添加 2D 转换效果

下面将讲述如何添加不同类型的 2D 转换效果，主要包括移动、旋转、缩放和倾斜等 2D 转换效果。

16.6.1　添加移动效果

使用 translate()方法定义 X 轴、Y 轴和 Z 轴的参数，可以将当前元素移动到指定的位置。例如，将指定元素沿着 X 轴移动 30 像素，然后沿着 Y 轴移动 60 像素，代码如下：

```
translate(30px,60px)
```

下面通过案例来对比移动转换前后的效果。

实例 3：添加移动转换效果(实例文件：ch16\16.3.html)

```html
<!DOCTYPE html>
<html>
<head>
<title>3D 移动效果</title>
<style>
div
{
   width:140px;
   height:100px;
   background-color:#FFB5B5;
   border:1px solid black;
}
div#div2
{
   transform:translate(150px,50px);
   -ms-transform:translate(150px,50px); /* IE 9 */
   -webkit-transform:translate(150px,50px); /* Safari and Chrome */
}
</style>
</head>
<body>
<div>自在飞花轻似梦，无边丝雨细如愁。</div>
<div id="div2">自在飞花轻似梦，无边丝雨细如愁。</div>
</body>
</html>
```

浏览效果如图 16-6 所示，可以看出移动前和移动后的不同效果。

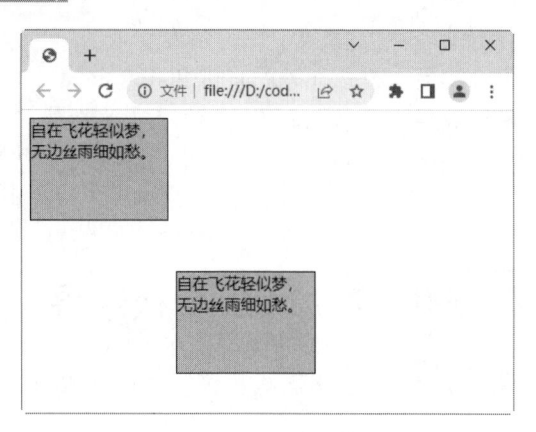

图 16-6　2D 移动效果

16.6.2　添加旋转效果

使用 rotate()方法，可以为一个网页元素按指定的角度添加旋转效果。如果指定的角度是正值，网页元素按顺时针旋转；如果指定的角度为负值，则网页元素按逆时针旋转。

例如，将网页元素顺时针旋转 60 度，代码如下：

```
rotate(60deg)
```

实例 4：添加旋转效果(实例文件：ch16\16.4.html)

```
<!DOCTYPE html>
<html>
<head>
<title>2D 旋转效果</title>
<style>
div
{
    width:100px;
    height:75px;
    background-color: #FFB5B5;
    border:1px solid black;
}
div#div2
{
    transform:rotate(45deg);
    -ms-transform:rotate(45deg); /* IE 9 */
    -webkit-transform:rotate(45deg); /* Safari and Chrome */
}
</style>
</head>
<body>
<div>侯门一入深如海，从此萧郎是路人</div>
<div id="div2">侯门一入深如海，从此萧郎是路人</div>
</body>
</html>
```

浏览效果如图 16-7 所示，可以看出旋转前和旋转后的不同效果。

第 16 章　CSS 3 中的动画效果

图 16-7　2D 旋转效果

16.6.3　添加缩放效果

使用 scale()方法，可以将一个网页元素按指定的参数进行缩放。缩放后的大小取决于指定的宽度和高度。

例如，将指定元素的宽度放大为原来的 4 倍，高度放大为原来的 3 倍，代码如下：

```
scale(4,3)
```

实例 5：添加缩放效果(实例文件：ch16\16.5.html)

```
<!DOCTYPE html>
<html>
<head>
<title>2D 缩放效果</title>
<style>
div {
    margin: 50px;
    width: 100px;
    height: 100px;
    background-color:#FFB5B5;
    border: 1px solid black;
    border: 1px solid black;
}
div#div2
{
    -ms-transform: scale(2,2); /* IE 9 */
    -webkit-transform: scale(2,2); /* Safari */
    transform: scale(2,2); /* 标准语法 */
}
</style>
</head>
<body>
<div>春云吹散湘帘雨，絮黏蝴蝶飞还住。</div>
缩放后的效果：
<div id="div2">春云吹散湘帘雨，絮黏蝴蝶飞还住。</div>
</body>
</html>
```

浏览效果如图 16-8 所示，可以看出缩放前和缩放后的不同效果。

257

图 16-8　2D 缩放效果

16.6.4　添加倾斜效果

使用 skew()方法可以为网页元素添加倾斜效果，语法格式如下：

```
skew(<angle> [,<angle>]);
```

这里包含了两个角度值，分别表示 X 轴和 Y 轴倾斜的角度。如果第二个参数为空，则默认为 0；参数为负，表示向相反方向倾斜。

例如，将网页元素围绕 X 轴翻转 30 度，围绕 Y 轴翻转 40 度，代码如下：

```
skew(30deg,40deg)
```

如果仅在 X 轴(水平方向)倾斜，方法如下：

```
skewX(<angle>);
```

如果仅在 Y 轴(垂直方向)倾斜，方法如下：

```
skewY(<angle>);
```

实例 6：添加倾斜效果(实例文件：ch16\16.6.html)

```
<!DOCTYPE html>
<html>
<head>
<title>2D 倾斜效果</title>
<style>
div {
    margin: 50px;
    width: 100px;
    height: 100px;
    background-color:#FFB5B5;
    border: 1px solid black;
    border: 1px solid black;
}
div#div2
{
    transform:skew(30deg,150deg);
    -ms-transform:skew(30deg,15deg); /* IE 9 */
```

```
        -moz-transform:skew(30deg,15deg); /* Firefox */
        -o-transform:skew(30deg,40deg); /* Opera */
}
</style>
</head>
<body>
<div>窗含西岭千秋雪，门泊东吴万里船。</div>
倾斜后的效果：
<div id="div2">窗含西岭千秋雪，门泊东吴万里船。</div>
</body>
</html>
```

浏览效果如图 16-9 所示，可以看出倾斜前和倾斜后的不同效果。

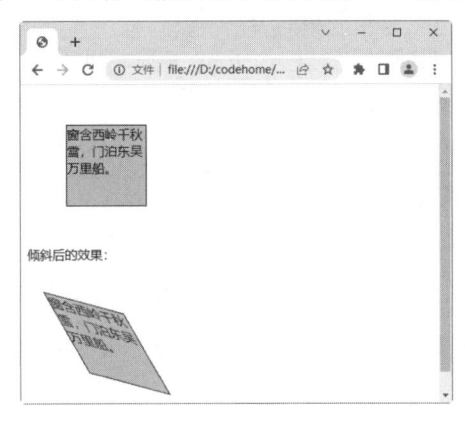

图 16-9　2D 倾斜效果

16.7　添加 3D 转换效果

在 CSS 3 中，3D 转换效果主要指网页元素在三维空间内进行转换的效果。其中，3D 转换中的属性如下。

(1) transform：用于指定转换元素的方法。

(2) transform-origin：用于更改转换元素的位置。

(3) transform-style：规定元素如何在 3D 空间中显示。

(4) perspective：规定 3D 元素的透视效果。

(5) perspective-origin：规定 3D 元素的底部位置。

(6) backface-visibility：定义元素在不面向屏幕时是否可见。如果在旋转元素后，不希望看到其背面，该属性很有用。

CSS 3 中 3D 转换效果的属性，在浏览器中的支持情况如表 16-3 所示。

表 16-3　常见浏览器对 3D 转换属性的支持情况

名　　称	图　　标	支持情况
Chrome 浏览器		36.0 及以上版本
IE 浏览器		10.0 及以上版本
Mozilla Firefox 浏览器		16.0 及以上版本

续表

名称	图标	支持情况
Opera 浏览器	O	23.0 及以上版本
Safari 浏览器		4.0 及以上版本

3D 转换中的方法含义如下。

(1) translate3d(x,y,z)：定义 3D 移动效果，沿着 X 轴、Y 轴或 Z 轴移动元素。

(2) rotate3d(x,y,z,angle)：定义 3D 旋转效果，在参数中规定角度。

(3) scale3d(x,y,z)：定义 3D 缩放效果。

(4) perspective(n)：定义 3D 元素的透视效果。

(5) matrix3d()：定义 3D 转换效果，包含 6 个参数，可以定义旋转、缩放、移动和倾斜综合效果。

添加 3D 转换效果与 2D 转换效果的方法类似，下面以 3D 旋转效果为例进行讲解。

实例 7：沿 X 轴旋转效果(实例文件：ch16\16.7.html)

```
<!DOCTYPE html>
<html>
<head>
<title>3D 旋转效果</title>
<style>
div
{
    width:100px;
    height:75px;
    background-color: #FFB5B5;
    border:1px solid black;
}
div#div2
{
    transform:rotateX(60deg);
    -webkit-transform:rotateX(60deg); /* Safari and Chrome */}
</style>
</head>
<body>
<div>侯门一入深如海，从此萧郎是路人</div>
<div id="div2">侯门一入深如海，从此萧郎是路人</div>
</body>
</html>
```

浏览效果如图 16-10 所示，可以看出旋转前和旋转后的不同效果。

图 16-10　沿 X 轴旋转效果

第 16 章　CSS 3 中的动画效果

实例 8：沿 Y 轴旋转效果(实例文件：ch16\16.8.html)

```
<!DOCTYPE html>
<html>
<head>
<title>3D 旋转效果</title>
<style>
div
{
    width:100px;
    height:75px;
    background-color: #FFB5B5;
    border:1px solid black;
}
div#div2
{
    transform:rotateY(60deg);
    -webkit-transform:rotateY(60deg); /* Safari and Chrome */}
</style>
</head>
<body>
<div>侯门一入深如海，从此萧郎是路人</div>
<div id="div2">侯门一入深如海，从此萧郎是路人</div>
</body>
</html>
```

浏览效果如图 16-11 所示。可以看出旋转前和旋转后的不同效果。

图 16-11　沿 Y 轴旋转效果

16.8　疑　难　解　惑

疑问 1：添加了动画效果后，为什么在 IE 浏览器中没有效果？

首先需要仔细检查代码，在设置参数时是否有多余的空格。确认代码无误后，可以查看 IE 浏览器的版本，如果浏览器的版本为 IE 9.0 或者更低的版本，则需要升级到 IE 10.0 或者更新的版本，才能查看添加的动画效果。

疑问 2：定义动画的时间用百分比还是用关键字 from 和 to？

一般情况下，使用百分比与使用关键字 from 和 to 的效果是一样的，但是以下两种情况，用户需要考虑使用百分比来定义时间。

(1) 定义多于两种以上的动画状态时，需要使用百分比来定义动画时间。
(2) 在多种浏览器上查看动画效果时，使用百分比的方式会获得更好的兼容效果。

疑问 3：如何实现 3D 网页对象沿 Z 轴旋转？

使用 translateZ(n)方法可以将网页对象沿着 Z 轴作 3D 旋转，例如将网页对象沿着 Z 轴做 60 度旋转，代码如下：

```
transform:rotateZ(60deg)
```

16.9　跟我学上机

上机练习 1：添加综合过渡效果

一次性添加多个样式的变换效果，添加的属性由逗号分隔。浏览效果如图 16-12 所示。将光标放置在 div 块上，div 块的高度和宽度都发生了变化，背景颜色由浅蓝色变为浅红色，而且进行了 180 度的旋转操作，过渡后的效果如图 16-13 所示。

图 16-12　过渡前的效果　　　　图 16-13　过渡后的效果

上机练习 2：添加综合变幻效果

使用 matrix()方法可以为网页元素添加移动、旋转、缩放和倾斜效果，语法格式如下：

```
transform: matrix(n,n,n,n,n,n)
```

这里包含了 6 个参数值，使用这 6 个值的矩阵可以添加不同的 2D 转换效果。

下面通过 matrix()方法添加综合变幻效果，浏览效果如图 16-14 所示，可以看出倾斜前和倾斜后的不同效果。

图 16-14　综合变幻效果

第17章
HTML 5 中的文件与拖放

在 HTML 5 中，专门提供了一个调用页面层的 API 文件，通过调用这个 API 文件中的对象、方法和接口，可以很方便地访问文件的属性或读取文件内容。另外，在 HTML 5 中，还可以将文件进行拖放，即抓取对象以后将其拖到另一个位置。任何元素都能够被拖放，常见的拖放元素为图片、文字等。

案例效果

17.1 选择文件

在 HTML 5 中，可以创建一个 file 类型的<input>元素来实现文件的上传功能。在 HTML 5 中，该类型的<input>元素有一个 multiple 属性，如果将属性的值设置为 true，则可以在一个元素中实现多个文件的上传。

17.1.1 选择单个文件

在 HTML 5 中，当需要创建一个 file 类型的<input>元素上传文件时，可以定义只选择一个文件。

实例 1：通过 file 对象选择单个文件(实例文件：ch17\17.1.html)

```
<!DOCTYPE html>
<html>
<head>
<title>文件</title>
</head>
<body>
    <form>
        <h3>请选择文件：</h3>
        </p><input type="file" id="fileload" /></p><!-单个文件进行上传-->
    </form>
</body>
</html>
```

预览效果如图 17-1 所示，在其中单击"选择文件"按钮，在打开的对话中只能选择一个要加载的文件，如图 17-2 所示。

图 17-1 预览效果　　　　　　　　图 17-2 只能选择一个要加载的文件

17.1.2 选择多个文件

在 HTML 5 中，除了可以选择单个文件外，还可以通过添加元素的 multiple 属性，实现选择多个文件的功能。

实例 2：通过 file 对象选择多个文件(实例文件：ch17\17.2.html)

```
<!DOCTYPE HTML>
```

```html
<html>
<body>
<form>
选择文件: <input type="file" multiple="multiple" />
</form>
<p>在浏览文件时可以选取多个文件。</p>
</body>
</html>
```

预览效果如图 17-3 所示,在其中单击"选择文件"按钮,在打开的对话框中可以选择多个要加载的文件,如图 17-4 所示。

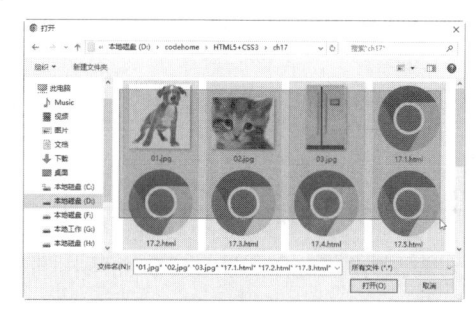

图 17-3　预览效果　　　　　　　　图 17-4　可以选择多个要加载的文件

17.2　使用 FileReader 接口读取文件

使用 Blob 接口可以获取文件的相关信息,如文件名称、大小、类型,但如果想要读取或浏览文件,则需要通过 FileReader 接口。该接口不仅可以读取图片文件,还可以读取文本或二进制文件;同时,根据该接口提供的事件与方法,可以动态侦察文件读取时的详细状态。

17.2.1　检测浏览器是否支持 FileReader 接口

FileReader 接口主要用来把文件读入到内存,并且读取文件中的数据。FileReader 接口提供了一个异步 API,使用该 API 可以在浏览器主线程中异步访问文件系统,读取文件中的数据。到目前为止,并不是所有浏览器都实现了 FileReader 接口。这里提供一种方法可以检查您的浏览器是否对 FileReader 接口提供支持,具体的代码如下:

```
if(typeof FileReader == 'undefined'){
    result.InnerHTML="<p>你的浏览器不支持FileReader接口!</p>";
    //使选择控件不可操作
    file.setAttribute("disabled","disabled");
}
```

17.2.2　FileReader 接口的方法

FileReader 接口有 4 个方法,其中 3 个用来读取文件,另一个用来中断读取。无论读取成功还是失败,方法并不会返回读取结果,而是把结果存储在 result 属性中。FileReader 接口的方法及描述如表 17-1 所示。

表 17-1　FileReader 接口的方法及描述

方 法 名	参　数	描　　述
readAsText	File, [encoding]	将文件以文本方式读取，读取的结果即是这个文本文件中的内容
readAsBinaryString	File	将文件读取为二进制字符串，通常将字符串送到后端，后端可以通过该字符串存储文件
readAsDataURL	File	将文件读取为一串 Data URL 字符串。该方法事实上是将小文件以一种特殊格式的 URL 地址形式直接读入页面。这里的小文件通常是指图像与 html 等格式的文件
abort	(none)	中断读取操作

1．使用 readAsDataURL()方法预览图片

通过 FileReader 接口中的 readAsDataURL()方法，可以获取 API 异步读取的文件数据。将数据另存为 URL，将该 URL 绑定到<img>元素的 src 属性值，就可以实现图片文件的预览。如果读取的不是图片文件，将给出相应的提示信息。

实例 3：使用 readAsDataURL 方法预览图片(实例文件：ch17\17.3.html)

```
<!DOCTYPE html>
<html>
<head>
<title>使用 readAsDataURL 方法预览图片</title>
</head>
<body>
<script type="text/javascript">
   var result=document.getElementById("result");
   var file=document.getElementById("file");

   //判断浏览器是否支持 FileReader 接口
   if(typeof FileReader == 'undefined'){
      result.InnerHTML="<p>你的浏览器不支持 FileReader 接口！</p>";
      //使选择控件不可操作
      file.setAttribute("disabled","disabled");
   }

   function readAsDataURL(){
      //检验是否为图像文件
      var file = document.getElementById("file").files[0];
      if(!/image\/\w+/.test(file.type)){
          alert("这个不是图片文件，请重新选择！");
          return false;
      }
      var reader = new FileReader();
      //将文件以 Data URL 形式读入页面
      reader.readAsDataURL(file);
      reader.onload=function(e){
```

```html
            var result=document.getElementById("result");
        //显示文件
            result.innerHTML='<img src="' + this.result +'" alt="" />';
        }
    }
</script>
<p>
    <label>请选择一个文件：</label>
    <input type="file" id="file" />
    <input type="button" value="读取图像" onclick="readAsDataURL()" />
</p>
<div id="result" name="result"></div>
</body>
</html>
```

预览效果如图 17-5 所示，在其中单击"选择文件"按钮，在打开的对话框中选择需要预览的图片文件，如图 17-6 所示。

图 17-5　预览效果　　　　　　　　　　图 17-6　选择要预览的文件

选择完毕后，单击"打开"按钮，返回到浏览器窗口中，然后单击"读取图像"按钮，即可在页面的下方显示打开的图片，如图 17-7 所示。

如果选择的不是图片文件，当在浏览器窗口中单击"读取图像"按钮后，就会给出相应的提示信息，如图 17-8 所示。

图 17-7　显示图片　　　　　　　　　　图 17-8　信息提示框

2. 使用 readAsText() 方法读取文本文件

使用 FileReader 接口中的 readAsText() 方法，可以将文件以文本编码的方式进行读取，即可以读取上传文本文件的内容；其实现的方法与读取图片基本相似，只是读取文件的方式不一样。

实例 4：使用 readAsText 方法读取文本文件(实例文件：ch17\17.4.html)

```html
<!DOCTYPE html>
<html>
<head>
<title>使用 readAsText 方法读取文本文件</title>
</head>
<body>
<script type="text/javascript">
var result=document.getElementById("result");
var file=document.getElementById("file");

//判断浏览器是否支持 FileReader 接口
if(typeof FileReader == 'undefined'){
    result.InnerHTML="<p>你的浏览器不支持 FileReader 接口！</p>";
    //使选择控件不可操作
    file.setAttribute("disabled","disabled");
}
function readAsText(){
    var file = document.getElementById("file").files[0];
    var reader = new FileReader();
    //将文件以文本形式读入页面
    reader.readAsText(file,"gb2312");
    reader.onload=function(f){
        var result=document.getElementById("result");
        //显示文件
        result.innerHTML=this.result;
    }
}
</script>
<p>
    <label>请选择一个文件：</label>
    <input type="file" id="file" />
    <input type="button" value="读取文本文件" onclick="readAsText()" />
</p>
<div id="result" name="result"></div>
</body>
</html>
```

预览效果如图 17-9 所示，在其中单击"选择文件"按钮，在打开的对话框中选择要读取的文件，如图 17-10 所示。

图 17-9　预览效果　　　　　　　　图 17-10　选择要读取的文件

选择完毕后，单击"打开"按钮，返回到浏览器窗口中，然后单击【读取文本文件】按钮，即可在页面的下方读取文本文件中的信息，如图 17-11 所示。

图 17-11　读取文本信息

17.3　使用 HTML 5 实现文件的拖放效果

HTML 5 实现拖放效果，常用的实现方法是利用 HTML 5 新增加的事件 drag 和 drop。

17.3.1　认识文件拖放的过程

在 HTML 5 中实现文件的拖放主要有以下 4 个步骤。

第 1 步：设置元素为可拖放

首先，为了使元素可拖动，把 draggable 属性设置为 true，具体代码如下：

```
<img draggable="true" />
```

第 2 步：拖动什么

实现拖放的第二步就是设置拖动的元素，常见的元素有图片、文字、动画等。实现拖放功能的方法是 ondragstart 和 setData()，即规定当元素被拖动时，会发生什么。

例如，ondragstart 属性调用了一个函数 drag(event)，它规定了被拖动的数据。dataTransfer.setData()方法设置被拖放数据的数据类型和值，具体代码如下：

```
function drag(ev)
{
ev.dataTransfer.setData("Text",ev.target.id);
}
```

在这个例子中，数据类型是 Text，值是可拖动元素的 id ("drag1")。

第 3 步：放到何处

实现拖放功能的第三步就是将可拖放元素放到何处，实现该功能的事件是 ondragover。在默认情况下，无法将数据/元素放置到其他元素中。如果需要允许放置，必须修改对元素的默认处理方式。这时需要调用 ondragover 事件的 event.preventDefault()方法，具体代码如下：

```
event.preventDefault()
```

第 4 步：进行放置

当放置被拖数据时，就会发生 drop 事件。ondrop 属性调用了一个函数 drop(ev)，具体代码如下：

```
function drop(ev)
{
    ev.preventDefault();
    var data=ev.dataTransfer.getData("Text");
    ev.target.appendChild(document.getElementById(data));
}
```

17.3.2 浏览器支持情况

不同的浏览器版本对拖放技术的支持情况是不同的，表 17-2 所示是常见浏览器对拖放技术的支持情况。

表 17-2 浏览器对拖放技术的支持情况

浏览器名称	支持拖放技术的版本
Internet Explorer	Internet Explorer 9 及更高版本
Firefox	Firefox 3.6 及更高版本
Opera	Opera 12.0 及更高版本
Safari	Safari 5 及更高版本
Chrome	Chrome 5 及更高版本

17.3.3 在网页中拖放图片

下面给出一个简单的拖放实例，主要功能就是把一张图片拖放到一个矩形当中。

实例 5：将图片拖放至矩形当中(实例文件：ch17\17.5.html)

```
<!DOCTYPE HTML>
<html>
<head>
<style type="text/css">
#div1 {width:150px;height:150px;padding:10px;border:1px solid #aaaaaa;}
</style>
<script type="text/javascript">
    function allowDrop(ev)
    {
        ev.preventDefault();
    }
    function drag(ev)
    {
        ev.dataTransfer.setData("Text",ev.target.id);
    }
    function drop(ev)
    {
```

```
            ev.preventDefault();
            var data=ev.dataTransfer.getData("Text");
            ev.target.appendChild(document.getElementById(data));
        }
    </script>
</head>
<body>
    <p>请把图片拖放到矩形中：</p>
    <div id="div1" ondrop="drop(event)" ondragover="allowDrop(event)"></div>
    <br />
    <img id="drag1" src="01.jpg" draggable="true" ondragstart="drag(event)" />
</body>
</html>
```

代码解释如下。

(1) 调用 preventDefault()来避免浏览器对数据的默认处理(drop 事件的默认行为是以链接形式打开)。

(2) 通过 dataTransfer.getData("Text")方法获得被拖的数据。该方法将返回在 setData()方法中设置为相同类型的任何数据。

(3) 被拖数据是被拖元素的 id ("drag1")。

(4) 把被拖元素追加到放置元素(目标元素)中。

将上述代码保存为.html 格式，预览效果如图 17-12 所示。当选中图片后，在不释放鼠标的情况下，可以将其拖放到矩形框中，如图 17-13 所示。

图 17-12　预览效果　　　　　　　图 17-13　拖放图片

17.4　在网页中来回拖放图片

下面再给出一个具体实例，该实例所实现的效果是在网页中来回拖放图片。

实例 6：在网页中来回拖放图片(实例文件：ch17\17.6.html)

```
<!DOCTYPE HTML>
<html>
<head>
<style type="text/css">
```

```
#div1, #div2
{float:left; width:100px; height:35px; margin:10px;padding:10px;border:1px
solid #aaaaaa;}
</style>
<script type="text/javascript">
    function allowDrop(ev)
    {
        ev.preventDefault();
    }
    function drag(ev)
    {
        ev.dataTransfer.setData("Text",ev.target.id);
    }
    function drop(ev)
    {
        ev.preventDefault();
        var data=ev.dataTransfer.getData("Text");
        ev.target.appendChild(document.getElementById(data));
    }
</script>
</head>
<body>
<div id="div1" ondrop="drop(event)" ondragover="allowDrop(event)">
  <img src="02.jpg" draggable="true" ondragstart="drag(event)" id="drag1" />
</div>
<div id="div2" ondrop="drop(event)" ondragover="allowDrop(event)"></div>
</body>
</html>
```

在记事本中输入这些代码，然后将其保存为.html 格式。运行网页文件，选中网页中的图片，即可在两个矩形当中来回拖放，如图 17-14 所示。

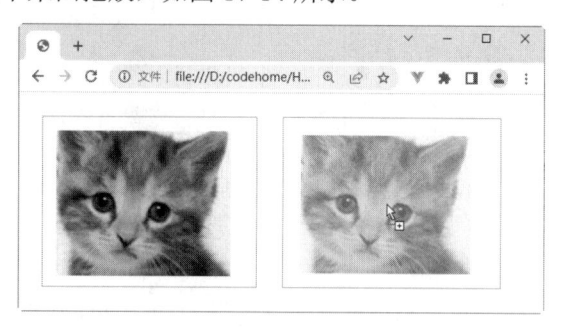

图 17-14 预览效果

17.5 在网页中拖放文字

在了解了 HTML 5 的拖放技术后，下面给出一个具体实例，该实例所实现的效果就是在网页中拖放文字。

实例 7：在网页中拖放文字(实例文件：ch17\17.7.html)

```
<!DOCTYPE HTML>
<html>
<head>
<title>拖放文字</title>
```

```html
<style>
body {
    font-family: 'Microsoft YaHei';
}
div.drag {
    background-color:#AACCFF;
    border:1px solid #666666;
    cursor:move;
    height:100px;
    width:100px;
    margin:10px;
    float:left;
}
div.drop {
    background-color:#EEEEEE;
    border:1px solid #666666;
    cursor: pointer;
    height:150px;
    width:150px;
    margin:10px;
    float:left;
}
</style>
</head>
<body>
<div draggable="true" class="drag"
    ondragstart="dragStartHandler(event)">Drag me!</div>
<div class="drop"
    ondragenter="dragEnterHandler(event)"
    ondragover="dragOverHandler(event)"
    ondrop="dropHandler(event)">Drop here!<ol /></div>
<script>
var internalDNDType = 'text';
function dragStartHandler(event) {
  event.dataTransfer.setData(internalDNDType,
                             event.target.textContent);
  event.effectAllowed = 'move';
}
// dragEnter 事件
function dragEnterHandler(event) {
  if (event.dataTransfer.types.contains(internalDNDType))
     if (event.preventDefault) event.preventDefault();}
// dragOver 事件
function dragOverHandler(event) {
   event.dataTransfer.dropEffect = 'copy';
   if (event.preventDefault) event.preventDefault();
}
function dropHandler(event) {
    var data = event.dataTransfer.getData(internalDNDType);
    var li = document.createElement('li');
    li.textContent = data;
    event.target.lastChild.appendChild(li);
}
</script>
</body>
</html>
```

下面介绍实现拖放文字的具体操作步骤。

01 将上述代码保存为.html 格式的文件,预览效果如图 17-15 所示。

02 选中左边矩形中的元素，将其拖曳到右边的方框中，如图17-16所示。

图17-15 预览效果

图17-16 选中被拖放文字

03 释放鼠标，可以看到拖放之后的效果，如图17-17所示。

04 还可以多次拖放文字元素，效果如图17-18所示。

图17-17 拖放一次

图17-18 拖放多次

17.6 疑难解惑

疑问1：在HTML 5中，实现拖放效果的方法是唯一的吗？

在HTML 5中，实现拖放效果的方法并不是唯一的。除了可以使用drag和drop事件外，还可以利用canvas标记来实现。

疑问2：在HTML 5中，可拖放的对象只有文字和图像吗？

在默认情况下，图像、链接和文本是可以拖动的，也就是说，不用额外编写代码，用户就可以拖动它们。文本只有在被选中的情况下才能拖动，而图像和链接在任何时候都可以拖动。

如果让其他元素可以拖动也是可能的。HTML 5为所有HTML元素提供了一个draggable属性，表示元素是否可以拖动。图像和链接的draggable属性自动被设置成了true，而其他元素这个属性的默认值都是 false。要想让其他元素可拖动，或者让图像或链接不能拖动，都可以设置这个属性。

疑问 3：在 HTML 5 中，读取记事本文件中的中文内容时显示乱码怎么办？

读者需要特别注意的是，如果读取文件内容显示为如图 17-19 所示的乱码，其原因是在读取文件时没有设置读取的编码方式，例如下面的代码：

```
reader.readAsText(file);
```

如果设置读取的格式为中文内容，代码修改如下：

```
reader.readAsText(file,"gb2312");
```

图 17-19 读取文件内容时显示乱码

17.7　跟我学上机

上机练习 1：制作一个商品选择器

通过所学的知识，制作一个商品选择器，预览效果如图 17-20 所示。拖放商品的图片到右侧的框中，并提示信息"商品电冰箱已经被成功选取了！"，如图 17-21 所示。

图 17-20　商品选择器预览效果　　　　图 17-21　提示信息

上机练习 2：制作一个图片上传预览器

通过所学的知识，制作一个图片上传预览器，预览效果如图 17-22 所示。单击"选择文件"按钮，然后在打开的对话框中选择需要上传的图片，接着单击"上传文件"按钮和"显示图片"按钮，即可查看新上传的图片效果。重复操作，可以上传多张图片，如图 17-23 所示。

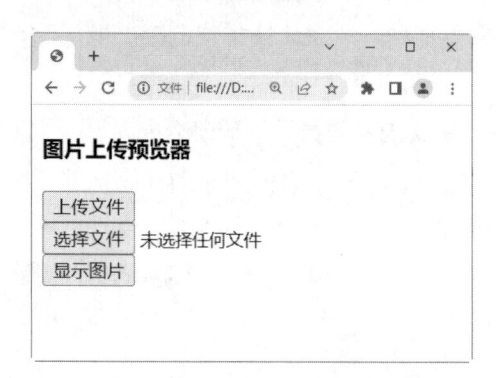

图 17-22　图片上传预览器　　　　　图 17-23　多张图片的显示效果

第18章
定位地理位置技术

HTML 5 提供了确定用户位置的功能，借助这个特性能够开发基于位置信息的应用。本章将讲述 HTML 5 地理位置定位的基本原理和如何利用 Geolocation API 来获取地理位置。

案例效果

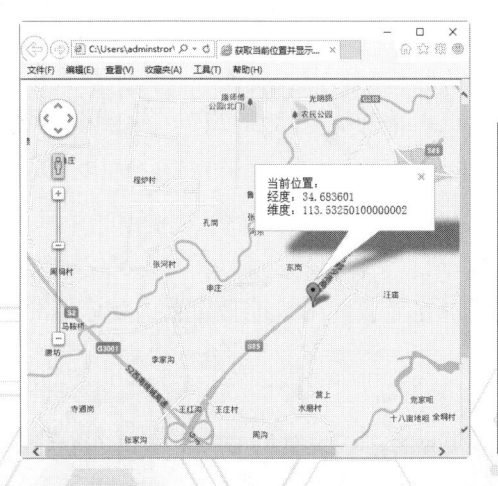

18.1 Geolocation API 获取地理位置

在 HTML 5 网页代码中，通过一些有用的 API，可以查找访问者当前的位置。

18.1.1 地理定位的原理

根据访问者浏览网站方式的不同，可以通过下列方式确定其位置。

(1) 如果网站浏览者使用电脑上网，通过获取浏览者的 IP 地址，可以确定其具体位置。

(2) 如果网站浏览者通过手机上网，通过获取浏览者的手机信号接收塔，可以确定其具体位置。

(3) 如果网站浏览者的设备上具有 GPS 硬件，通过获取 GPS 发出的载波信号，可以获取其具体位置。

(4) 如果网站浏览者通过无线设备上网，可以通过无线网络连接获取其具体位置。

> 提示：API(应用程序的编程接口)是一些预先定义的函数，目的是让应用程序与开发人员能基于某软件或硬件访问一组例程，且无须访问源码或理解内部工作机制的细节。

18.1.2 获取定位信息的方法

在了解了地理定位的原理后，下面介绍获取定位信息的方法。根据访问者访问网站的方式，可以通过下列方法确定地理位置。

- 利用 IP 地址定位。
- 利用 GPS 功能定位。
- 利用 Wi-Fi 定位。
- 利用 Wi-Fi 和 GPRS 联合定位。
- 利用用户自定义定位数据定位。

使用上述的哪种方法，取决于浏览器和设备的功能，浏览器确定位置并将其传输回地理位置。但需要注意的是，无法保证返回的位置是设备的实际地理位置，因为这涉及隐私问题——并不是每个人都想与您共享他的位置。

18.1.3 常用地理定位方法

通过地理定位，可以确定用户的当前位置，并能获取用户地理位置的变化情况。其中，最常用的就是 API 中的 getCurrentPosition 方法。

getCurrentPosition 方法的语法格式如下：

```
void getCurrentPosition(successCallback,errorCallback,options);
```

其中，successCallback 参数是指在成功获取位置时用户想要调用的函数名称；errorCallback

参数是指在位置获取失败时用户想要调用的函数名称；options 参数指出地理定位时的属性设置。

> **提示** 访问用户位置是耗时的操作，同时属于隐私问题，需要取得用户的同意。

如果地理定位成功，新的 Position 对象将调用 displayOnMap 函数，显示设备的当前位置。

那么 Position 对象的含义是什么呢？作为地理定位的 API，Position 对象包含位置确定时的时间戳(timestamp)和包含位置的坐标(coords)，具体语法格式如下：

```
Interface position
{
  readonly attribute Coordinates coords;
  readonly attribute DOMTimeStamp timestamp;
};
```

18.1.4 判断浏览器是否支持 HTML 5 获取地理位置信息

在用户试图使用地理定位之前，应该先确保浏览器是否支持 HTML 5 获取地理位置信息。这里介绍判断的方法，具体代码如下。

```
function init()
   if (navigator.geolocation) {
   //获取当前地理位置信息
   navigator.geolocation.getCurrentPosition(onSuccess, onError, options);
   } else {
      alert("您的浏览器不支持HTML5 来获取地理位置信息。");
   }
```

该代码解释如下。

1. onSuccess

该函数是获取当前位置信息成功时执行的回调函数。

在 onSuccess 回调函数中，用到了参数 position，代表一个具体的 position 对象，表示当前位置。其具有如下属性。

(1) latitude：当前地理位置的纬度。

(2) longitude：当前地理位置的经度。

(3) altitude：当前位置的海拔高度(不能获取时为 null)。

(4) accuracy：获取到的纬度和经度的精度(以米为单位)。

(5) altitudeAccurancy：获取到的海拔高度的经度(以米为单位)。

(6) heading：设备的前进方向。用面朝正北方向的顺时针旋转角度来表示(不能获取时为 null)。

(7) speed：设备的前进速度(以米/秒为单位，不能获取时为 null)。

(8) timestamp：获取地理位置信息时的时间。

2. onError

该函数是获取当前位置信息失败时所执行的回调函数。

在 onError 回调函数中，用到了 error 参数，其具有如下属性。

(1) code：错误代码，有如下值。

① 用户拒绝了位置服务(属性值为 1)。

② 获取不到位置信息(属性值为 2)。

③ 获取信息超时错误(属性值为 3)。

(2) message：字符串，包含了具体的错误信息。

3. options

options 是一些可选属性列表。在 options 参数中，可选属性如下。

(1) enableHighAccuracy：是否要求高精度的地理位置信息。

(2) timeout：设置超时时间(单位为毫秒)。

(3) maximumAge：对地理位置信息进行缓存的有效时间(单位为毫秒)。

18.1.5 指定纬度和经度坐标

地理定位成功后，将调用 displayOnMap 函数。此函数代码如下：

```
function displayOnMap(position)
{
    var latitude=position.coords.latitude;
    var longitude=position.coords.longitude;
}
```

其中，第一行代码从 Position 对象获取 coordinates 对象，主要由 API 传递给函数。第三行和第四行代码定义了两个变量，将 latitude 和 longitude 属性存储在定义的这两个变量中。

为了在地图上显示用户的具体位置，可以利用地图网站的 API。例如，要使用百度地图，则需要使用 Baidu Maps JavaScript API。在使用此 API 前，需要在 HTML 5 页面中添加一个引用，具体代码如下：

```
<--baidu maps API>
<script type="text/javascript"scr="http://api.map.baidu.com/api?key=*&v=1.0&services=true">
</script>
```

其中，"*" 代码注册到 key。注册 key 的方法为：在 http://openapi.baidu.com/ map/index.html 网页中，注册百度地图 API，再输入需要内置百度地图页面的 URL 地址，生成 API 密钥，然后将 key 文件复制保存。

虽然代码中已经包含了 Baidu Maps Javascript，但是页面中尚不能显示内置的百度地图，还需要添加 HTML 语句，将地图从程序转换为对象。加入的源代码如下：

```
<script type="text/javascript"scr="http://api.map.baidu.com/api?key=*&v=1.0&services=true">
</script>
```

```
<div style="width:600px;height:220px;border:1px solid gary;margin-top:15px;" id="container">
</div>
<script type="text/javascript">
    var map = new BMap.Map("container");
    map.centerAndZoom(new BMap.Point(***,***),17);
    map.addControl(new BMap.NavigationControl());
    map.addControl(new BMap.ScaleControl());
    map.addControl(new BMap.OverviewMapControl());
    var local = new BMap.LocalSearch(map,
    {
        enderOptions:{map: map}
    }
    );
    local.search("输入搜索地址");
</script>
```

上述代码分析如下。

(1) 前 2 行代码主要是把百度地图 API 程序植入源码中。

(2) 第 4 行在页面中设置一个标记，包括宽度和长度；border:1px 定义外框的宽度为 1px，solid 表示实线，gray 表示边框颜色，margin-top 表示该标记距离与上部的距离。

(3) 第 9 行为地图中自己位置的坐标。

(4) 第 10～12 行为植入地图缩放控制工具。

(5) 第 13～18 行为地图中自己的位置，只需在 local search 后填入自己的位置名称即可。

18.1.6 获取当前位置的经度与纬度

如下代码为使用纬度和经度定位坐标的案例。

01 打开记事本，在其中输入如下代码：

```
<!DOCTYPE html>
<html>
<head>
<title>纬度和经度坐标</title>
<style>
body {background-color:#fff;}
</style>
</head>
<body>
<p id="geo_loc"><p>
<script>
function getElem(id) {
    return typeof id === 'string' ? document.getElementById(id) : id;
}

function show_it(lat, lon) {
    var str = '您当前的位置,纬度: ' + lat + ',经度: ' + lon;
    getElem('geo_loc').innerHTML = str;
}
if (navigator.geolocation) {
    navigator.geolocation.getCurrentPosition(function(position) {
        show_it(position.coords.latitude, position.coords.longitude);
    },
    function(err) {
```

```
            getElem('geo_loc').innerHTML = err.code + "|" + err.message;
        });
    } else {
        getElem('geo_loc').innerHTML = "您当前使用的浏览器不支持 Geolocation 服务";
    }
</script>
</body>
</html>
```

02 使用 Microsoft Edge 浏览器打开网页文件,由于使用 HTML 5 定位功能首先要允许跟踪实际位置,单击"是"按钮,如图 18-1 所示。

03 在页面中显示了当前页面打开时所处的地理位置,其位置为使用者的 IP 或 GPS 定位地址,如图 18-2 所示。

图 18-1 允许跟踪实际位置   图 18-2 显示的地理位置

> **提示** 每次使用浏览器打开网页时,都会提醒是否允许跟踪实际位置。为了安全,用户应当妥善使用地址共享功能。

18.1.7 处理错误和拒绝

getCurrentPosition()方法的第二个参数用于处理错误,它规定当获取用户位置失败时运行的函数。例如以下代码:

```
function showError(error)
{
    switch(error.code)
    {
        case error.PERMISSION_DENIED:
            x.innerHTML="用户拒绝对获取地理位置的请求。"
            break;
        case error.POSITION_UNAVAILABLE:
            x.innerHTML="位置信息是不可用的。"
            break;
        case error.TIMEOUT:
            x.innerHTML="请求用户地理位置超时。"
            break;
        case error.UNKNOWN_ERROR:
            x.innerHTML="未知错误。"
            break;
    }
}
```

其中,PERMISSION_DENIED 表示用户不允许地理定位;POSITION_UNAVAILABLE 表示无法获取当前位置;TIMEOUT 表示操作超时;UNKNOWN_ERROR 表示未知的错误。

针对不同的错误类型，将弹出不同的提示信息。

18.2 目前浏览器对地理定位的支持情况

不同的浏览器版本对地理定位技术的支持情况是不同的。表 18-1 是常见浏览器对地理定位的支持情况。

表 18-1 常见浏览器对地理定位的支持情况

浏览器名称	支持地理定位技术的版本
Internet Explorer	Internet Explorer 9 及更高版本
Firefox	Firefox 3.5 及更高版本
Opera	Opera 10.6 及更高版本
Safari	Safari 5 及更高版本
Chrome	Chrome 5 及更高版本
Android	Android 2.1 及更高版本

18.3 在网页中调用 Google 地图

本实例介绍如何在网页中调用 Google 地图，以获取当前设备物理地址的经度与纬度。具体操作步骤如下。

01 调用 Google Map，代码如下：

```
<!DOCTYPE html>
<head>
<title>获取当前位置并显示在google 地图上</title>
<script type="text/javascript" src="http://maps.google.com/maps/api/
    js?sensor=false"></script>
<script type="text/javascript">
```

02 获取当前地理位置，代码如下：

```
navigator.geolocation.getCurrentPosition(function (position) {
var coords = position.coords;
console.log(position);
```

03 设定地图参数，代码如下：

```
var latlng = new google.maps.LatLng(coords.latitude, coords.longitude);
var myOptions = {
zoom: 14, //设定放大倍数
center: latlng, //将地图中心点设定为指定的坐标点
mapTypeId: google.maps.MapTypeId.ROADMAP //指定地图类型
};
```

04 创建地图，并在页面中显示，代码如下：

```
var map = new google.maps.Map(document.getElementById("map"), myOptions);
```

05 在地图上创建标记，代码如下：

```
var marker = new google.maps.Marker({
position: latlng, //将前面设定的坐标标注出来
map: map //将该标注设置在刚才创建的map中
});
```

06 创建窗体内的提示内容，代码如下：

```
var infoWindow = new google.maps.InfoWindow({
content: "当前位置：<br/>经度：" + latlng.lat() + "<br/>纬度：" + latlng.lng()
//创建窗体内的提示信息
});
```

07 打开提示窗口，代码如下：

```
infoWindow.open(map, marker);
```

08 根据需要再编写其他相关代码，如处理错误的方法和打开地图的大小等。此时页面相应的 HTML 源代码如下：

```
<!DOCTYPE html>
<head>
<title>获取当前位置并显示在google地图上</title>
<script type="text/javascript" src="http://maps.google.com/maps/api/js?sensor=false"> </script>
<script type="text/javascript">
function init() {
if (navigator.geolocation) {
//获取当前地理位置
navigator.geolocation.getCurrentPosition(function (position) {
var coords = position.coords;
//console.log(position);
//指定一个google地图上的坐标点，同时指定该坐标点的横坐标和纵坐标
var latlng = new google.maps.LatLng(coords.latitude, coords.longitude);
var myOptions = {
zoom: 14, //设定放大倍数
center: latlng, //将地图中心点设定为指定的坐标点
mapTypeId: google.maps.MapTypeId.ROADMAP //指定地图类型
};
//创建地图，并在页面map中显示
var map = new google.maps.Map(document.getElementById("map"), myOptions);
//在地图上创建标记
var marker = new google.maps.Marker({
position: latlng, //将前面设定的坐标标注出来
map: map //将该标注设置在刚才创建的map中
});
//标注提示窗口
var infoWindow = new google.maps.InfoWindow({
content: "当前位置：<br/>经度：" + latlng.lat() + "<br/>维度：" + latlng.lng()
//创建窗体内的提示信息
});
```

```
//打开提示窗口
infoWindow.open(map, marker);
},
function (error) {
//处理错误
switch (error.code) {
case 1:
alert("位置服务被拒绝。");
break;
case 2:
alert("暂时获取不到位置信息。");
break;
case 3:
alert("获取信息超时。");
break;
default:
alert("未知错误。");
break;
}
});
} else {
alert("你的浏览器不支持 HTML5 来获取地理位置信息。");
}
}
</script>
</head>
<body onload="init()">
<div id="map" style="width: 800px; height: 600px"></div>
</body>
</html>
```

09 保存网页后，即可查看最终效果，如图 18-3 所示。

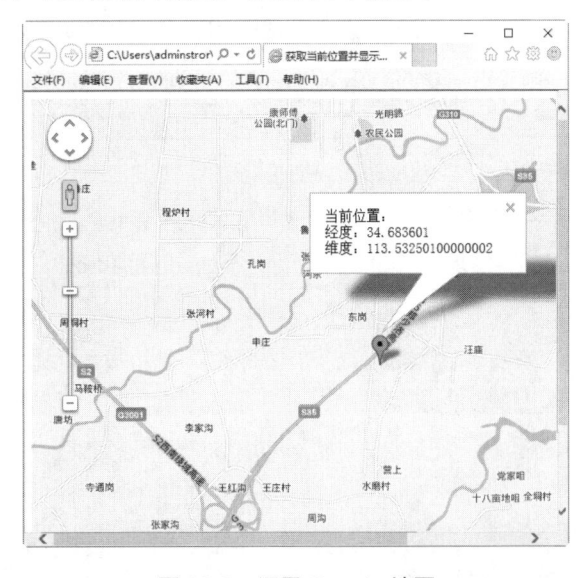

图 18-3　调用 Google 地图

18.4 疑难解惑

疑问 1：使用 HTML 5 Geolocation API 获得的用户地理位置一定精准无误吗？

不一定精准，因为该特性可能侵犯用户的隐私，除非用户同意，否则用户位置信息是不可用的。

疑问 2：地理位置 API 可以在国际空间站上使用吗？可以在月球上或者其他星球上用吗？

地理位置标准是这样阐述的："地理坐标参考系的属性值来自大地测量系统(World Geodetic System (2d) [WGS84])。不支持其他参考系。"国际空间站位于地球轨道上，所以宇航员可以使用经纬度和海拔来描述其位置。但是，大地测量系统是以地球为中心的，因此，不能使用这个系统来描述月球或者其他星球的位置。

18.5 跟我学上机

上机练习：设计一个简单的移动定位器

类似汽车上的 GPS 定位系统，在 HTML 5 网页中，用户也可以持续获取移动设备的位置。这里使用 watchPosition()方法，它不仅可以返回用户的当前位置，并可以持续返回用户移动时的更新位置，从而实现类似 GPS 定位系统的功能。使用 Microsoft Edge 浏览器打开网页文件，如图 18-4 所示。单击"定位当前位置"按钮，即可获取目前的位置，如图 18-5 所示。用户移动位置后，再次单击"定位当前位置"按钮，即可重新获取用户移动后的位置信息。

图 18-4　程序运行结果　　　　　图 18-5　获取当前位置

第 19 章

数据存储和通信技术

Web Storage 是 HTML 5 引入的一个非常重要的功能，它可以在客户端本地存储数据，类似于 HTML 4 的 Cookie，但可实现功能要比 Cookie 强大得多，如 Cookie 大小被限制在 4KB，Web Storage 官方建议为每个网站 5MB。另外，Web 通信技术可以更好地完成跨域数据的通信，以及 Web 即时通信应用的实现，如 Web QQ 等。

案例效果

19.1 认识 Web 存储

在 HTML 5 标准之前，Web 存储信息需要 Cookie 来完成，但是 Cookie 不适合大量数据的存储，因为它们由每个对服务器的请求来传递，这使得 Cookie 速度很慢而且效率也不高。为此，在 THML 5 中，Web 存储为 API 计算机或设备存储用户信息作了数据标准的定义。

19.1.1 本地存储和 Cookie 的区别

本地存储和 Cookie 扮演着类似的角色，但是它们有根本的区别。

(1) 本地存储仅存储在用户的硬盘上，并等待用户读取，而 Cookie 是在服务器上读取。

(2) 本地存储仅供客户端使用，如果需要服务器端根据存储数值做出反应，就应该使用 Cookie。

(3) 读取本地存储不会影响网络带宽，但是使用 Cookie 将会发送数据到服务器，会影响网络带宽，无形中增加了成本。

(4) 从存储容量上看，本地可存储多达 5MB 的数据，而 Cookie 最多只能存储 4KB 的数据。

19.1.2 Web 存储方法

在 HTML 5 标准中，提供了以下两种在客户端存储数据的新方法。

(1) sessionStorage：sessionStorage 是基于 session 的数据存储，在关闭或者离开网站后，数据将会被删除，也被称为会话存储。

(2) localStorage：没有时间限制的数据存储，也被称为本地存储。与会话存储不用，本地存储将在用户计算机上永久保持数据信息。关闭浏览器窗口后，如果再次打开该站点，将可以检索所有存储在本地上的数据。

在 HTML 5 中，数据只有在请求时才传递，这样的话，存储大量数据时不会影响网站性能。对于不同的网站，数据存储于不同的区域，并且一个网站只能访问其自身的数据。

> **提示** HTML 5 使用 JavaScript 来存储和访问数据，为此建议用户可以多了解一些 JavaScript 的基本知识。

19.2 使用 HTML 5 Web Storage API

使用 HTML 5 Web Storage API 技术，可以很好地实现本地存储。

19.2.1 测试浏览器的支持情况

各大主流浏览器都支持 Web Storage，但是为了兼容旧的浏览器，还是要检查一下是否可以使用这项技术，主要有两种方法。

1. 检查 Storage 对象是否存在

通过检查 Storage 对象是否存在，来检查浏览器是否支持 Web Storage，代码如下：

```
if(typeof(Storage)!=="undefined"){
    //是的！支持 localStorage  sessionStorage 对象！
    //一些代码……
} else {
    //抱歉！不支持 Web 存储
}
```

2. 分别检查各自的对象

分别检查各自的对象。例如检查 localStorage 是否支持，代码如下：

```
if (typeof(localStorage) == 'undefined' ) {
alert('Your browser does not support HTML5 localStorage. Try upgrading.');
} else {
//是的！支持 localStorage  sessionStorage 对象！
//一些代码……
}
```

或者：

```
if('localStorage' in window && window['localStorage'] !== null){
//是的！支持 localStorage  sessionStorage 对象！
//一些代码……
} else {
alert('Your browser does not support HTML5 localStorage. Try upgrading.');
}
```

或者：

```
if (!!localStorage) {
//是的！支持 localStorage  sessionStorage 对象！
//一些代码……
} else {
alert('您的浏览器不支持 localStorage  sessionStorage 对象!');
}
```

19.2.2 使用 sessionStorage 方法创建对象

sessionStorage 方法针对一个 session 进行数据存储。如果用户关闭浏览器窗口，数据会被自动删除。

创建一个 sessionStorage 方法的基本语法格式如下：

```
<script type="text/javascript">
    sessionStorage.abc=" ";
</script>
```

1. 创建对象

实例 1：使用 sessionStorage 方法创建对象(实例文件：ch19\19.1.html)

```
<!DOCTYPE HTML>
<html>
<body>
<script type="text/javascript">
sessionStorage.name="努力过好每一天！";
document.write(sessionStorage.name);
</script>
</body>
</html>
```

预览效果如图 19-1 所示，即可看到使用 sessionStorage 方法创建的对象内容显示在网页中。

图 19-1　使用 sessionStorage 方法创建对象

2. 制作网站访问记录计数器

下面继续使用 sessionStorage 方法来做一个实例，制作记录用户访问网站次数的计数器。

实例 2：制作网站访问次数计数器(实例文件：ch19\19.2.html)

```
<!DOCTYPE HTML>
<html>
<body>
<script type="text/javascript">
if (sessionStorage. count)
{
    sessionStorage.count=Number(sessionStorage.count) +1;
}
else
{
    sessionStorage. count=1;
}
document.write("您访问该网站的次数为： " + sessionStorage.count);
</script>
</body>
</html>
```

预览效果如图 19-2 所示。用户每刷新一次页面，计数器的数值就加 1。

图 19-2　使用 sessionStorage 方法创建计数器

> 提示：如果用户关闭浏览器窗口后再次打开该网页，计数器将重置为 1。

19.2.3 使用 localStorage 方法创建对象

与 seessionStorage 方法不同，localStorage 方法存储的数据没有时间限制，也就是说，网页浏览者关闭网页很长一段时间后，再次打开此网页时，数据依然存在。

创建一个 localStorage 方法的基本语法格式如下：

```
<script type="text/javascript">
    localStorage.abc=" ";
</script>
```

1. 创建对象

实例 3：使用 localStorage 方法创建对象(实例文件：ch19\19.3.html)

```
<!DOCTYPE HTML>
<html>
<body>
<script type="text/javascript">
localStorage.name="学习HTML5最新的技术：Web存储";
document.write(localStorage.name);
</script>
</body>
</html>
```

预览效果如图 19-3 所示，即可看到使用 localStorage 方法创建的对象内容显示在网页中。

学习HTML5最新的技术：Web存储

图 19-3 使用 localStorage 方法创建对象

2. 制作网站访问记录计数器

下面使用 localStorage 方法来制作记录用户访问网站次数的计数器，用户可以清楚地看到 localStorage 方法和 sessionStorage 方法的区别。

实例 4：制作网站访问次数计数器(实例文件：ch19\19.4.html)

```
<!DOCTYPE HTML>
<html>
<body>
<script type="text/javascript">
if (localStorage. count)
{
    localStorage.count=Number(localStorage.count) +1;
```

```
}
else
{
    localStorage. count=1;
}
document.write("您访问该网站的次数为: " + localStorage.count);
</script>
</body>
</html>
```

预览效果如图 19-4 所示。如果用户刷新一次页面，计数器的数值将加 1；如果用户关闭浏览器窗口后再次打开该网页，计数器会继续上一次计数，而不会重置为 1。

图 19-4　使用 localStorage 方法创建计数器

19.2.4　Web Storage API 的其他操作

Web Storage API 的 localStorage 和 sessionStorage 对象除了以上基本应用外，还有以下两个功能。

1. 清空 localStorage 数据

localStorage 的 clear()函数用于清空同源的本地存储数据，比如 localStorage.clear()将删除所有本地存储的 localStorage 数据。

而 Web Storage 的另外一部分——Session Storage 中的 clear()函数只清空当前会话存储的数据。

2. 遍历 localStorage 数据

遍历 localStorage 数据可以查看 localStrage 对象保存的全部数据信息。在遍历过程中，需要访问 localStorage 对象的另外两个属性——length 与 key。length 表示 localStorage 对象中保存数据的总量；key 表示保存数据时的键名，常与索引号(index)配合使用，表示第几条键名对应的数据记录，其中索引号(index)以 0 值开始，如果取第 3 条键名对应的数据，index 值应该为 2。

取出数据并显示数据内容的代码如下：

```
functino showInfo(){
  var array=new Array();
  for(var i=0;i
  //调用 key 方法获取 localStorage 中数据对应的键名
  //如这里键名是从 test1 开始递增到 testN 的,那么 localStorage.key(0)对应 test1
  var getKey=localStorage.key(i);
  //通过键名获取值，这里的值包括内容和日期
  var getVal=localStorage.getItem(getKey);
  //array[0]是内容, array[1]是日期
```

```
        array=getVal.split(",");
    }
}
```

获取并保存数据的代码如下：

```
var storage = window.localStorage;
for (var i=0, len = storage.length; i < len; i++){
    var key = storage.key(i);
    var value = storage.getItem(key);
    console.log(key + "=" + value); }
```

> **注意** 由于 localStorage 不仅存储了这里所添加的信息，可能还存储了其他信息，同时那些信息的键名也是以递增数字形式表示的，这样如果这里用纯数字键名就可能覆盖另外一部分的信息，所以建议键名都用独特的字符区分开。此处在每个 ID 前加上 test 以示区别。

19.2.5 使用 JSON 对象存取数据

在 HTML 5 中，可以使用 JSON 对象来存取一组相关的对象。使用 JSON 对象收集一组用户输入信息后，创建一个 Object 来囊括这些信息，再用一个 JSON 字符串来表示这个 Object，然后把 JSON 字符串存放在 localStorage 中。当用户检索指定名称时，会自动用该名称去 localStorage 中取得对应的 JSON 字符串，并将字符串解析到 Object 对象，然后依次提取对应的信息，再构造 HTML 文本输入显示。

实例 5： 使用 JSON 对象存取数据(实例文件：ch19\19.5.html)

下面就用一个简单的案例，来介绍如何使用 JSON 对象存取数据。

01 新建一个网页文件，具体代码如下：

```
<!DOCTYPE html>
<html>
<head>
<meta charset="UTF-8">
<title>使用 JSON 对象存取数据</title>
<script type="text/javascript" src="objectStorage.js"></script>
</head>
<body>
<h3>使用 JSON 对象存取数据</h3>
<h4>填写待存取信息到表格中</h4>
<table>
<tr><td>用户名:</td><td><input type="text" id="name"></td></tr>
<tr><td>E-mail:</td><td><input type="text" id="email"></td></tr>
<tr><td>联系电话:</td><td><input type="text" id="phone"></td></tr>
<tr><td></td><td><input type="button" value="保存" onclick="saveStorage();">
</td></tr>
</table>
<hr>
<h4>检索已经存入 localStorage 的 json 对象，并且展示原始信息</h4>
<p>
<input type="text" id="find">
<input type="button" value="检索" onclick="findStorage('msg');">
</p>
```

```
<!-- 下面代码用于显示被检索到的信息文本 -->
<p id ="msg"></p>
</body>
</html>
```

02 浏览保存的 html 文件，页面显示效果如图 19-5 所示。

图 19-5 创建存取对象表格

03 案例中用到了 JavaScript 脚本 objectStorage.js，其中包含两个函数，一个是存数据，一个是取数据，具体的 JavaScript 脚本代码如下：

```
function saveStorage(){
    //创建一个js对象，用于存放当前从表单获得的数据
    var data = new Object;                    //将对象的属性值名依次和用户输入的属性值关联起来
    data.user=document.getElementById("user").value;
    data.mail=document.getElementById("mail").value;
    data.tel=document.getElementById("tel").value;
    //创建一个json对象，让其对应html文件中创建的对象的字符串数据形式
    var str = JSON.stringify(data);
    //将json对象存放到localStorage上，key为用户输入的NAME，value为这个json字符串
    localStorage.setItem(data.user,str);
    console.log("数据已经保存！被保存的用户名为："+data.user);
}
//从localStorage中检索用户输入的名称对应的json字符串，然后把json字符串解析为一组信息，
//并且打印到指定位置
function findStorage(id){           //获得用户的输入，是用户希望检索的名字
    var requiredPersonName = document.getElementById("find").value;
    //以这个检索的名字来查找localStorage，得到了json字符串
    var str=localStorage.getItem(requiredPersonName);
    //解析这个json字符串得到Object对象
    var data= JSON.parse(str);
    //从Object对象中分离出相关属性值，然后构造要输出的HTML内容
    var result="用户名:"+data.user+'<br>';
    result+="E-mail:"+data.mail+'<br>';
    result+="联系电话:"+data.tel+'<br>';           //取得页面上要输出的容器
    var target = document.getElementById(id);//用刚才创建的HTML内容填充这个容器
    target.innerHTML = result;
}
```

04 将 js 文件和 html 文件放在同一目录下，再次打开网页，在表单中依次输入相关内容，单击"保存"按钮，如图 19-6 所示。

05 在"检索"文本框中输入已经保存的信息的用户名，单击"检索"按钮，则在页面下

方自动显示保存的用户信息，如图 19-7 所示。

图 19-6　输入表格内容　　　　　图 19-7　检索数据信息

19.3　常见浏览器对 Web 存储的支持情况

不同的浏览器版本对 Web 存储技术的支持情况是不同的，表 19-1 是常见浏览器对 Web 存储的支持情况。

表 19-1　常见浏览器对 Web 存储的支持情况

浏览器名称	支持 Web 存储技术的版本
Internet Explorer	Internet Explorer 8 及更高版本
Firefox	Firefox 3.6 及更高版本
Opera	Opera 10.0 及更高版本
Safari	Safari 4 及更高版本
Chrome	Chrome 5 及更高版本
Android	Android 2.1 及更高版本

19.4　跨文档消息传输

利用跨文档消息传输功能，可以在不同域、端口或网页文档之间进行消息的传递。

19.4.1　跨文档消息传输的基本知识

利用跨文档消息传输，可以实现跨域的数据推动，使服务器端不再被动地等待客户端的请求，只要客户端与服务器端建立了一次连接，服务器端就可以在需要的时候主动地将数据推送到客户端，直到客户端显式关闭这个连接。

HTML 5 提供了在网页文档之间互相接收与发送消息的功能。使用这个功能，只要获取到网页中页面对象的实例，不仅同域的 Web 网页之间可以互相通信，甚至可以实现跨域通信。

想要接收从其他文档处发过来的消息,就必须对文档对象的 message 事件进行监视,实现代码如下:

```
window.addEventListener("message",function(){…},false)
```

想要发送消息,可以使用 window 对象的 postMessage 方法来实现,实现代码如下:

```
otherWindow.postMessage(message, targetOrigin)
```

> **说明** postMessage 是 HTML 5 为了解决跨文档通信特别引入的一个新的 API,目前支持这个 API 的浏览器有 IE(8.0 以上)、Firefox、Opera、Safari 和 Chrome。

postMessage 允许页面中有多个 iframe/window 的通信,postMessage 也可以实现 Ajax 直接跨域而不通过服务器端代理。

19.4.2 跨文档通信应用测试

下面来介绍一个跨文档通信的应用案例,其中主要使用 postMessage 方法来实现该案例。首先创建两个文档来实现跨文档的访问,名称分别为 19.6.html 和 19.7.html。

01 创建用于实现信息发送的 19.6.html 文档,具体代码如下:

```html
<!DOCTYPE HTML>
<html>
<head>
  <title>跨域文档通信1</title>
</head>
<script type="text/javascript">
  window.onload = function() {
    document.getElementById('title').innerHTML = '页面在' + document.location.host
        + '域中,且每过 1 秒向 19.7.html 文档发送一个消息!';
    //定时向另外一个不确定域的文件发送消息
    setInterval(function(){
      var message = '消息发送测试!    ' + (new Date().getTime());
      window.parent.frames[0].postMessage(message, '*');
    },1000);
  };
</script>
<body>
<div id="title"></div>
</body>
</html>
```

02 预览效果如图 19-8 所示。

图 19-8 程序运行结果

03 创建用于实现信息监听的 19.7.html 文档,具体代码如下:

```
<!DOCTYPE HTML>
<html>
```

```html
<head>
  <title>跨域文档通信 2</title>
</head>

<script type="text/javascript">
 window.onload = function() {

   document.getElementById('title').innerHTML = '页面在' + document.location.host
        + '域中,且每过1秒向19.6.html文档发送一个消息!';
   //定时向另外一个不同域的iframe发送消息
   setInterval(function(){
      var message = '消息发送测试!    ' + (new Date().getTime());
      window.parent.frames[0].postMessage(message, '*');
   },1000);

   var onmessage = function(e) {
     var data = e.data,p = document.createElement('p');
     p.innerHTML = data;
     document.getElementById('display').appendChild(p);
   };
   //监听postMessage消息事件
   if (typeof window.addEventListener != 'undefined') {
     window.addEventListener('message', onmessage, false);
   } else if (typeof window.attachEvent != 'undefined') {
     window.attachEvent('onmessage', onmessage);
   }

 };

</script>

<body>
<div id="title"></div>
<br>
<div id="display"></div>
</body>
</html>
```

04 运行 19.7.html 文件,效果如图 19-9 所示。

图 19-9　程序运行结果

在 19.6.html 文件 "window.parent.frames[0].postMessage(message, '*');" 语句中,"*"表示不对访问的域进行判断。如果要限制特定域,可以将代码改为 "window.parent.frames[0].postMessage(message, 'url');",其中的 url 必须为完整的网站域名格式。而在信息监听接收方的 onmessage 中需要追加一个判断语句 "if(event.origin !== 'url') return;"。

> **提示** 在实际通信时应当实现双向通信,所以在编写的每一个文档中都应该具有发送信息和监听接收信息的模块。

19.5 WebSocket API

HTML 5 中有一个很实用的新特性：WebSocket。使用 WebSocket，可以在没有 Ajax 请求的情况下与服务器端对话。

19.5.1 什么是 WebSocket API

WebSocket API 是下一代客户端/服务器的异步通信方法。该通信取代了单个的 TCP 套接字，使用 WS 或 WSS 协议，可用于任意的客户端和服务器程序。WebSocket 目前由 W3C 进行标准化。WebSocket 已经受到 Firefox 4、Chrome 4、Opera 10.70 及 Safari 5 等浏览器的支持。

WebSocket API 最伟大之处在于服务器和客户端可以在给定的时间范围内的任意时刻，相互推送信息。WebSocket 并不限于以 Ajax(或 XHR)方式通信，因为 Ajax 技术需要客户端发起请求，而 WebSocket 服务器和客户端可以彼此相互推送信息；XHR 受到域的限制，而 WebSocket 允许跨域通信。

19.5.2 WebSocket 通信基础

1. 产生 WebSocket 的背景

随着即时通信的普及，基于 Web 的实时通信也变得普及，如新浪微博的评论、私信的通知，腾讯的 Web QQ 等。

在 WebSocket 出现之前，一般通过两种方式来实现 Web 实时应用：轮询机制和流技术，而其中的轮询机制又可分为普通轮询和长轮询(Coment)，分别介绍如下。

(1) 普通轮询。这是最早的一种实现实时 Web 应用的方案。客户端以一定的时间间隔向服务端发出请求，以频繁请求的方式来保持客户端和服务器端的同步。这种同步方案的缺点是，当客户端以固定频率向服务器发起请求的时候，服务器端的数据可能并没有更新，会带来很多无效的网络传输，所以这是一种非常低效的实时方案。

(2) 长轮询。这是对普通轮询的改进和提高，目的是降低无效的网络传输。当服务器端没有数据更新的时候，连接会保持一段时间周期直到数据或状态改变或者时间过期，通过这种机制可减少无效的客户端和服务器间的交互。当然，如果服务端的数据变更非常频繁的话，这种机制和普通轮询比较起来没有本质上的性能提高。

(3) 流。流是在客户端的页面中用一个隐藏的窗口向服务端发出一个长连接的请求。服务器端接到这个请求后做出回应并不断更新连接状态，以保证客户端和服务器端的连接不过期。通过这种机制可以将服务器端的信息源源不断地推向客户端。这种机制在用户体验上有一点问题，需要针对不同的浏览器设计不同的方案来改进用户体验，同时这种机制在并发比较大的情况下对服务器端的资源是一个极大的考验。

但是上述三种方式都不是真正的实时通信技术，只是相对地模拟出了实时的效果，这种效果的实现对编程人员来说无疑增加了复杂性。对于客户端和服务器端的实现，都需要 HTTP 链接设计来模拟双向的实时通信，这种复杂的实现方法制约了应用系统的扩展。

基于上述弊端，在 HTML 5 中增加了实现 Web 实时应用的技术：Web Socket。Web Socket 通过浏览器提供的 API 真正实现了具备和 C/S 架构下的桌面系统一样的实时通信能力，其原理是使用 JavaScript 调用浏览器的 API，发出一个 WebSocket 请求至服务器，经过一次握手和服务器建立 TCP 通信。因为它本质上是一个 TCP 连接，所以数据传输的稳定性强，数据传输量比较小。由于 HTML 5 中 WebSockets 的实用，使其具备了 Web TCP 的称号。

2. WebSocket 技术的实现方法

WebSocket 技术本质上是一个基于 TCP 的协议技术，其建立通信连接的操作步骤如下：

01 为了建立一个 WebSocket 连接，客户端的浏览器首先要向服务器发起一个 HTTP 请求。这个请求和通常的 HTTP 请求有所差异，除了包含一般的头信息外，还包含一个附加的信息"Upgrade: WebSocket"，表明这是一个申请协议升级的 HTTP 请求。

02 服务器端解析这些附加的头信息，经过验证后，产生应答信息并返回给客户端。

03 客户端接收返回的应答信息，建立与服务器端的 WebSocket 连接，之后双方就可以通过这个连接通道自由地传递信息，并且这个连接会持续存在直到客户端或者服务器端的某一方主动关闭连接。

WebSocket 技术还是属于比较新的技术，其版本更新较快，目前的最新版本基本上可以被 Chrome、FireFox、Opera 和 IE(9.0 以上)等浏览器支持。

在建立实时通信时，客户端发到服务器的内容如下：

```
GET /chat HTTP/1.1
Host: server.example.com
Upgrade: websocket
Connection: Upgrade
Sec-WebSocket-Key: dGhlIHNhbXBsZSBub25jZQ==
Origin: http://example.com
Sec-WebSocket-Protocol: chat, superchat8.Sec-WebSocket-Version: 13
```

从服务器返回到客户端的内容如下：

```
HTTP/1.1 101 Switching Protocols
Upgrade: websocket
Connection: Upgrade
Sec-WebSocket-Accept: s3pPLMBiTxaQ9kYGzzhZRbK+xOo=
Sec-WebSocket-Protocol: chat
```

其中，"Upgrade:websocket"表示这是一个特殊的 HTTP 请求，其目的是将客户端和服务器端的通信协议从 HTTP 协议升级到 WebSocket 协议。其中客户端的 Sec-WebSocket-Key 和服务器端的 Sec-WebSocket-Accept 就是重要的握手认证信息，实现握手后才可进一步进行信息的发送和接收。

19.5.3 服务器端使用 WebSocket API

在实现 WebSocket 实时通信时，使客户端和服务器端建立连接，需要配置相应的内容。一般构建连接握手时，客户端的内容由浏览器完成，所以主要实现的是服务器端的内容。下面来看一下 WebSockets API 的具体使用方法。

服务器端的内容需要编程人员自己来实现，目前市场上可直接使用的开源方法比较多，主要有以下 5 种。

- Kaazing WebSocket Gateway：是一个 Java 实现的 WebSocket Server。
- mod_pywebsocket：是一个 Python 实现的 WebSocket Server。
- Netty：是一个 Java 实现的网络框架，其中包括了对 WebSocket 的支持。
- node.js：是一个 Server 端的 JavaScript 框架，提供了对 WebSocket 的支持。
- WebSocket4Net：是一个.NET 的服务器端实现。

除了使用以上开源的方法外，自己编写一个简单的服务器端也是可以的，其中服务器端需要实现握手、接收和发送三个内容。

下面就来详细介绍一下操作方法。

1. 握手

在实现握手时，需要通过 Sec-WebSocket 信息来实现验证。用 Sec-WebSocket-Key 和一个随机值构成一个新的 key 串，然后将新的 key 串通过 SHA1 编码生成一个由多组两位 16 进制数构成的加密串；最后再把加密串进行 Base64 编码生成最终的 key，这个 key 就是 Sec-WebSocket-Accept。

实现 Sec-WebSocket-Key 运算的实例代码如下：

```
/// <summary>
/// 生成 Sec-WebSocket-Accept
/// </summary>
/// <param name="handShakeText">客户端握手信息</param>
/// <returns>Sec-WebSocket-Accept</returns>
private static string GetSecKeyAccetp(byte[] handShakeBytes,int bytesLength)
{
    string handShakeText = Encoding.UTF8.GetString(handShakeBytes, 0, bytesLength);
    string key = string.Empty;
    Regex r = new Regex(@"Sec\-WebSocket\-Key:(.*?)\r\n");
    Match m = r.Match(handShakeText);
    if (m.Groups.Count != 0)
    {
        key = Regex.Replace(m.Value, @"Sec\-WebSocket\-Key:(.*?)\r\n", "$1").Trim();
    }
    byte[] encryptionString = SHA1.Create().ComputeHash(Encoding.ASCII.
        GetBytes(key + "258EAFA5-E914-47DA-95CA-C5AB0DC85B11"));
    return Convert.ToBase64String(encryptionString);
}
```

2. 接收

如果握手成功，将会触发客户端的 onOpen 事件，进而解析接收的客户端信息。在进行数据信息解析时，会将数据以字节和比特的方式拆分，并按照以下规则进行解析。

(1) 第 1 字节。
- 第 1 位：为 fin，0x0 表示该 message 后续还有数据帧；0x1 表示是 message 的最后一个数据帧。
- 第 2~4 位：分别是 rsv1、rsv2 和 rsv3，值通常都是 0x0。
- 第 5~8 位：为 opcode，0x0 表示附加帧；0x1 表示文本帧；0x2 表示二进制帧；0x3~0x7 保留给非控制帧；0x8 表示关闭连接；0x9 表示 ping；0xA 表示 pong；0xB~0xF 保留给控制帧。

(2) 第 2 字节。
- 第 1 位：Mask，1 表示该 frame 包含掩码，0 表示无掩码。
- 7 位、7 +16 位、7+64 位：第 2～8 位取整数值，若为 0～145，则是负载数据长度；若是 146，表示后两个字节取无符号 16 位整数值，是负载长度；若是 147，表示后 8 个字节，取 64 位无符号整数值，是负载长度。

(3) 第 3～6 字节。这里假定负载长度为 0～145，并且 Mask 为 1，则这 4 字节是掩码。

(4) 第 7～end 字节。长度是上面取出的负载长度，包括扩展数据和应用数据两个部分(通常没有扩展数据)；若 Mask 为 1，则此数据需要解码，解码规则为 1～4 字节的掩码和数据字节循环做异或操作。

实现数据解析的代码如下：

```csharp
/// <summary>
/// 解析客户端数据包
/// </summary>
/// <param name="recBytes">服务器接收的数据包</param>
/// <param name="recByteLength">有效数据长度</param>
/// <returns></returns>
private static string AnalyticData(byte[] recBytes, int recByteLength)
{
   if (recByteLength < 2) { return string.Empty; }
   bool fin = (recBytes[0] & 0x80) == 0x80; // 1bit, 1 表示最后一帧
   if (!fin){
   return string.Empty;// 超过一帧暂不处理
   }
   bool mask_flag = (recBytes[1] & 0x80) == 0x80; // 是否包含掩码
   if (!mask_flag){
   return string.Empty;// 不包含掩码的暂不处理
   }
   int payload_len = recBytes[1] & 0x7F; // 数据长度
   byte[] masks = new byte[4];
   byte[] payload_data;
   if (payload_len == 146){
   Array.Copy(recBytes, 4, masks, 0, 4);
   payload_len = (UInt16)(recBytes[2] << 8 | recBytes[3]);
   payload_data = new byte[payload_len];
   Array.Copy(recBytes, 8, payload_data, 0, payload_len);
   }else if (payload_len == 147){
   Array.Copy(recBytes, 10, masks, 0, 4);
   byte[] uInt64Bytes = new byte[8];
   for (int i = 0; i < 8; i++){
      uInt64Bytes[i] = recBytes[9 - i];
   }
   UInt64 len = BitConverter.ToUInt64(uInt64Bytes, 0);
   payload_data = new byte[len];
   for (UInt64 i = 0; i < len; i++){
      payload_data[i] = recBytes[i + 14];
   }
   }else{
   Array.Copy(recBytes, 2, masks, 0, 4);
   payload_data = new byte[payload_len];
   Array.Copy(recBytes, 6, payload_data, 0, payload_len);
   }
      for (var i = 0; i < payload_len; i++){
```

```
            payload_data[i] = (byte)(payload_data[i] ^ masks[i % 4]);
        }
        return Encoding.UTF8.GetString(payload_data);56.}
```

3．发送

服务器端接收并解析了客户端发来的信息后，要返回回应信息，服务器发送的数据以 0x81 开头，紧接着是发送内容的长度，最后是存放内容的字节数组。

实现数据发送的代码如下：

```
/// <summary>
/// 打包服务器数据
/// </summary>
/// <param name="message">数据</param>
/// <returns>数据包</returns>
private static byte[] PackData(string message)
{
   byte[] contentBytes = null;
   byte[] temp = Encoding.UTF8.GetBytes(message);
   if (temp.Length < 146){
   contentBytes = new byte[temp.Length + 2];
   contentBytes[0] = 0x81;
   contentBytes[1] = (byte)temp.Length;
   Array.Copy(temp, 0, contentBytes, 2, temp.Length);
   }else if (temp.Length < 0xFFFF){
   contentBytes = new byte[temp.Length + 4];
   contentBytes[0] = 0x81;
   contentBytes[1] = 146;
   contentBytes[2] = (byte)(temp.Length & 0xFF);
   contentBytes[3] = (byte)(temp.Length >> 8 & 0xFF);
   Array.Copy(temp, 0, contentBytes, 4, temp.Length);
   }else{
// 暂不处理超长内容
   }
   return contentBytes;
}
```

19.5.4 客户机端使用 WebSocket API

一般浏览器提供的 API 就可以直接用来实现客户端的握手操作了，在应用时直接用 JavaScript 调用即可。

客户端调用浏览器 API，实现握手操作的 JavaScript 代码如下：

```
var wsServer = 'ws://localhost:8888/Demo';    //服务器地址
var websocket = new WebSocket(wsServer);      //创建 WebSocket 对象
websocket.send("hello");                       //向服务器发送消息
alert(websocket.readyState);                   //查看 websocket 当前状态
websocket.onopen = function (evt) {            //已经建立连接
};
websocket.onclose = function (evt) {           //已经关闭连接
};
websocket.onmessage = function (evt) {         //收到服务器消息，使用 evt.data 提取
};
websocket.onerror = function (evt) {           //产生异常
};
```

19.6　制作简单 Web 留言本

使用 Web Storage 的功能可以制作 Web 留言本，具体制作方法如下。

01 构建页面框架，代码如下：

```
<!DOCTYPE html>
<html>
<head>
<title>本地存储技术之 Web 留言本</title>
</head>
<body onload="init()">
</body>
</html>
```

02 添加页面文件，主要由表单构成，包括单行文字表单和多行文本表单，代码如下：

```
<h1>Web 留言本</h1>
<table>
   <tr>
      <td>用户名</td>
      <td><input type="text" name="name" id="name" /></td>
   </tr>
   <tr>
      <td>留言</td>
      <td><textarea name="memo" id="memo" cols ="50" rows = "5">
         </textarea></td>
   </tr>
   <tr>
      <td></td>
      <td>
         <input type="submit" value="提交" onclick="saveData()" />
      </td>
   </tr>
</table>
<ht>
<table id="datatable" border="1"></table>
<p id="msg"></p>
```

03 为了执行本地数据库的保存及调用功能，需要插入数据库的脚本代码，具体内容如下：

```
<script>
var datatable = null;
var db = openDatabase("MyData","1.0","My Database",2*1024*1024);
function init()
{
   datatable = document.getElementById("datatable");
   showAllData();
}
function removeAllData(){
   for(var i = datatable.childNodes.length-1;i>=0;i--){
      datatable.removeChild(datatable.childNodes[i]);
   }
   var tr = document.createElement('tr');
   var th1 = document.createElement('th');
```

```
        var th2 = document.createElement('th');
        var th3 = document.createElement('th');
        th1.innerHTML = "用户名";
        th2.innerHTML = "留言";
        th3.innerHTML = "时间";
        tr.appendChild(th1);
        tr.appendChild(th2);
        tr.appendChild(th3);
        datatable.appendChild(tr);
    }
    function showAllData()
    {
        db.transaction(function(tx){
            tx.executeSql('create table if not exists MsgData(name TEXT,message
                TEXT,time INTEGER)',[]);
            tx.executeSql('select * from MsgData',[],function(tx,rs){
                removeAllData();
                for(var i=0;i<rs.rows.length;i++){
                    showData(rs.rows.item(i));
                }
            });
        });
    }
    function showData(row){
        var tr=document.createElement('tr');
        var td1 = document.createElement('td');
        td1.innerHTML = row.name;
        var td2 = document.createElement('td');
        td2.innerHTML = row.message;
        var td3 = document.createElement('td');
        var t = new Date();
        t.setTime(row.time);
        ttd3.innerHTML = t.toLocaleDateString() + " " + t.toLocaleTimeString();
        tr.appendChild(td1);
        tr.appendChild(td2);
        tr.appendChild(td3);
        datatable.appendChild(tr);
    }
    function addData(name,message,time) {
        db.transaction(function(tx){
            tx.executeSql('insert into MsgData values(?,?,?)',[name,message,
                time],functionx,rs){
                alert("提交成功。");
            },function(tx,error){
                alert(error.source+"::"+error.message);
            });
        });
    } // End of addData
    function saveData() {
        var name = document.getElementById('name').value;
        var memo = document.getElementById('memo').value;
        var time = new Date().getTime();
        addData(name,memo,time);
        showAllData();
    } // End of saveData
</script>
</head>
<body onload="init()">
    <h1>Web 留言本</h1>
```

```html
<table>
    <tr>
        <td>用户名</td>
        <td><input type="text" name="name" id="name" /></td>
    </tr>
    <tr>
        <td>留言</td>
        <td><textarea name="memo" id="memo" cols ="50" rows = "5"></textarea></td>
    </tr>
    <tr>
        <td></td>
        <td>
            <input type="submit" value="提交" onclick="saveData()" />
        </td>
    </tr>
</table>
<ht>
<table id="datatable" border="1"></table>
<p id="msg"></p>
</body>
</html>
```

04 文件保存后，预览效果如图 19-10 所示。

图 19-10　Web 留言本

19.7　编写简单的 WebSocket 服务器

前面学习了 WebSocket API 的原理及基本使用方法，实现通信时，关键配置是 WebSocket 服务器，下面就来介绍一个简单的 WebSocket 服务器文件编写方法。

为了实现操作，这里配合编写一个客户端文件，以测试服务器的实现效果。

01 首先编写客户端文件，其代码如下：

```
<!DOCTYPE HTML>
<html>
<head>
    <meta charset="UTF-8">
    <title>Web sockets test</title>
    <script src="jquery-min.js" type="text/javascript"></script>
    <script type="text/javascript">
        var ws;
        function ToggleConnectionClicked() {
            try {
```

```
        ws = new WebSocket("ws://192.168.3.37:1818/chat");//连接服务器
        ws.onopen = function(event){alert("已经与服务器建立了连接\r\n 当前连接状态：
            "+this.readyState);};
        ws.onmessage = function(event){alert("接收到服务器发送的数据：
            \r\n"+event.data);};
        ws.onclose = function(event){alert("已经与服务器断开连接\r\n 当前连接状态：
            "+this.readyState);};
        ws.onerror = function(event){alert("WebSocket 异常！");};
            } catch (ex) {
        alert(ex.message);
        }
    };
    function SendData() {
    try{
    ws.send("jane");
    }catch(ex){
    alert(ex.message);
    }
    };
    function seestate(){
    alert(ws.readyState);
    }
  </script>
</head>
<body>
  <button id='ToggleConnection' type="button"
onclick='ToggleConnectionClicked(); '>与服务器建立连接</button><br /><br />
    <button id='ToggleConnection' type="button" onclick='SendData();'>发送信息：
        我的名字是jane</button><br /><br />
    <button id='ToggleConnection' type="button" onclick='seestate();'>查看当前
        状态</button><br /><br />
</body>
</html>
```

在 Opera 浏览器中预览，效果如图 19-11 所示。

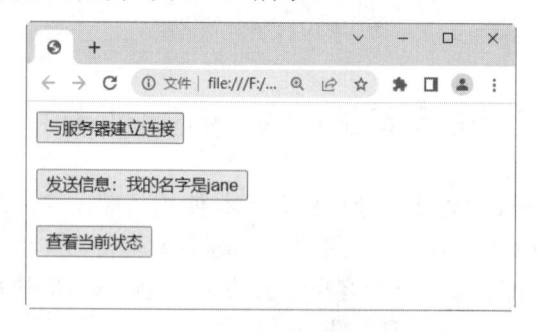

图 19-11　程序运行结果

其中，ws.onopen、ws.onmessage、ws.onclose 和 ws.onerror 对应了四种状态的提示信息。在连接服务器时，需要在代码中指定服务器的连接地址，测试时将 IP 地址改为本机 IP 即可。

02 服务器程序可以使用.NET 等，服务器端的主程序代码如下：

```
using System;
using System.Net;
using System.Net.Sockets;
```

```csharp
using System.Security.Cryptography;
using System.Text;
using System.Text.RegularExpressions;
namespace WebSocket
{
    class Program
    {
        static void Main(string[] args)
        {
            int port = 1818;
            byte[] buffer = new byte[1024];
            IPEndPoint localEP = new IPEndPoint(IPAddress.Any, port);
            Socket listener = new Socket(localEP.Address.AddressFamily,SocketType.
            Stream,ProtocolType.Tcp);
            try{
                listener.Bind(localEP);
                listener.Listen(10);
                Console.WriteLine("等待客户端连接……");
                Socket sc = listener.Accept();//接收一个连接
                Console.WriteLine("接收到了客户端: "+sc.RemoteEndPoint.
                    ToString()+"连接……");
                //握手
                int length = sc.Receive(buffer);// 接收客户端握手信息
                sc.Send(PackHandShakeData(GetSecKeyAccetp(buffer,length)));
                Console.WriteLine("已经发送握手协议了……");
                //接收客户端数据
                Console.WriteLine("等待客户端数据……");
                length = sc.Receive(buffer);//接收客户端信息
                string clientMsg=AnalyticData(buffer, length);
                Console.WriteLine("接收到客户端数据: " + clientMsg);
                //发送数据
                string sendMsg = "您好, " + clientMsg;
                Console.WriteLine("发送数据: "+sendMsg+" 至客户端……");
                sc.Send(PackData(sendMsg));
                Console.WriteLine("演示Over!");
            }
            catch (Exception e)
            {
                Console.WriteLine(e.ToString());
            }
        }
        …
        …
        …
        /// <summary>
        /// 打包服务器数据
        /// </summary>
        /// <param name="message">数据</param>
        /// <returns>数据包</returns>
        private static byte[] PackData(string message)
        {
            byte[] contentBytes = null;
            byte[] temp = Encoding.UTF8.GetBytes(message);
            if (temp.Length < 146){
                contentBytes = new byte[temp.Length + 2];
                contentBytes[0] = 0x81;
                contentBytes[1] = (byte)temp.Length;
```

```
                Array.Copy(temp, 0, contentBytes, 2, temp.Length);
            }else if (temp.Length < 0xFFFF){
                contentBytes = new byte[temp.Length + 4];
                contentBytes[0] = 0x81;
                contentBytes[1] = 146;
                contentBytes[2] = (byte)(temp.Length & 0xFF);
                contentBytes[3] = (byte)(temp.Length >> 8 & 0xFF);
                Array.Copy(temp, 0, contentBytes, 4, temp.Length);
            }else{
                // 暂不处理超长内容
            }
            return contentBytes;
        }
    }
}
```

内容较多，中间部分内容省略，编辑后保存服务器文件目录。

03 测试服务器和客户端的连接通信。首先打开服务器，运行"源代码\ch19\ WebSocket-Server\WebSocket\obj\x86\Debug\WebSocket.exe"文件，提示"等待客户端连接"，效果如图 19-12 所示。

04 使用运行客户端文件"源代码\ch19\WebSocket-Client\index.html"，效果如图 19-13 所示。

图 19-12　等待客户端连接

图 19-13　运行客户端文件

05 单击"与服务器建立连接"按钮，服务器端显示已经建立连接，客户端提示连接建立，且状态为 1，效果如图 19-14 所示。

06 单击"发送消息"按钮，自服务器端返回信息，提示"您好，jane"，如图 19-15 所示。

图 19-14　与服务器建立连接

图 19-15　服务器端返回的信息

19.8 疑难解惑

疑问 1：不同的浏览器可以读取同一个 Web 中存储的数据吗？

在使用 Web 存储时，不同的浏览器数据将存储在不同的 Web 存储库中。例如，如果用户使用的是 IE 浏览器，那么 Web 存储将所有数据存储在 IE 的 Web 存储库中；如果用户再次使用 Firefox 浏览器访问该站点，将不能读取 IE 浏览器存储的数据。可见每个浏览器的存储是分开并独立工作的。

疑问 2：离线存储站点时是否需要浏览者同意？

和地理定位类似，在网站使用 manifest 文件时，浏览器会提供一个权限提示，提示用户是否将离线设为可用，但不是每一个浏览器都支持这样的操作。

疑问 3：WebSocket 将会替代什么？

WebSocket 可以替代 Long Polling(PHP 服务端推送技术)。客户端发送一个请求到服务器，服务器端并不会响应还没准备好的数据，它会保持连接的打开状态直到最新的数据准备就绪再发送；客户端收到数据后，会发送另一个请求。好处在于减少任一连接的延迟，当一个连接已经打开时就不需要创建另一个新的连接。

疑问 4：WebSocket 的优势在哪里？

它可以实现真正的实时数据通信。众所周知，B/S 模式下应用的是 HTTP 协议，是无状态的，所以不能保持持续的连接。数据交换是通过客户端提交一个 Request 到服务器端，然后服务器端返回一个 Response 到客户端来实现的。而 WebSocket 是通过 HTTP 协议的初始握手阶段然后升级到 Web Socket 协议以支持实时数据通信。

WebSocket 支持服务器主动向客户端推送数据。一旦服务器和客户端通过 WebSocket 建立起连接，服务器便可以主动地向客户端推送数据，而不是像普通的 Web 传输方式需要先由客户端发送 Request 才能返回数据，从而增强了服务器的能力。

WebSocket 协议设计了更为轻量级的 Header，除了首次建立连接的时候需要发送头部和普通 Web 连接等数据外，建立 WebSocket 连接后，相互沟通的 Header 就会异常简洁，大大减少了冗余的数据传输。

WebSocket 提供了更为强大的通信能力和更为简洁的数据传输平台，能更加方便地完成 Web 中的双向通信功能。

19.9 跟我学上机

上机练习：使用 Web Storage 设计一个页面计数器

通过 Web Storage 中的 sessionStorage 和 localStorage 两种方法存储和读取页面的数据并记录页面被打开的次数，运行结果如图 19-16 所示。输入要保存的数据后，单击"session 保存"按钮，然后反复刷新几次页面，再单击各按钮，页面就会显示用户输入的内容和刷新页面的次数。

图 19-16　页面计数器

第 20 章

处理线程和服务器发送事件

利用 Web Worker 技术，可以实现网页脚本程序的多线程后台运行，并且不会影响其他脚本的执行。因此，可以将一些计算量大的代码或者耗时较长的处理任务交给 Web Worker 运行而不会冻结用户界面，从而为大型网站的顺畅运行提供了更好的实现方法。

案例效果

20.1　Web Worker

在 HTML 5 中为了提供更好的后台程序执行，设计了 Web Worker 技术。Web Worker 的产生主要是考虑到在 HTML 4 中执行的 JavaScript Web 程序都是以单线程的方式执行的，一旦前面的脚本花费时间过长，后面的程序就会因长期得不到响应导致用户页面操作出现异常。

20.1.1　Web Worker 概述

Web Worker 实现的是线程技术，可以使运行在后台的 JavaScript 独立于其他脚本，不会影响页面的性能。

Web Worker 创建后台线程的方法非常简单，只需要将在后台线程中执行的脚本文件以 URL 地址的方式创建在 Worker 类的构造器中就可以了，其代码格式如下：

```
var worker=new worker("worker.js");
```

目前，大部分主流的浏览器都支持 Web Worker 技术。创建 Web Worker 之前，可以使用以下方法检测浏览器对 Web Worker 的支持情况：

```
if(typeof(Worker)!=="undefined")
{
// Yes! Web worker support!
// Some code.....
}
else
{
// Sorry! No Web Worker support..
}
```

如果浏览器不支持该技术，将会出现如图 20-1 所示的提示信息。

图 20-1　不支持 Web Worker 技术的提示信息

20.1.2　线程中常用的变量、函数与类

在创建 Web Worker 线程时会涉及一些变量、函数与类，在线程中执行的 JavaScript 脚本文件可能用到的变量、函数与类介绍如下。

- Self：用来表示本线程范围内的作用域。
- Imports：导入的脚本文件必须与使用该线程文件的页面在同一个域中，并在同一个端口中。
- ImportScripts(urls)：导入其他 JavaScript 脚本文件，参数为该脚本文件的 URL 地址。

可以导入多个脚本文件。
- Onmessage：获取接收消息的事件句柄。
- Navigator 对象：与 window.navigator 对象类似，具有 appName、platform、userAgent、appVersion 等属性。
- setTimeout()/setInterval()：可以在线程中实现定时处理。
- XMLHttpRequest：可以在线程中处理 Ajax 请求。
- Web Worker：可以在线程中嵌套线程。
- SessionStorage/localStorage：可以在线程中使用 Web Storage。
- Close：可以结束本线程。
- Eval()、isNaN()、escape()等：可以使用所有 JavaScript 核心函数。
- Object：可以创建和使用本地对象。
- WebSocket：可以使用 WebSocket API 来向服务器发送和接收信息。
- postMessage(message)：向创建线程的源窗口发送消息。

20.1.3　与线程进行数据的交互

在后台执行的线程是不可以访问页面和窗口对象的，但这并不妨碍前台和后台线程进行数据的交互。下面就来介绍一个前台和后台线程交互的案例。

在案例中，后台执行的 JavaScript 脚本线程是从 0~200 的整数中随机挑选一些整数，然后在这些整数中选择可以被 5 整除的整数，最后将这些选出的整数交给前台显示，以实现前台与后台线程的数据交互。

01 完成前台的网页 20.1.html，其代码内容如下：

```html
<!DOCTYPE html>
<html>
<head>
<title>前台与后台线程的数据交互</title>
<script type="text/javascript">
var intArray=new Array(200);     //随机数组
var intStr="";                   //将随机数组用字符串进行连接
//生成200个随机数
for(var i=0;i<200;i++)
{
    intArray[i]=parseInt(Math.random()*200);
    if(i!=0)
        intStr+=";";             //用分号作随机数组的分隔符
    intStr+=intArray[i];
}
//向后台线程提交随机数组
var worker = new Worker("20.1.js");
worker.postMessage(intStr);
// 从线程中取得计算结果
worker.onmessage = function(event) {
    if(event.data!="")
    {
        var h;              //行号
        var l;              //列号
        var tr;
```

```
        var td;
        var intArray=event.data.split(";");
        var table=document.getElementById("table");
        for(var i=0;i<intArray.length;i++)
        {
            h=parseInt(i/15,0);
            l=i%15;
            //该行不存在
            if(l==0)
            {
                //添加新行的判断
                tr=document.createElement("tr");
                tr.id="tr"+h;
                table.appendChild(tr);
            }
            //该行已存在
            else
            {
                //获取该行
                tr=document.getElementById("tr"+h);
            }
            //添加列
            td=document.createElement("td");
            tr.appendChild(td);
            //设置该列数字内容
            td.innerHTML=intArray[h*15+l];
            //设置该列对象的背景色
            td.style.backgroundColor="#f56848";
            //设置该列对象数字的颜色
            td.style.color="#000000";
            //设置对象数字的宽度
            td.width="30";
        }
    }
};
</script>
</head>
<body>
<h2 style="text-shadow:0.1em 3px 6px blue">从随机生成的数字中抽取 5 的倍数并显示示例
</h2>
<table id="table">
</table>
</body>
</html>
```

02 为了实现后台线程，需要编写后台执行的 JavaScript 脚本文件 20.1.js，其代码如下：

```
onmessage = function(event) {
    var data = event.data;
    var returnStr;                              //将 5 的倍数组成字符串并返回
    var intArray=data.split(";");               //设置返回字符串中数字分隔符为 ";"
    returnStr="";
    for(var i=0;i<intArray.length;i++)
    {
        if(parseInt(intArray[i])%5==0)          //判断能否被 5 整除
        {
            if(returnStr!="")
                returnStr+=";";
```

```
            returnStr+=intArray[i];
        }
    }
    postMessage(returnStr);                    //返回 5 的倍数组成的字符串
}
```

03 预览效果如图 20-2 所示。

图 20-2　从随机生成的数字中抽取 5 的倍数并显示示例

> **提示**　由于数字是随机产生的，所以每次生成的数据序列都是不同的。

20.2　线 程 嵌 套

线程中可以嵌套子线程，这样就可以将后台较大的线程切割成多个子线程，由每个子线程独立完成一份工作，可以提高程序的效率。有关线程嵌套的内容介绍如下。

20.2.1　单层线程嵌套

最简单的线程嵌套是单层的嵌套，下面来介绍一个单层线程的嵌套案例，该案例所实现的效果和上节中案例的效果相似。其操作方法如下。

01 完成网页前台页面 20.2.html，其具体代码如下：

```
<!DOCTYPE html>
<html>
<head>
<script type="text/javascript">
var worker = new Worker("20.2.js");
worker.postMessage("");
// 从线程中取得计算结果
worker.onmessage = function(event) {
    if(event.data!="")
    {
        var j;      //行号
        var k;      //列号
        var tr;
        var td;
```

```
        var intArray=event.data.split(";");
        var table=document.getElementById("table");
        for(var i=0;i<intArray.length;i++)
        {
            j=parseInt(i/10,0);
            k=i%10;
            if(k==0)         //该行不存在
            {
                //添加行
                tr=document.createElement("tr");
                tr.id="tr"+j;
                table.appendChild(tr);
            }
            else   //该行已存在
            {
                //获取该行
                tr=document.getElementById("tr"+j);
            }
            //添加列
            td=document.createElement("td");
            tr.appendChild(td);
            //设置该列内容
            td.innerHTML=intArray[j*10+k];
            //设置该列背景色
            td.style.backgroundColor="blue";
            //设置该列字体颜色
            td.style.color="white";
            //设置列宽
            td.width="30";
        }
    }
};
</script>
</head>
<body>
<h2 style="text-shadow:0.1em 3px 6px blue">从随机生成的数字中抽取 5 的倍数并显示示例
</h2>
<table id="table">
</table>
</body>
</html>
```

02 下面需要编写程序 20.2.js，用于执行后台的主线程。该线程用于数据挑选，会在 0~200 随机产生 200 个随机整数(数字可重复)，并将其交给子线程，让子线程挑选可以被 5 整除的数字。

```
onmessage=function(event){
    var intArray=new Array(200);         //产生随机的数组
    //生成 200 个随机数
    for(var i=0;i<200;i++)                //数字范围 0~200
        intArray[i]=parseInt(Math.random()*200);
    var worker;
    //调用子线程
    worker=new Worker("20.2-2.js");
    //将随机数组提交给子线程
    worker.postMessage(JSON.stringify(intArray));
```

```
    worker.onmessage = function(event) {
        //将挑选结果返回主页面
        postMessage(event.data);
    }
}
```

03 经过主线程的数字挑选后,可以通过子线程将这些数字拼接成字符串,并返回主线程。下面需要编写程序 20.2-2.js,代码如下:

```
onmessage = function(event) {
    var intArray= JSON.parse(event.data);
    var returnStr;
    returnStr="";
    for(var i=0;i<intArray.length;i++)
    {
        //判断数字能否被 5 整除
        if(parseInt(intArray[i])%5==0)
        {
            if(returnStr!="")
                returnStr+=";";
            //将所有可以被 5 整除的数字拼接成字符串
            returnStr+=intArray[i];
        }
    }
    //返回拼接后的字符串至主线程
    postMessage(returnStr);
    //关闭子线程
    close();
}
```

04 运行前台页面 20.2.html,随机产生了一些可以被 5 整除的数字,如图 20-3 所示。

图 20-3 从随机生成的数字中抽取 5 的倍数并显示示例

20.2.2 多个子线程中的数据交互

在实现上述案例时,也可以将子线程再次拆分,生成多个子线程,由多个子线程同时完成工作,可以提高处理速度。这对较大的 JavaScript 脚本程序来说很实用。

下面将上述案例的程序改为多个子线程嵌套的数据交互案例。

01 网页前台文件不需要修改,主线程的脚本文件 20.3.js 的内容如下:

```
onmessage=function(event){
    var worker;
    //调用发送数据的子线程
    worker=new Worker("20.3-2.js");
    worker.postMessage("");
```

```
worker.onmessage = function(event) {
    //接收子线程中数据，本示例中为创建好的随机数组
    var data=event.data;
    //创建接收数据子线程
    worker=new Worker("20.2-2.js");
    //把从发送数据子线程中发回的消息传递给接收数据的子线程
    worker.postMessage(data);
    worker.onmessage = function(event) {
        //获取接收数据子线程中的传回数据，本示例中为挑选结果
        var data=event.data;
        //把挑选结果发送回主页面
        postMessage(data);
    }
}
```

上述主线程脚本中提到了两个子线程脚本，其中，20.3-2.js 负责创建随机数组，并发送给主线程；而 20.2-2.js 负责从主线程接收选好的数组并进行处理，20.2-2.js 脚本沿用上节脚本文件。

02 20.3-2.js 脚本文件的详细代码如下：

```
onmessage = function(event) {
    var intArray=new Array(200);
    for(var i=0;i<200;i++)
        intArray[i]=parseInt(Math.random()*200);
    postMessage(JSON.stringify(intArray));
    close();
}
```

03 执行后的效果如图 20-4 所示。

图 20-4　从随机产生的数组中选择可以被 5 整除的数

> **提示**：以上几个案例的最终结果都是相同的，只是代码的编辑与线程的嵌套有所差异。在实际的应用中，合理地嵌套子线程虽然会使代码结构变得复杂，但是却能很大程度地提高程序的运行效率。

20.3　服务器发送事件概述

在网页客户端更新过程中，如果使用早期技术，网页不得不询问是否有可用的更新，这样将不能很好地实时获取服务器的信息，并且加大了资源的耗费。在 HTML 5 中，通过服务

器发送事件，可以让网页客户端自动获取来自服务器的更新。

服务器发送事件(Server-Sent Event)允许网页获得来自服务器的更新。这种数据的传递和前面介绍的 Web Socket 不同：服务器发送事件是单向传递信息，服务器将更新的信息自动发送到客户端；而 Web Socket 是双向通信技术。

目前，常见浏览器对 Server-Sent Event 的支持情况如表 20-1 所示。

表 20-1　常见浏览器对 Server-Sent Event 的支持情况

浏览器名称	支持 Server-Sent Event 的版本
Internet Explorer	不支持
Firefox	Firefox 3.6 及更高版本
Opera	Opera 12.0 及更高版本
Safari	Safari 5 及更高版本
Chrome	Chrome 5 及更高版本

20.4　服务器发送事件的实现过程

了解服务器发送事件的基本概念后，下面来学习其实现过程。

20.4.1　检测浏览器是否支持 Server-Sent 事件

首先可以检查客户端浏览器是否支持 Server-Sent 事件，其代码如下：

```
if(typeof(EventSource)!=="undefined")
  {
  // 浏览器支持的情况
   }
else
  {
  // 对不起，您的浏览器不支持……
  }
```

用户可以在代码中设置提示信息，这样如果浏览者的客户端不支持，将会显示提示信息。

20.4.2　使用 EventSource 对象

在 HTML 5 的服务器发送事件中，一般使用 EventSource 对象接收服务器发送事件的通知，该对象的事件含义如表 20-2 所示。

表 20-2　EventSource 对象的事件

事件名称	含义
onopen	当连接打开时触发该事件
onmessage	当收到信息时触发该事件
onerror	当连接关闭时触发该事件

例如，下面的代码就是使用了 onmessage 的实例：

```
var source=new EventSource("/123.php");
source.onmessage=function(event)
{
  document.getElementById("result").innerHTML+=event.data + "<br />";
};
```

其中，该代码创建一个新的 EventSource 对象，然后规定发送更新的页面的 URL(本例中是 "/123.php")。每接收到一次更新，就会发生 onmessage 事件。当 onmessage 事件发生时，把已接收的数据推入 id 为 result 的元素中。

在事件处理函数中，可以通过使用 readyState 属性检测连接状态，主要有 3 种状态，如表 20-3 所示。

表 20-3　EventSource 对象的 readyState 属性值

状态名称	值	含 义
CONNECTING	0	正在建立连接
OPEN	1	连接已经建立，正在委派事件
CLOSED	2	连接已经关闭

20.4.3　编写服务器端代码

为了让上面的代码可以运行，还需要能够发送更新数据的服务器(比如 PHP 和 ASP)。服务器端事件流的语法非常简单，把 Content-Type 报头设置为 text/event-stream，然后就可以发送事件流了。

如果服务器是 PHP，则服务器的代码如下：

```
<?php
  header('Content-Type: text/event-stream');
  header('Cache-Control: no-cache');
  $time = date('r');
  echo "data: The server time is: {$time}\n\n";
  flush();
?>
```

如果服务器是 ASP，则服务器的代码如下：

```
<%
Response.Content-Type="text/event-stream"
Response.Expires=-1
Response.Write("data: " & now())
Response.Flush()
%>
```

上面的代码中，把报头 Content-Type 设置为 text/event-stream，规定不对页面进行缓存，输出发送日期(始终以 "data:" 开头)，让网页刷新数据。

20.5 创建 Web Worker 计数器

本实例主要创建一个简单的 Web Worker，实现在后台计数的功能。具体操作步骤如下。

01 首先创建一个外部的 JavaScript 文件 workers01.js，主要用于计数，代码如下：

```
var i=0;

function timedCount()
{
    i=i+1;
    postMessage(i);
    setTimeout("timedCount()",500);
}

timedCount();
```

以上代码中重要的部分是 postMessage()方法，主要用于向 HTML 页面传回一段消息。

02 创建 HTML 页面的代码如下：

```
<!DOCTYPE html>
<html>
<body>
<p>计数: <output id="result"></output></p>
<button onclick="startWorker()">开始 Worker</button>
<button onclick="stopWorker()">停止 Worker</button>
<br /><br />
<script>
    var w;
    function startWorker()
    {
    <!--首先判断浏览器是否支持Web Worker -->
        if(typeof(Worker)!=="undefined")
        {
        <!--检测是否存在worker，如果不存在，它会创建一个新的Web Worker 对象，然后运行
            " workers01.js"中的代码-->
            if(typeof(w)=="undefined")
            {
                w=new Worker("workers01.js");
            }
<!--向web worker 添加一个"onmessage"事件监听器-->
            w.onmessage = function (event) {
                document.getElementById("result").innerHTML=event.data;
            };
        }
        else
        {
            document.getElementById("result").innerHTML="对不起，您的浏览器不支持
                Web Workers...";
        }
    }
    function stopWorker()
    {
<!--终止web worker，并释放浏览器/计算机资源-->
        w.terminate();
```

```
}
</script>
</body>
</html>
```

03 运行结果如图 20-5 所示。

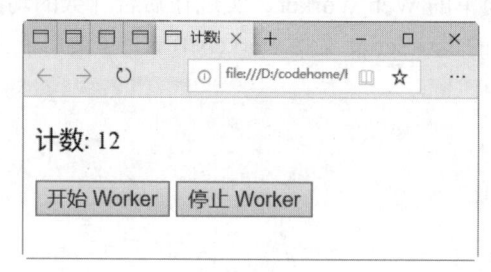

图 20-5 创建 Web Worker 计数器

20.6 服务器发送事件实战

下面通过一个综合的案例，详细介绍服务器发送事件的操作过程。

01 首先创建主页文件，代码如下：

```
<!DOCTYPE html>
<html>
<head>
<meta charset=\"UTF-8\">
</head>
<body>
<h1>获得服务器时间更新</h1>
<div id="result">
</div>
<script>
if(typeof(EventSource)!=="undefined")
  {
  var source=new EventSource("/123.php");
  source.onmessage=function(event)
    {
    document.getElementById("result").innerHTML+=event.data + "<br />";
    };
  }
else
  {
  document.getElementById("result").innerHTML="对不起，您的浏览器不支持服务器发送事件…";
  }
</script>
</body>
</html>
```

> **提示** 通信数据的编码规定为 UTF-8 格式，且所有页面编码都要统一为 UTF-8，否则会产生乱码或无数据。

02 编写服务器端文件 123.php，代码如下：

```php
<?php
header('Content-Type: text/event-stream');
header('Cache-Control: no-cache');
$time = date('r');
echo "data: 服务器的当前时间是: {$time}\n\n";
flush();
?>
```

> **提示**　输出的格式必须为 data:value，这是 text/event-tream 的规定。

03 浏览主页文件，效果如图 20-6 所示。服务器每隔一段时间推送一个最新的服务器当前时间。

图 20-6　访问主页文件效果

20.7　疑 难 解 惑

疑问 1：工作线程(Web Worker)的主要应用场景有哪些？

工作线程的主要应用场景有 3 个。

(1) 使用工作线程做后台数值(算法)计算。
(2) 使用共享线程处理多用户并发连接。
(3) HTML 5 线程代理。

疑问 2：目前浏览器对 Web Worker 的支持情况如何？

目前大部分主流的浏览器都支持 Web Worker，除了 Internet Explorer 9 之前的版本。

疑问 3：如何编写 JSP 的服务器端代码？

如果服务器端是 JSP，服务器端的代码如下：

```jsp
<%@ page contentType="text/event-stream; charset=UTF-8"%>
<%
    response.setHeader("Cache-Control", "no-cache");
    out.print("data: >> server Time" + new java.util.Date() );
```

```
out.flush();
%>
```

其中，编码要采用统一的 UTF-8 格式。

疑问 4：EventSource 对象是一个不间歇运行的程序，时间一长会大量地消耗资源，甚至导致客户端浏览器崩溃，那么如何优化执行代码呢？

在 HTML 5 中使用 Web Worker 优化 JavaScript，执行复杂运算、重复运算和多线程；对于执行时间长、消耗内存多的应用，JavaScript 程序最为有用。

20.8　跟我学上机

上机练习 1：设计一个简易的计数器

使用 Worker 对象设计一个简易的计数器，当单击"开始工作"按钮时，从 1 开始计数；当单击"停止工作"按钮时，停止计数并停留在当前计数位置。再次单击"开始工作"按钮时，从 1 开始计数，如图 20-7 所示。

上机练习 2：动态显示指定区间的所有整数值

用 Worker 对象处理线程的方法，动态显示指定区间的所有整数。例如指定区间为 1～10000，运行结果如图 20-8 所示。

图 20-7　简易的计数器

图 20-8　动态显示指定区间的所有整数值

第 21 章

CSS 3 定位与 DIV 布局核心技术

在网页设计中,能否很好地定位网页中的每个元素,是网页整体布局的关键。一个布局混乱、元素定位不准确的页面,是每个浏览者都不喜欢的。而把每个元素都精确地定位到合理位置,是构建美观大方页面的前提。

案例效果

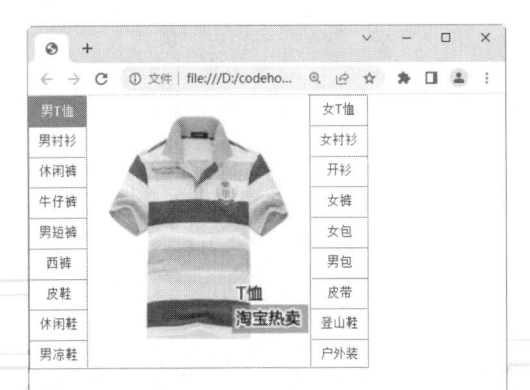

21.1 了解块元素和行内元素

通过块元素，可以把 HTML 中的<p>和<h1>等文本标记定义成类似 DIV 分区的效果；而通过内联元素，可以把元素设置成行内元素。这两种元素在 CSS 中的作用比较小，但也有一定的使用价值。

21.1.1 块元素和行内元素的应用

1. 块元素

块元素是指在没有 CSS 样式的作用下，新的元素会另起一行按顺序排列下去。DIV 就是块元素之一。块元素使用 CSS 中的 block 定义，具体的特点如下。

- 总是在新行上开始。
- 行高顶边距和底边距都可控制。
- 如果用户不设置宽度的话，则会默认为整个容器的 100%；如果设置了宽度，就按照设置值显示。

常用的<p>、<h1>、<form>、<ul>和<li>标记都是块元素。块元素的用法比较简单，下面给出一个块元素应用示例。

实例 1：块元素(实例文件：ch21\21.1.html)

```
<!DOCTYPE html>
<html>
<head>
<title>块元素</title>
<style>
.big{
    width: 800px;
    height: 105px;
    background-image: url(07.jpg);
}
a{
    font-size: 12px;
    display: block;
    width: 100px;
    height: 20px;
    line-height: 20px;
    background-color: #F4FAFB;
    text-align: center;
    text-decoration: none;
    border-bottom: 1px dotted #6666FF;
    color: black;
}
a:hover{
    font-size: 13px;
    display: block;
    width: 100px;
    height: 20px;
    line-height: 20px;
    text-align: center;
    text-decoration: none;
```

```
        color: green;
}
</style>
</head>
<body>
    <div class="big">
    <p>
        <a href="#">管理应用</a><a href="#">财务管理</a><a href="#">在线管理</a>
        <a href="#">客户关系管理</a><a href="#">一体化管理</a>
    </p>
    </div>
</body>
</html>
```

浏览效果如图 21-1 所示。可以看到左边显示了一个导航栏，右边显示了一张图片。其导航栏就是以块元素形式显示的。

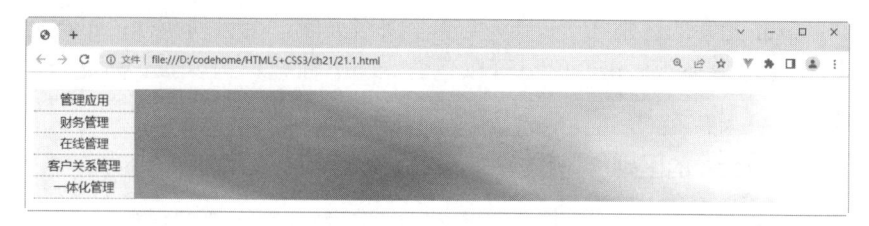

图 21-1　块元素的显示

2. 行内元素

通过 display:inline 语句，可以把元素定义为行内元素。行内元素的特点如下。

- 与其他元素都在同一行上。
- 行高、顶边距和底边距不可改变。
- 宽度就是文字或图片的宽度，不可改变。

常见的行内元素有<span>、<a>、<label>、<input>、<img>和<strong>等，行内元素的应用也比较简单。

实例 2：行内元素(实例文件：ch21\21.2.html)

```
<!DOCTYPE html>

<html>
<head>
<title>行内元素</title>
<style type="text/css">
.hang {
    display: inline;
}
</style>
</head>
<body>
<div>
    <a href="#" class="hang">这是 a 标记</a>
    <span class="hang">这是 span 标记</span>
    <strong class="hang">这是 strong 标记</strong>
    <img class="hang" src=6.jpg/>
</div>
```

```
</body>
</html>
```

浏览效果如图 21-2 所示，可以看到页面中的三个 HTML 元素都在同一行显示，包括超级链接、文本信息。

图 21-2　行内元素的显示

21.1.2　div 元素和 span 元素的区别

div 元素和 span 元素的区别在于：div 是一个块级元素，会自动换行；span 是一个行内标记，其前后都不会发生换行。div 标记可以包含 span 标记，但 span 标记一般不包含 div 标记。

实例 3：div 与 span 的区别(实例文件：ch21\21.3.html)

```
<!DOCTYPE html>
<html>
<head>
    <title>div 与 span 的区别</title>
</head>
<body>
    <p>div 自动分行：</p>
    <div><b>宁静</b></div>
    <div><b>致远</b></div>
    <div><b>明治</b></div>
    <p>span 同一行：</p>
    <span><b>老虎</b></span>
    <span><b>狮子</b></span>
    <span><b>老鼠</b></span>
</body>
</html>
```

浏览效果如图 21-3 所示，可以看到 div 层所包含的元素进行了自动换行；而对于 span 标记，三个 HTML 元素是在同一行显示的。

图 21-3　div 与 span 元素的区别

21.2 盒子模型

将网页上的每个 HTML 元素都视为长方形的盒子，这是网页设计上的一大创新。在控制页面方面，盒子模型有着至关重要的作用。熟练掌握盒子模型及盒子模型的各个属性，是控制页面中每个 HTML 元素的前提。

21.2.1 盒子模型的概念

在 CSS 3 中，所有的页面元素都包含在一个矩形框内，称为盒子。盒子模型是由 margin(边界)、border(边框)、padding(空白)和 content(内容)几个属性组成的。此外，在盒子模型中，还具备高度和宽度两个辅助属性。盒子模型如图 21-4 所示。

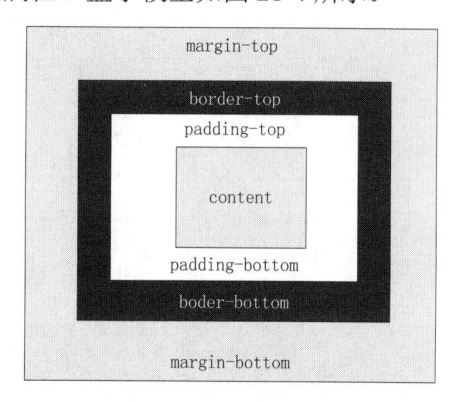

图 21-4　盒子模型的效果

从图 21-4 中可以看出，盒子模型包含如下 4 个部分。
- content(内容)：内容是盒子模型中必需的一部分，可以是文字、图片等元素。
- padding(空白)：也称内边距或补白，用来设置内容和边框之间的距离。
- border(边框)：用来设置内容边框线的粗细、颜色和样式等。
- margin(边界)：外边距，用来设置内容与内容之间的距离。

一个盒子的实际高度(宽度)是由 content+padding+border+margin 组成的。在 CSS 3 中，可以通过设定 width 和 height 来控制 content 的大小；对于任何一个盒子，都可以分别设定 4 条边的 border、padding 和 margin。

21.2.2 定义网页的 border 区域

border 边框是内边距和外边距的分界线，可以分离不同的 HTML 元素。border 有三个属性，分别是边框的样式(style)、颜色(color)和宽度(width)。

实例 4：边框(实例文件：ch21\21.4.html)

```
<!DOCTYPE html>
<html>
<head>
```

```html
<title>border 边框</title>
<style type="text/css">
.div1{
    border-width: 10px;
    border-color: #ddccee;
    border-style: solid;
    width: 410px;
}
.div2{
    border-width: 1px;
    border-color: #adccdd;
    border-style: dotted;
    width: 410px;
}
.div3{
    border-width: 1px;
    border-color: #457873;
    border-style: dashed;
    width: 410px;
}
</style>
</head>
<body>
    <div class="div1">
        这是一个宽度为10px 的实线边框。
    </div>
    <br /><br />
    <div class="div2">
        这是一个宽度为1px 的虚线边框。
    </div>
    <br /><br />
    <div class="div3">
        这是一个宽度为1px 的点状边框。
    </div>
</body>
</html>
```

浏览效果如图 21-5 所示，可以看到三个不同风格的盒子，第一个盒子的边框线宽度为 10 像素，边框样式为实线，颜色为紫色；第二个盒子的边框线宽度为 1 像素，边框样式是虚线，颜色为浅绿色；第三个盒子的边框宽度为 1 像素，边框样式是点状线，颜色为绿色。

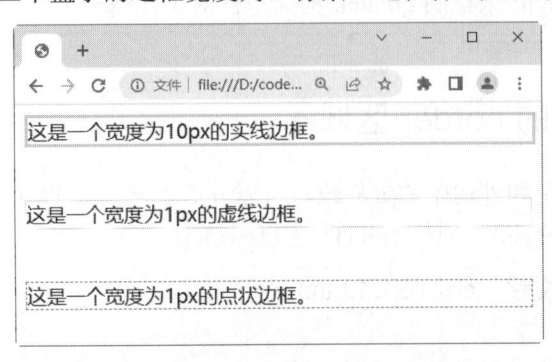

图 21-5　设置盒子的边框

21.2.3 定义网页的 padding 区域

在 CSS 3 中，可以通过设置 padding 属性来定义内容与边框之间的距离，即内边距的距离。语法格式如下：

```
padding: length
```

padding 属性值可以是一个具体的长度，也可以是一个相对于上级元素的百分比，但不可以使用负值。padding 属性能为盒子定义上、下、左、右间隙的宽度，也可以单独定义各方位的宽度。常用形式如下：

```
padding: padding-top | padding-right | padding-bottom | padding-left
```

如果提供 4 个参数值，将按顺时针的顺序作用于四边。如果只提供 1 个参数值，将用于全部的四条边；如果提供 2 个值，则第一个作用于上、下两边，第二个作用于左、右两边。如果提供 3 个值，则第一个用于上边，第二个用于左、右两边，第三个用于下边。

其具体含义如表 21-1 所示。

表 21-1 padding 属性的子属性

属　　性	描　　述
padding-top	设定上间隙
padding-bottom	设定下间隙
padding-left	设定左间隙
padding-right	设定右间隙

实例 5：内边距(实例文件：ch21\21.5.html)

```html
<!DOCTYPE html>
<html>
<head>
<title>padding</title>
<style type="text/css">
.wai{
    width: 400px;
    height: 250px;
    border: 1px #993399 solid;
}
img{
    max-height: 120px;
    padding-left: 50px;
    padding-top: 20px;
}
</style>
</head>
<body>
<div class="wai">
    <img src="07.jpg" />
    <p>这张图片的左内边距是 50px，顶内边距是 20px</p>
</div>
</body>
</html>
```

浏览效果如图 21-6 所示，可以看到在一个 div 层中显示了一张图片(此图片可以看作一个盒子模型)，并定义了图片的左内边距和上内内边距。可以看出，内边距其实是对象 img 和外层 div 之间的距离。

图 21-6　设置内边距

21.2.4　定义网页的 margin 区域

margin 边界用来设置页面中元素和元素之间的距离，即定义元素周围的空间范围，是页面排版中一个比较重要的概念。语法格式如下所示：

```
margin: auto | length
```

其中，auto 表示根据内容自动调整，length 表示由浮点数字和单位标识符组成的长度值或百分数。margin 属性包含的 4 个子属性可控制一个页面元素四周的边距样式，如表 21-2 所示。

表 21-2　margin 属性的子属性

属　　性	描　　述
margin-top	设定上边距
margin-bottom	设定下边距
margin-left	设定左边距
margin-right	设定右边距

如果希望很精确地控制块的位置，需要对 margin 有更深入的了解。margin 设置可以分为行内元素设置、非行内元素设置和父子块之间的设置。

1. 行内元素的 margin 设置

实例 6：行内元素设置(实例文件：ch21\21.6.html)

```
<!DOCTYPE html>
<html>
<head>
<title>行内元素设置margin</title>
<style type="text/css">
<!--
```

```
span{
    background-color: #a2d2ff;
    text-align: center;
    font-family: "幼圆";
    font-size: 12px;
    padding: 10px;
    border: 1px #ddeecc solid;
}
span.left{
    margin-right: 20px;
    background-color: #a9d6ff;
}
span.right{
    margin-left: 20px;
    background-color: #eeb0b0;
}
-->
</style>
</head>
<body>
    <span class="left">行内元素 1</span>
    <span class="right">行内元素 2</span>
</body>
</html>
```

浏览效果如图 21-7 所示，可以看到一个蓝色盒子和一个红色盒子，二者之间的距离用 margin 设置，其距离是左边盒子的右边距 margin-right 加上右边盒子的左边距 margin-left。

图 21-7　行内元素的 margin 设置

2．非行内元素的 margin 设置

如果不是行内元素，而是产生换行效果的块级元素，情况就可能发生变化。两个换行块级元素之间的距离不再是 margin-bottom 和 margin-top 的和，而是两者中的较大者。

实例 7：块级元素(实例文件：ch21\21.7.html)

```
<!DOCTYPE html>
<html>
<head>
<title>块级元素的 margin</title>
<style type="text/css">
<!--
h1{
    background-color: #ddeecc;
    text-align: center;
    font-family: "幼圆";
    font-size: 12px;
```

```
        padding: 10px;
        border: 1px #445566 solid;
        display: block;
}
-->
</style>
</head>
<body>
    <h1 style="margin-bottom:50px;">距离下面块的距离</h1>
    <h1 style="margin-top:30px;">距离上面块的距离</h1>
</body>
</html>
```

浏览效果如图 21-8 所示，可以看到两个 h1 盒子上下之间存在距离，其距离为 margin-bottom 和 margin-top 中较大的值，即 50px。如果修改下面 h1 盒子元素的 margin-top 为 40px，执行结果没有任何变化。如果修改其值为 60px，下面的盒子会向下移动 10px。

图 21-8　设置上下 margin 距离

3. 父子块之间的 margin 设置

当一个 div 块包含在另一个 div 块中时，二者便会形成一个典型的父子关系。其中，子块的 margin 设置将会以父块的 content 为参考。

实例 8：包含块(实例文件：ch21\21.8.html)

```
<!DOCTYPE html>
<html>
<head>
<title>包含块的margin</title>
<style type="text/css">
<!--
div{
    background-color: #fffebb;
    padding: 10px;
    border: 1px solid #000000;
}
h1{
    background-color: #a2d2ff;
    margin-top: 0px;
    margin-bottom: 30px;
    padding: 15px;
    border: 1px dashed #004993;
    text-align: center;
    font-family: "幼圆";
```

```
        font-size: 12px;
}
-->
</style>
</head>
<body>
    <div>
        <h1>子块 div</h1>
    </div>
</body>
</html>
```

浏览效果如图 21-9 所示，可以看到子块 h1 盒子距离父 div 下边界为 40px(子块 30px 的外边距加上父块 10px 的内边距)，其他 3 边距离都是父块的 padding 距离，即 10px。

图 21-9　设置包括盒子的 margin 距离

在上例中，如果设定了父元素的高度 height 值，并且父块高度值小于子块的高度加上 margin 的值，此时 IE 浏览器会自动扩大，保持子元素的 margin-bottom 的空间以及父元素的 padding-bottom；Firefox 会保证父元素 height 高度的完全吻合，而这时子元素将超过父元素的范围。当将 margin 设置为负数时，会使得被设为负数的块向相反的方向移动，甚至覆盖在另外的块上。

21.3　CSS 3 新增的弹性盒模型

CSS 3 引入了新的盒模型处理机制，即弹性盒模型。该模型决定元素在盒子中的分布方式以及处理盒子可用空间的方式。通过弹性盒模型，可以轻松地设计出自适应浏览器窗口的流动布局或自适应字体大小的弹性布局。

CSS 3 为了弹性盒模型，新增了 8 个属性，如表 21-3 所示。

表 21-3　CSS 3 新增的盒子模型属性

属　　性	说　　明
box-orient	定义盒子的布局方向
box-align	定义子元素在盒子内垂直方向上的空间分配方式
box-direction	定义盒子元素的排列顺序
box-flex	定义子元素在盒子内的自适应尺寸
box-flex-group	定义自适应子元素群组
box-lines	定义子元素溢出方式

续表

属 性	说 明
box-ordinal-group	定义子元素在盒子内的显示位置
box-pack	定义子元素在盒子内水平方向上的空间分配方式

21.3.1 定义盒子的布局方向(box-orient)

box-orient 属性用于定义盒子元素内部的流动布局方向,即是横着排还是竖着走。语法格式如下:

```
box-orient: horizontal | vertical | inline-axis | block-axis
```

其参数值的含义如表 21-4 所示。

表 21-4 box-orient 属性值

属 性 值	说 明
horizontal	盒子元素从左到右在一条水平线上显示它的子元素
vertical	盒子元素从上到下在一条垂直线上显示它的子元素
inline-axis	盒子元素沿着内联轴显示它的子元素
block-axis	盒子元素沿着块轴显示它的子元素

弹性盒模型是 W3C 标准化组织于 2009 年发布的,目前还没有主流浏览器对其支持,不过采用 Webkit 和 Mozilla 渲染引擎的浏览器都自定义了一套私有属性,用来支持弹性盒模型。下面的代码中会存在一些 Firefox 浏览器的私有属性定义。

实例 9:box-orient 属性的应用(实例文件:ch21\21.9.html)

```
<!DOCTYPE html>
<html>
<head>
<title>box-orient 属性的应用</title>
<style>
div{height:50px;text-align:center;}
.d1{background-color:#F6F;width:100px;height:500px}
.d2{background-color:#3F9;width:230px;height:500px}
.d3{background-color:#FCd;width:100px;height:500px}
body{
    display:box;/*标准声明,盒子显示*/
    orient:horizontal;/*定义元素为盒子显示*/
    display:-moz-box;/*兼容 Mozilla Gecko 引擎浏览器*/
    -moz-box-orient:horizontal;/*兼容 Mozilla Gecko 引擎浏览器*/
    display:-webkit-box;
    -webkit-box-orient:horizontal; /* 兼容 Safari、Opera 和 Chrome 引擎浏览器*/
    box-orient:horizontal;/*CSS3 标准化设置*/
}
</style>
</head>
<body>
```

```
<div class=d1>左侧布局</div>
<div class=d2>中间布局</div>
<div class=d3>右侧布局</div>
</body>
</html>
```

上面的代码中，CSS 样式首先定义了每个 div 层的背景色和大小，在 body 标记选择器中定义了 body 容器中元素以盒子模型显示，并使用 box-orient 定义元素水平并列显示。

浏览效果如图 21-10 所示，可以看到三个 div 层并列显示，分别为"左侧布局""中间布局"和"右侧布局"。

图 21-10　盒子元素水平并列显示

21.3.2　定义盒子元素的排列顺序(box-direction)

box-direction 用来确定子元素的排列顺序，也可以说是内部元素的流动顺序。

语法格式如下：

```
box-direction: normal | reverse | inherit
```

其参数说明如表 21-5 所示。

表 21-5　box-direction 属性

属 性 值	说　明
normal	正常显示顺序，即如果盒子元素的 box-orient 属性值为 horizontal，则其包含的子元素按照从左到右的顺序显示，每个子元素的左边总是靠近前一个子元素的右边；如果盒子元素的 box-orient 属性值为 vertical，则其包含的子元素按照从上到下的顺序显示
reverse	反向显示，盒子所包含子元素的显示顺序与 normal 相反
inherit	继承上级元素的显示顺序

实例 10：box-direction 属性的应用(实例文件：ch21\21.10.html)

```
<!DOCTYPE html>
<html>
<head>
<title>box-direction 属性的应用</title>
<style>
div{height:50px;text-align:center;}
.d1{background-color:#F6F;width:100px;height:500px}
```

```
.d2{background-color:#3F9;width:230px;height:500px}
.d3{background-color:#FCd;width:100px;height:500px}
body{
    display:box;/*标准声明,盒子显示*/
    orient:horizontal;/*定义元素为盒子显示*/
    display:-moz-box;/*兼容 Mozilla Gecko 引擎浏览器*/
    -moz-box-orient:horizontal;/*兼容 Mozilla Gecko 引擎浏览器*/
    display:-webkit-box;    /*兼容 Safari、Opera 和 Chrome 引擎浏览器*/
    -webkit-box-orient:horizontal;  /* 兼容 Safari、Opera 和 Chrome 引擎浏览器*/
    -webkit-box-direction:reverse;
    box-orient:horizontal;/*CSS3 标准化设置*/
    box-direction:reverse;
}
</style>
</head>
<body>
<div class=d1>左侧布局</div>
<div class=d2>中间布局</div>
<div class=d3>右侧布局</div>
</body>
</html>
```

此示例代码与上一个示例代码基本相同，只是多了一个 box-direction 属性设置，令布局进行反向显示。

浏览效果如图 21-11 所示，可以发现，与上一个图形相比较，左侧布局和右侧布局完成了互换。

图 21-11 盒子布局顺序的设置

21.3.3 定义盒子元素的位置(box-ordinal-group)

box-ordinal-group 属性用于设置盒子中每个子元素在盒子中的具体位置。语法格式如下：

```
box-ordinal-group:<integer>
```

参数值 integer 是一个自然数，从 1 开始，用来设置子元素的位置序号。子元素分别根据这个属性值从小到大进行排列。在默认情况下，子元素将根据元素位置的序号进行排列；如果没有设置 box-ordinal-group 属性值的子元素序号，则其序号默认都为 1，并且序号相同的元素将按照它们在文档中加载的顺序进行排列。

实例 11：定义网页元素的位置(实例文件：ch21\21.11.html)

```html
<!DOCTYPE html>
<html>
<head>
<title>box-ordinal-group 属性的应用</title>
<style>
body{
    margin:0;
    padding:0;
    text-align:center;
    background-color:#d9bfe8;
}
.box{
    margin:auto;
    text-align:center;
    width:988px;
    display:-moz-box;
    display:box;
    display:-webkit-box;
    box-orient:vertical;
    -moz-box-orient:vertical;
    -webkit-box-orient:vertical;
}
.box1{
    -moz-box-ordinal-group:2;
    box-ordinal-group:2;
    -webkit-box-ordinal-group:2;
}
.box2{
    -moz-box-ordinal-group:3;
    box-ordinal-group:3;
    -webkit-box-ordinal-group:3;
}
.box3{
    -moz-box-ordinal-group:1;
    box-ordinal-group:1;
    -webkit-box-ordinal-group:1;
}
.box4{
    -moz-box-ordinal-group:4;
    box-ordinal-group:4;
    -webkit-box-ordinal-group:4;
}
</style>
</head>
<body>
<div class="box">
<div class="box1"><img src="images/1.jpg"/></div>
<div class="box2"><img src="images/2.jpg"/></div>
<div class="box3"><img src="images/3.jpg"/></div>
<div class="box4"><img src="images/4.jpg"/></div>
</div>
</body>
</html>
```

在上面的样式代码中，类选择器 box 中的代码 display:box 设置了容器以盒子方式显示，box-orient:vertical 代码设置了排列方向从上到下。在下面的 box1、box2、box3 和 box4 类选择器中都使用 box-ordinal-group 属性设置了其显示顺序。

在浏览器中浏览效果如图 21-12 所示，可以看到第三个层次显示在第一个和第二个层次之上。

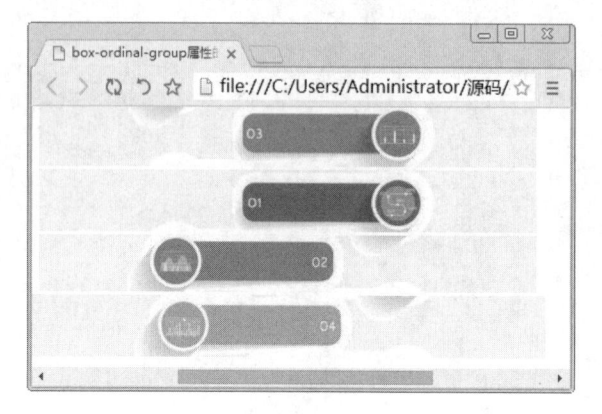

图 21-12　设置层显示顺序

21.3.4　定义盒子的弹性空间(box-flex)

box-flex 属性能够灵活地控制子元素在盒子中的显示空间。显示空间包括子元素的宽度和高度，而不只是子元素所在栏目的宽度，也可以说是子元素在盒子中所占用的面积。

语法格式如下：

```
box-flex: <number>
```

number 是一个整数或者小数。当盒子中包含多个定义了 box-flex 属性的子元素时，浏览器将会把这些子元素的 box-flex 属性值相加，然后根据它们各自的值占总值的比例来分配盒子剩余的空间。

实例 12：box-flex 属性的应用(实例文件：ch21\21.12.html)

```
<!DOCTYPE html>
<html>
<head>
<title>box-flex属性的应用</title>
<style>
body{
    margin:0;
    padding:0;
    text-align:center;
}
.box{
    height:50px;
    text-align:center;
    width:960px;
    overflow:hidden;
    orient:horizontal;
    display:box;         /*标准声明，盒子显示*/
    display:-moz-box;    /*兼容Mozilla Gecko引擎浏览器*/
```

```
    display:-webkit-box;     /*兼容 Safari、Opera 和 Chrome 引擎浏览器*/
    -mozbox-box-orient:horizontal;  /*兼容 Mozilla Gecko 引擎浏览器*/
    box-orient:horizontal;  /*css3 标准声明*/
    -webkit-box-orient:horizontal;  /* 兼容 Safari、Opera 和 Chrome 引擎浏览器*/
}
.d1{
    background-color:#F6F;
    width:180px;
    height:500px;
}
.d2,.d3{
    border:solid 1px #CCC;
    margin:2px;
}
.d2{
    -moz-box-flex:2;
    box-flex:2;
    -webkit-box-flex:2;
    background-color:#3F9;
    width:180px;
}
.d3{
    -moz-box-flex:4;
    box-flex:4;
    -webkit-box-flex:4;
    background-color:#FCd;
    width:180px;
}
.d2 div,.d3 div{display:inline;}
</style>
</head>
<body>
<div class=box>
<div class="d1">左侧布局</div>
<div class="d2">中间布局</div>
<div class="d3">右侧布局</div>
</div>
</body>
</html>
```

在上面的 CSS 样式代码中，用 display:box 语句设定容器内元素以盒子方式布局，用 box-orient:horizontal 语句设定盒子之间在水平方向上并列显示，在类选择器 d1 中使用 width 和 height 设定显示层的大小，在 d2 和 d3 中使用 box-flex 分别设定两个盒子的显示面积。

浏览效果如图 21-13 所示。

图 21-13 设置盒子的面积

21.3.5 管理盒子空间(box-pack 和 box-align)

当弹性元素和非弹性元素混合排版时，可能会出现所有子元素的尺寸大于或小于盒子的尺寸，导致盒子空间不足或者富余的情况，这时就需要一种方法来管理盒子的空间。如果子元素的总尺寸小于盒子的尺寸，则可以使用 box-pack 和 box-align 属性进行管理。

box-pack 属性可以用于设置子容器在水平轴上的空间分配方式，语法格式如下：

```
box-pack: start | end | center | justify
```

参数值的含义如表 21-6 所示。

表 21-6 box-pack 属性

属性值	说 明
start	所有子容器都分布在父容器的左侧，右侧留空
end	所有子容器都分布在父容器的右侧，左侧留空
justify	所有子容器平均分布(默认值)
center	平均分配父容器剩余的空间(能压缩子容器的大小，并且有全局居中的效果)

box-align 属性用于管理子容器在竖轴上的空间分配方式，语法格式如下：

```
box-align: start | end | center | baseline | stretch
```

参数值的含义如表 21-7 所示。

表 21-7 box-align 属性

属性值	说 明
start	子容器从父容器顶部开始排列，富余空间显示在盒子底部
end	子容器从父容器底部开始排列，富余空间显示在盒子顶部
center	子容器横向居中，富余空间在子容器两侧分配，上面一半，下面一半
baseline	所有盒子沿着它们的基线排列，富余的空间可前可后显示
stretch	每个子元素的高度被调整到适合盒子的高度显示，即所有子容器和父容器保持同一高度

实例 13：box-pack 和 box-align 属性的应用(实例文件：ch21\21.13.html)

```
<!DOCTYPE html>
<html>
<head>
<title>box-pack 和 box-align 属性的应用</title>
<style>
body,html{
height:100%;
width:100%;
}
body{
    margin:0;
    padding:0;
    display:box;/*标准声明，盒子显示*/
    display:-moz-box;/*兼容 Mozilla Gecko 引擎浏览器*/
```

```
        display:-webkit-box;       /*兼容Safari、Opera和Chrome引擎浏览器*/
        -mozbox-box-orient:horizontal;/*兼容Mozilla Gecko引擎浏览器*/
        box-orient:horizontal;/*css3标准声明*/
        -webkit-box-orient:horizontal;
        -moz-box-pack:center;
        box-pack:center;
        -webkit-box-pack:center;
        -moz-box-align:center;
        box-align:center;
        -webkit-box-align:center;
        background:#04082b url(images/a.jpg) no-repeat top center;
}
.box{
        border:solid 1px red;
        padding:4px;
}
</style>
</head>
<body>
<div class=box>
<img src=images/yueji.jpg>
</div>
</body>
</html>
```

上面的代码中，display:box 定义了容器内元素以盒子形式显示，box-orient:horizontal 定义了盒子水平显示，box-pack:center 定义了盒子两侧空间平均分配，box-align:center 定义了上下两侧空间平均分配，即图片盒子居中显示。

浏览效果如图 21-14 所示，可以看到图片盒子在容器中部显示。

图 21-14　设置盒子在中间显示

21.3.6　盒子空间的溢出管理(box-lines)

在弹性布局中，盒子内的元素很容易出现空间溢出的现象。与传统的盒子模型一样，CSS 3 允许使用 overflow 属性来处理溢出内容的显示。当然，还可以使用 box-lines 属性来避免空间溢出的问题。语法格式如下：

```
box-lines: single|multiple
```

参数 single 表示子元素都单行或单列显示，multiple 表示子元素可以多行或多列显示。

实例 14：盒子溢出(实例文件：ch21\21.14.html)

```html
<!DOCTYPE html>
<html>
<head>
<title>box-lines</title>
<style>
.box{
    border: solid 1px red;
    width: 600px;
    height: 200px;
    display: box; /*标准声明，盒子显示*/
    display: -moz-box; /*兼容 Mozilla Gecko 引擎浏览器*/
    -mozbox-box-orient: horizontal; /*兼容 Mozilla Gecko 引擎浏览器*/
    -webkit-box-orient:horizontal
    -moz-box-lines:multiple;
    box-lines:multiple;
    -webkit-box-lines:multiple;
}
.box div{
    margin: 4px;
    border: solid 1px #aaa;
    -moz-box-flex: 1;
    box-flex: 1;
}
.box div img{width: 120px;}
</style>
</head>
<body>
<div class=box>
    <div><img src="b.jpg"></div>
    <div><img src="c.jpg"></div>
    <div><img src="d.jpg"></div>
    <div><img src="e.jpg"></div>
    <div><img src="f.jpg"></div>
</div>
</body>
```

浏览效果如图 21-15 所示，可以看到右边盒子还是发生溢出现象。这是因为目前各大主流浏览器还没有明确支持这种用法，所以导致 box-lines 属性实际应用时无效。相信在未来的一段时间内，各浏览器会支持该属性。

图 21-15　溢出管理

21.4　设计淘宝导购菜单

网上购物已经成为一种时尚，其中淘宝网是影响比较大的网上购物网站之一。本实例结合前面学习的知识，创建一个淘宝网宣传导航页面。

01 分析需求。根据实际效果，创建一个 div 层，包含三个部分，即左边导航栏，中间图片显示区域，右边导航栏，然后使用 CSS 设置导航栏字体和边框。

02 构建 HTML 页面，使用 div 搭建框架，代码如下：

```html
<!DOCTYPE html>
<html>
<head>
<title>淘宝网</title>
</head>
<body>
<div class="wrap">
    <div class="area">
        <div class="tab_area">
            <ul>
                <li class="current"><a href="#">男T恤</a></li>
                <li><a href="#">男衬衫</a></li>
                <li><a href="#">休闲裤</a></li>
                <li><a href="#">牛仔裤</a></li>
                <li><a href="#">男短裤</a></li>
                <li><a href="#">西裤</a></li>
                <li><a href="#">皮鞋</a></li>
                <li><a href="#">休闲鞋</a></li>
                <li><a href="#">男凉鞋</a></li>
            </ul>
        </div>
        <div class="tab_area1">
            <ul>
                <li><a href="#">女T恤</a></li>
                <li><a href="#">女衬衫</a></li>
                <li><a href="#">开衫</a></li>
                <li><a href="#">女裤</a></li>
                <li><a href="#">女包</a></li>
                <li><a href="#">男包</a></li>
                <li><a href="#">皮带</a></li>
                <li><a href="#">登山鞋</a></li>
                <li><a href="#">户外装</a></li>
            </ul>
        </div>
    </div>
    <div class="img_area">
        <img src=nantxu.jpg/>
    </div>
</div>
</body>
</html>
```

浏览效果如图 21-16 所示，三部分内容自上而下显示，第一部分是导航菜单栏，第二部分也是一个导航菜单栏，第三部分是一个图片信息。

03 添加 CSS 代码，修饰整体样式，代码如下：

```css
<style type="text/css">
body, p, ul, li{margin:0; padding:0;}
body{font: 12px arial,宋体,sans-serif;}
.wrap{
    width: 318px;
    height: 248px;
    background-color: #FFFFFF;
    float: left;
    border: 1px solid #F27B04;
    }
.area{width:318px; float:left;}
.tab_area{
    width: 53px;
    height: 248px;
    border-right: 1px solid #F27B04;
    overflow: hidden;
    }
.tab_area1{
    width: 53px;
    height: 248px;
    border-left: 1px solid #F27B04;
    overflow: hidden;
    position: absolute;
    left: 265px;
    top: 1px;
    }
.img_area{
    width: 208px;
    height: 248px;
    overflow: hidden;
    position: absolute;
    top: -2px;
    left: 55px;
    }
</style>
```

上面的 CSS 样式代码中，设置了 body 页面字体、段落、列表和列表选项的样式。需要注意的是，类选择器 tab_area 定义了左边的列表选项，即左边的导航菜单，其宽度为 53px，高度为 248px，边框为黄色。类选择 tab_area1 定义了右边的列表选项，即右边导航菜单，其宽度和高度与左侧菜单相同，但使用 position 定义了这个 div 层显示的绝对位置，语句为"position:absolute; left:265px; top:1px;"。类选择器 img_area 定义了中间图片显示样式，也是使用 position 绝对定位。

浏览效果如图 21-17 所示，可以看到网页中显示了三个部分，左右两侧为导航菜单栏，中间是图片。

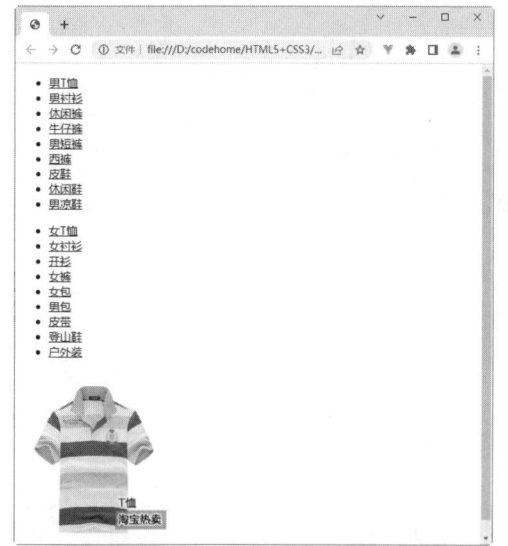

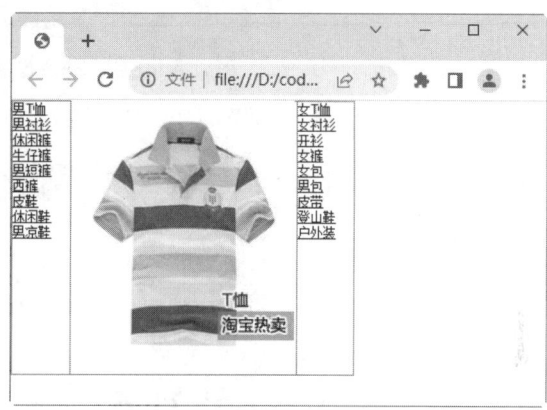

图 21-16　基本 HTML 显示　　　　　　　图 21-17　设置整体布局样式

04 添加 CSS 代码，修饰列表选项，代码如下：

```
img{border:0;}
li{list-style:none;}
a{font-size:12px; text-decoration:none}
a:link,a:visited{color:#999;}
.tab_area ul li,.tab_area1 ul li{
    width: 53px;
    height: 27px;
    text-align: center;
    line-height: 26px;
    float: left;
    border-bottom: 1px solid #F27B04;
}
.tab_area ul li a,.tab_area1 ul li a{color: #3d3d3d;}
.tab_area ul li.current,.tab_area1 ul li.current{
    height: 27px;
    background-color: #F27B04;
}
.tab_area ul li.current a,.tab_area1 ul li.current a{
    color: #fff;
    font-size: 12px;
    font-weight: 400;
    line-height: 27px
}
```

上面的 CSS 样式代码，完成了对字体大小、颜色、是否带有下划线等属性定义。

浏览效果如图 21-18 所示，可以看到，网页中左右两个导航菜单相对于前面的效果，字体颜色和大小发生了变化。

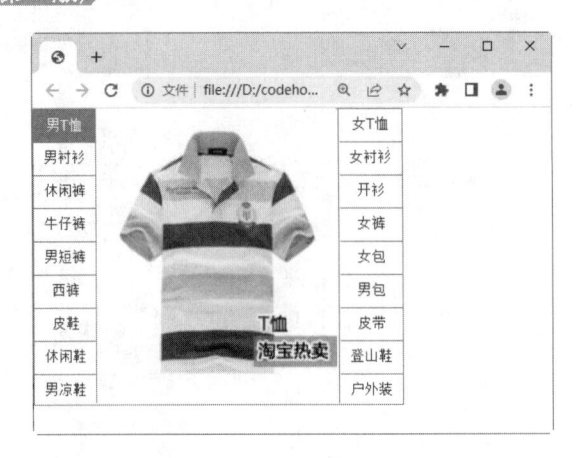

图 21-18　修饰列表选项

21.5　疑难解惑

疑问 1：如何理解 margin 的加倍问题？

当 div 层被设置为 float 时，在 IE 下设置的 margin 会加倍，这是 IE 存在的问题。其解决办法是在这个 div 里面加上"display: inline;"。例如：

```
<div id="iamfloat"></div>
```

相应的 CSS 为：

```
#iamfloat{
    float: left;
    margin: 5px;
    display: inline;
}
```

疑问 2："margin:0 auto"表示什么含义？

"margin:0 auto"定义元素向上补白 0 像素，左右为自动使用。按照浏览器解析习惯，这是可以让页面居中显示，一般这个语句会用在 body 标记中。在使用"margin:0 auto"语句使页面居中时，一定要给元素一个高度并且不要让元素浮动，即不要加 float 属性，否则会失效。

21.6　跟我学上机

上机练习 1：制作一个旅游宣传网页

设计一个宣传页，需要包括文字和图片信息。要求结合前面学习的盒子模型及其相关属性，创建一个旅游宣传页。运行结果如图 21-19 所示。

图 21-19　旅游页面

上机练习 2：使用弹性盒子创建响应式页面

通过 CSS 3 的弹性盒子可以创建响应式页面。所谓响应式页面，就是能够智能地根据用户行为以及使用的设备环境(系统平台、屏幕尺寸、屏幕定向等)进行相对应布局的网页。要求使用弹性盒子创建响应式页面。

在浏览器中浏览效果如图 21-20 所示。按住浏览器的右边框拖曳，能增加浏览器的宽度，效果如图 21-21 所示。继续增加浏览器的宽度，效果如图 21-22 所示。

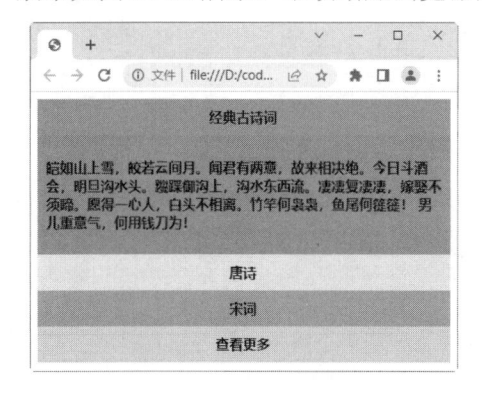

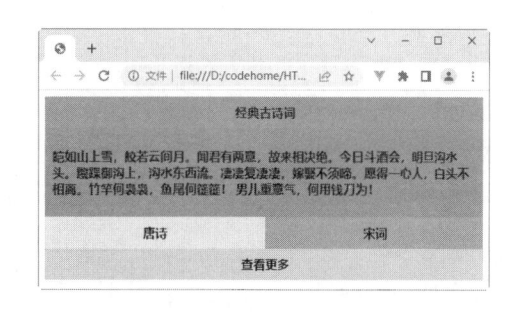

图 21-20　程序运行结果　　　　　　　图 21-21　增加浏览器的宽度

图 21-22　再次增加浏览器的宽度

第 22 章

项目实训 1——设计在线购物网站

随着网络购物、互联网交易的普及，淘宝、阿里巴巴、亚马逊等在线网站在近几年逐渐风靡，越来越多的公司和企业都已经着手架设在线购物网站平台。

案例效果

22.1 整体布局

在线购物类网页主要用来实现网络购物、交易等功能，因此所要使用的组件相对较多，主要包括产品搜索、账户登录、广告推广、产品推荐、产品分类等内容。本例最终的网页效果如图 22-1 所示。

图 22-1　网页效果

22.1.1 设计分析

购物网站一个重要的特点，就是突出产品、突出购物流程/优惠活动/促销活动等信息。设计网站时，首先要用逼真的产品图片来吸引用户，结合各种吸引人的优惠活动、促销活动来增强用户的购买欲望；同时购物流程要方便快捷，比如货款支付，要给用户多种选择，让各种情况的用户都能在网上顺利支付。

在线购物类网站的主要特性体现在如下几个方面。

- 商品检索方便：要有商品搜索功能，有详细的商品分类。
- 有产品推广功能：增加广告活动位，帮助推广特色产品。
- 热门产品推荐：消费者的搜索很多带有盲目性，所以可以设置热门产品推荐位。对于产品，要有简单、准确的展示信息。页面整体布局要清晰、有条理，让浏览者能在网页中快速找到自己需要的信息。

22.1.2 排版架构

本例的在线购物网站整体上是上下架构：上部为网页头部、导航栏；中间为网页的主要内容，包括 Banner、产品类别区域；下部为页脚信息。

网页的整体架构如图 22-2 所示。

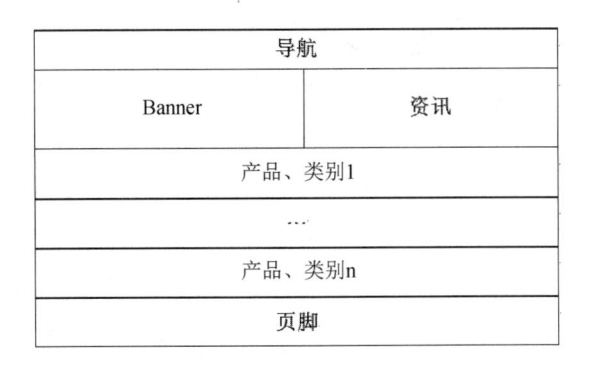

导航	
Banner	资讯
产品、类别1	
...	
产品、类别n	
页脚	

图 22-2　网页的架构

22.2　模 块 分 割

当页面整体架构完成后，就可以动手制作不同的模块区域了，其制作流程是采用自上而下、从左到右的顺序。本实例模块主要包括 4 个部分，分别为 Logo 导航区、Banner 与资讯区、产品类别区域和页脚区域。

22.2.1　Logo 与导航区

导航使用水平结构，与其他类别网站相比，前边有一个显示购物车状态的功能。把购物车状态放到这里，用户更能方便快捷地查看购物情况。本实例中网页头部的效果如图 22-3 所示。

图 22-3　页面 Logo 和导航菜单

其具体的 HTML 框架代码如下：

```
<!--------------------------------NAV-------------------------------------->
<div id="nav">
    <span>
    <a href="#">我的账户</a> | <a href="#" style="color:#5CA100;">订单查询</a>
     | <a href="#">我的优惠券</a> | <a href="#">积分换购</a>
     | <a href="#">购物交流</a> | <a href="#">帮助中心</a>
    </span> 你好,欢迎来到优尚购物　[<a href="#">登录</a>/<a href="#">注册</a>]
</div>
<!--------------------------------Logo------------------------------------->
<div id="logo">
    <div class="logo_left">
        <a href="#"><img src="images/logo.gif" border="0" /></a>
    </div>
    <div class="logo_center">
        <div class="search">
```

```html
            <form action="" method="get">
                <div class="search_text">
                    <input type="text" value="请输入产品名称或订单编号"
                        class="input_text"/>
                </div>
                <div class="search_btn">
                    <a href="#"><img src="images/search-btn.jpg" border="0" /></a>
                </div>
            </form>
        </div>
        <div class="hottext">
            热门搜索： <a href="#">新品</a>   
            <a href="#">限时特价</a>   
            <a href="#">防晒隔离</a>   
            <a href="#">超值换购</a>
        </div>
    </div>
    <div class="logo_right">
        <img src="images/telephone.jpg" width="228" height="70" />
    </div>
</div>
<!--------------------------------MENU-------------------------------->
<div id="menu">
    <div class="shopingcar"><a href="#">购物车中有 0 件商品</a></div>
    <div class="menu_box">
        <ul>
            <li><a href="#"><img src="images/menu1.jpg" border="0" /></a></li>
            <li><a href="#"><img src="images/menu2.jpg" border="0" /></a></li>
            <li><a href="#"><img src="images/menu3.jpg" border="0" /></a></li>
            <li><a href="#"><img src="images/menu4.jpg" border="0" /></a></li>
            <li><a href="#"><img src="images/menu5.jpg" border="0" /></a></li>
            <li><a href="#"><img src="images/menu6.jpg" border="0" /></a></li>
            <li style="background:none;">
                <a href="#"><img src="images/menu7.jpg" border="0" /></a>
            </li>
            <li style="background:none;">
                <a href="#"><img src="images/menu8.jpg" border="0" /></a>
            </li>
            <li style="background:none;">
                <a href="#"><img src="images/menu9.jpg" border="0" /></a>
            </li>
            <li style="background:none;">
                <a href="#"><img src="images/menu10.jpg" border="0" /></a>
            </li>
        </ul>
    </div>
</div>
```

上述代码主要包括三个部分，分别是 NAV、Logo、MENU。其中，NAV 区域主要用于定义购物网站中的账户、订单、注册、帮助中心等信息；Logo 部分主要用于定义网站的 Logo、搜索框信息、热门搜索信息以及相关的电话等；MENU 区域主要用于定义网页的导航菜单。

在 CSS 样式文件中，对应上述代码的 CSS 代码如下：

```css
#menu{margin-top:10px; margin:auto; width:980px; height:41px;
    overflow:hidden;}
.shopingcar{float:left; width:140px; height:35px;
            background:url(../images/shopingcar.jpg) no-repeat;
```

```
            color:#fff; padding:10px 0 0 42px;}
.shopingcar a{color:#fff;}
.menu_box{float:left; margin-left:60px;}
.menu_box li{float:left; width:55px; margin-top:17px; text-align:center;
            background:url(../images/menu_fgx.jpg) right center no-repeat;}
```

代码中，#menu 选择器定义了导航菜单的对齐方式、高度、宽度、溢出方式等信息。

22.2.2 Banner 与资讯区

购物网站的 Banner 区域与企业型网站相比差别很大，企业型 Banner 区多是突出企业文化，而购物网站 Banner 区主要放置主推产品、优惠活动、促销活动等。

本例中，网页 Banner 与资讯区的效果如图 22-4 所示。

图 22-4　页面 Banner 和资讯区

其具体的 HTML 代码如下：

```
<div id="banner">
   <div class="banner_box">
      <div class="banner_pic">
         <img src="images/banner.jpg" border="0" />
      </div>
      <div class="banner_right">
         <div class="banner_right_top">
            <a href="#">
               <img src="images/event_banner.jpg" border="0" />
            </a>
         </div>
         <div class="banner_right_down">
            <div class="moving_title">
               <img src="images/news_title.jpg" />
            </div>
            <ul>
               <li>
                  <a href="#"><span>国庆大促 5 宗最，纯牛皮钱包免费换！</span>
                  </a>
               </li>
               <li><a href="#">身体护理系列满 199 加 1 元换购飘柔！</a></li>
               <li>
                  <a href="#">
                     <span>YOUSOO 九月新起点，价值 99 元免费送！</span>
```

```
                </a>
            </li>
            <li><a href="#">喜迎国庆，妆品百元红包大派送！</a></li>
        </ul>
    </div>
  </div>
</div>
```

在上述代码中，Banner 分为两个部分，左边放大尺寸图，右侧放小尺寸图和文字消息。
在 CSS 样式文件中，对应上述代码的 CSS 代码如下：

```
#banner{background:url(../images/banner_top_bg.jpg) repeat-x;
 padding-top:12px;}
.banner_box{width:980px; height:369px; margin:auto;}
.banner_pic{float:left; width:726px; height:369px; text-align:left;}
.banner_right{float:right; width:247px;}
.banner_right_top{margin-top:15px;}
.banner_right_down{margin-top:12px;}
.banner_right_down ul{margin-top:10px; width:243px; height:89px;}
.banner_right_down li{margin-left:10px; padding-left:12px;
 background:url(../images/icon_green.jpg) left no-repeat center;
 line-height:21px;}
.banner_right_down li a{color:#444;}
.banner_right_down li a span{color:#A10288;}
```

代码中，#banner 选择器定义了背景图片、背景图片的对齐方式等信息。

22.2.3 产品类别区域

产品类别区域也是图文混排的效果，图 22-5 所示为化妆品类别区域，图 22-6 所示为女包类别区域。

图 22-5　化妆品类别

图 22-6　女包类别

其具体的 HTML 代码如下：

```html
<div class="clean"></div>
<div id="content2">
   <div class="con2_title">
      <b><a href="#"><img src="images/ico_jt.jpg" border="0" /></a></b>
      <span>
        <a href="#">新品速递</a> | <a href="#">畅销排行</a>
        | <a href="#">特价抢购</a> | <a href="#">男士护肤</a>  
      </span>
      <img src="images/con2_title.jpg" />
   </div>
   <div class="line1"></div>
   <div class="con2_content">
      <a href="#">
         <img src="images/con2_content.jpg" width="981" height="405"
            border="0" />
      </a>
   </div>
   <div class="scroll_brand">
      <a href="#"><img src="images/scroll_brand.jpg" border="0" /></a>
   </div>
   <div class="gray_line"></div>
</div>
<div id="content4">
   <div class="con2_title">
      <b><a href="#"><img src="images/ico_jt.jpg" border="0" /></a></b>
      <span>
        <a href="#">新品速递</a> | <a href="#">畅销排行</a>
        | <a href="#">特价抢购</a> | <a href="#">男士护肤</a>  
      </span>
      <img src="images/con4_title.jpg" width="27" height="13" />
   </div>
   <div class="line3"></div>
   <div class="con2_content">
      <a href="#">
         <img src="images/con4_content.jpg" width="980" height="207"
            border="0" />
      </a>
   </div>
   <div class="gray_line"></div>
</div>
```

在上述代码中，content2 层用于定义化妆品类别，content4 层用于定义女包类别。
在 CSS 样式文件中，对应上述代码的 CSS 代码如下：

```
#content2{width:980px; height:545px; margin:22px auto; overflow:hidden;}
.con2_title{width:973px; height:22px; padding-left:7px; line-height:22px;}
.con2_title span{float:right; font-size:10px;}
.con2_title a{color:#444; font-size:12px;}
.con2_title b img{margin-top:3px; float:right;}
.con2_content{margin-top:10px;}
.scroll_brand{margin-top:7px;}
#content4{width:980px; height:250px; margin:22px auto; overflow:hidden;}
#bottom{margin:auto; margin-top:15px; background:#F0F0F0; height:236px;}
.bottom_pic{margin:auto; width:980px;}
```

上述 CSS 代码定义了产品背景的图片、高度、宽度、对齐方式等。

22.2.4 页脚区域

本例的页脚使用一个 DIV 标记放置一个版权信息图片，比较简洁，如图 22-7 所示。

图 22-7 页脚区域

用于定义页脚的代码如下：

```
<div id="copyright"><img src="images/copyright.jpg" /></div>
```

在 CSS 样式文件中，对应上述代码的 CSS 代码如下：

```
#copyright{width:980px; height:150px; margin:auto; margin-top:16px;}
```

22.3 设置链接

本例中的链接标记 a 定义如下：

```
a{text-decoration:none;}
a:visited{text-decoration:none;}
a:hover{text-decoration:underline;}
```

第23章
项目实训2——设计商业门户网站

商业门户类网页类型较多，行业不同，所设计的网页风格差异也很大，本章将以一个时尚家居企业为例，完成商业门户网站的制作。通过此章商业门户网站的设计与制作，可掌握网站的整体设计流程与注意事项，为完成其他行业的同类网站打下基础。

案例效果

23.1　整 体 设 计

本案例是一个商业门户网站首页，网站风格简约。与大多数同类网站的布局风格相似。图 23-1 所示为本实例的效果图。

图 23-1　网页效果图

23.1.1　颜色应用分析

该案例作为商业门户网站，在设计时需考虑其整体风格，要注意网站主色调与整体色彩搭配问题。

（1）网站主色调：企业的形象塑造是非常重要的，所以在设计网页时要使网页的主色调符合企业的行业特征。本实例的企业为时尚家居，所以整体要体现温馨舒适的主色调，考虑到当前提倡的绿色环保，所以网页主色调采用了以绿色为主的色彩风格。

（2）整体色彩搭配：主色调定好后，整体色彩搭配就要围绕主色调调整。网页以深绿、浅绿渐变的色彩为主，中间主体使用浅绿到米白的渐变，头部和尾部多用深绿，以体现上下层次结构。

23.1.2　架构布局分析

从网页整体架构来看，采用的是传统的上、中、下结构，即网页头部、网页主体和网页底部。网页主体部分又分为纵排的三栏：左侧、中间和右侧，中间为主要内容。具体排版架构如图 23-2 所示。

```
        ┌─────────────────┐
        │     网页头部     │
        └─────────────────┘
        ┌─────────────────┐
        │                 │
        │     网页主体     │
        │                 │
        └─────────────────┘
        ┌─────────────────┐
        │     网页底部     │
        └─────────────────┘
```

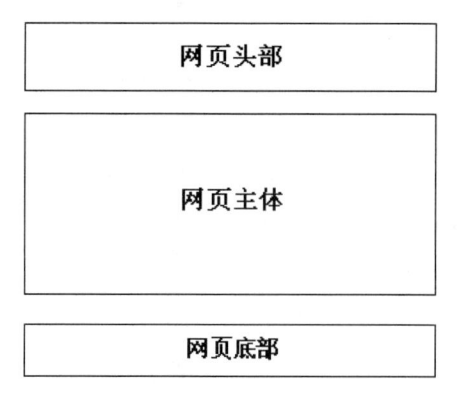

图 23-2　网页架构

网页中间主体又做了细致划分，分为了左右两栏。在实现整个网页布局结构时，使用了 <div> 标记，具体布局划分代码如下：

```
/*网页头部*/
<div class="content border_bottom">
</div>
/*网页导航栏*/
<div class="content dgreen-bg">
    <div class="content"> </div>
</div>
/*网页 banner*/
<div class="content" id="top-adv"><img src="img/top-adv.gif" alt="" /></div>
/*中间主体*/
<div class="content">
/*主体左侧*/
    <div id="left-nav-bar" class="bg_white">
</div>
/*主体右侧*/
  <div id="right-cnt">
</div>
/*网页底部*/
<div id="about" >
    <div class="content">
</div>
</div>
```

网页整体结构布局由以上 <div> 标记控制，并对应设置了 CSS 样式。

23.2　主要模块设计

整个网页的实现是由一个个的模块构成的，在上一节中介绍了这些模块，下面就来详细讲解这些模块的实现方法。

23.2.1 网页整体样式

首先，网页设计中需要使用 CSS 样式表控制整体样式，所以网站可以使用以下代码实现页面代码框架和 CSS 样式的插入。

```html
<!doctype html >
<html>
<head>
<meta http-equiv="content-type" content="text/html; charset=gb2312" />
<title>时尚家居网店首页</title>
<link href="css/common.css" rel="stylesheet" type="text/css" />
<link href="css/layout.css" rel="stylesheet" type="text/css" />
<link href="css/red.css" rel="stylesheet" type="text/css" />
<script language="javascript" type="text/javascript"></script></head>
<body>…
</body>
</html>
```

由以上代码可以看出，案例中使用了三个 CSS 样式表，分别是 common.css、layout.css 和 red.css。其中，common.css 是控制网页整体效果的通用样式，另外两个用于控制特定模块内容的样式。下面先来看一下 common.css 样式表中的内容。

1. 网页全局样式

```css
*{
  margin:0;
  padding:0;
}
body{
  text-align:center;
  font:normal 12px "宋体", Verdana, Arial, Helvetica, sans-serif;
}
div,span,p,ul,li,dt,dd,h1,h2,h3,h4,h5,h5,h7{
  text-align:left;
}
img{border:none;}
.clear{
  font-size:1px;
  width:1px;
  height:1px;
  visibility:hidden;
  clear:both;
}
ul,li{
  list-style-type:none;
}
```

2. 网页链接样式

```css
a,a:link,a:visited{
  color:#000;
  text-decoration:none;
}
a:hover{
  color:#BC2931;
```

```
    text-decoration:underline;
}
.cdred,a.cdred:link,a.cdred:visited{color:#C80000;}
.cwhite,a.cwhite:link,a.cwhite:visited{color:#FFF;background-
color:transparent;}
.cgray,a.cgray:link,a.cgray:visited{color:#6B6B6B;}
.cblue,a.cblue:link,a.cblue:visited{color:#1F3A87;}
.cred,a.cred:link,a.cred:visited{color:#FF0000;}
.margin-r24px{
    margin-right:24px;
}
```

3. 网页字体样式

```
/*字体大小*/
.f12px{ font-size:12px;}
.f14px{ font-size:14px;}

/* 字体颜色 */
.fgreen{color:green;}
.fred{color:#FF0000;}
.fdred{color:#bc2931;}
.fdblue{color:#344E71;}
.fdblue-1{color:#1c2f57;}
.fgray{color:#999;}
.fblack{color:#000;}
```

4. 其他样式

```
.txt-left{text-align:left;}
.txt-center{text-align:center;}
.left{ text-align:center;}
.right{ float: right;}
.hidden {display: none;}
.unline,.unline a{text-decoration: none;}
.noborder{border:none;   }
.nobg{background:none;}
```

23.2.2 网页局部样式

layout.css 和 red.css 样式表用于控制网页中特定内容的样式。每一个网页元素都可能有独立的样式内容，这些样式内容都需要设定自己独有的名称。在样式表中设置完成后，要在网页代码中使用 class 或者 id 属性调用样式表。

1. layout.css 样式表

```
#container {
    MARGIN: 0px auto; WIDTH: 878px
}
.content {
    MARGIN: 0px  auto; WIDTH: 878px;
}
.border_bottom {
    POSITION: relative
}
.border_bottom3 {
    MARGIN-BOTTOM: 5px
}
```

```css
#logo {
    FLOAT: left; MARGIN: 23px 0px 10px 18px; WIDTH: 200px; HEIGHT: 75px
}
#adv_txt {
    FLOAT: left; MARGIN: 75px 0px 0px 5px; WIDTH: 639px; HEIGHT: 49px
}
#sub_nav {
    RIGHT: 12px; FLOAT: right; WIDTH: 202px; POSITION: absolute; TOP: 0px; HEIGHT: 26px
}
#sub_nav LI {
    PADDING-RIGHT: 5px; MARGIN-TOP: 1px; DISPLAY: inline; PADDING-LEFT: 5px; FLOAT: left; PADDING-BOTTOM: 5px; WIDTH: 57px; PADDING-TOP: 5px; HEIGHT: 12px; TEXT-ALIGN: center
}
#sub_nav LI.nobg {
    BACKGROUND: none transparent scroll repeat 0% 0%; WIDTH: 58px
}
#main_nav {
    DISPLAY: inline; FLOAT: left; MARGIN-LEFT: 10px; WIDTH: 878px; HEIGHT: auto
}
#main_nav LI {
    PADDING-RIGHT: 10px; DISPLAY: block; PADDING-LEFT: 12px; FLOAT: left; PADDING-BOTTOM: 10px; FONT: bold 14px "",sans-serif; WIDTH: 65px; PADDING-TOP: 10px; HEIGHT: 14px
}
#main_nav LI.nobg {
    BACKGROUND: none transparent scroll repeat 0% 0%
}
#main_nav LI SPAN {
    FONT-SIZE: 11px; FONT-FAMILY: Arial,sans-serif
}
#topad {
    WIDTH: 876px; HEIGHT: 65px;
    background:#fff;
    text-align:center;
    padding-top:3px;
}
#top-adv {
    WIDTH: 876px; HEIGHT: 181px
}
#top-adv IMG {
    WIDTH: 876px; HEIGHT: 181px
}
//省略，读者可以查看源码中的文件
```

2. red.css 样式表

```css
body{
   color:#000;
   background:#FDFDEE url(../img/bg1.gif) 0 0 repeat-x;
}
#container{
   background:transparent url(../img/dot-bg.jpg) 0 0 repeat-x;
   color:#000;
}
.border_bottom3{
   border-bottom:3px solid #CDCDCD;
}
```

```css
#sub_nav{
  background-color:#1D4009;
}
#sub_nav li{
  background:transparent url(../img/white-lt.gif) 100% 5px no-repeat;
  color:#FFF;
}
#sub_nav li a:link{
  color:#FFF;
}
#sub_nav li a:visited{
  color:#FFF;
}
#sub_nav li a:hover{
  color:#FFF;
}
//省略，读者可以查看源码中的文件
```

23.2.3 顶部模块代码

网页顶部需要有网页 Logo、导航栏和一些快速链接，如"设为首页""加入收藏""联系我们"。图 23-3 所示为网页顶部模块的样式。在制作时为了突出网页特色，可以将 Logo 制作成动图，使网页更加具有活力。

图 23-3 网页顶部模块

网页顶部模块的实现代码如下。

```html
/*网页 Logo 与快捷链接*/
<div class="content border_bottom">
    <ul id="sub_nav">
        <li><a href="#">设为首页</a></li>
        <li><a href="#">加入收藏</a></li>
        <li class="nobg"><a href="#">联系我们</a></li>
    </ul>
        <img src="img/logo.gif" alt="时尚家居" name="logo" width="200"
            height="75" id="logo" />
        <img src="img/adv-txt.gif" alt="" name="adv_txt" width="644"
            height="50" id="adv_txt" />
        <br class="clear" />
</div>

/*导航栏*/
<div class="content dgreen-bg">
    <div class="content">
    <ul id="main_nav">
        <li class="nobg"><a href="#">网店首页</a></li>
        <li><a href="#">公司介绍</a></li>
        <li><a href="#">资质认证</a></li>
        <li><a href="#">产品展示</a></li>
```

```html
            <li><a href="#">视频网店</a></li>
            <li><a href="#">招商信息</a></li>
            <li><a href="#">招聘信息</a></li>
            <li><a href="#">促销活动</a></li>
            <li><a href="#">企业资讯</a></li>
            <li><a href="#">联系我们</a></li>
        </ul><br class="clear" />
    </div>
</div>
```

23.2.4 中间主体代码

中间主体可以分为上下结构的两部分，一部分是主体 Banner，另一部分就是主体内容。下面来分别实现。

1. 主体 Banner

主体 Banner 只是插入的一张图片，其效果如图 23-4 所示。

图 23-4　网页主体 Banner

Banner 模块的实现代码如下：

```html
<div class="content" id="top-adv"><img src="img/top-adv.gif" alt="" /></div>
```

2. 主体内容

网页主体分为左右两栏，左侧栏目实现较简单，右侧栏目由多个小模块构成。其展示效果如图 23-5 所示。

图 23-5　网页主体内容

实现中间主体的代码如下：

```html
/*左侧栏目内容*/
<div class="content">
    <div id="left-nav-bar" class="bg_white">
        <p id="top-contact-info">
            联系人：张经理<br/>
            联系电话：0371-60000000<br/>
            手机：16666666666<br/>
            E-mail:shishangjiaju@163.com<br>
            地址：黄淮路 120 号经贸大厦
        </p>
        <br>
        <h2>招商信息</h2>
        <ul>
            <li>新款上市，诚邀加盟商家入驻</li>
            <li>新款上市，诚邀加盟商家入驻<a href="#"></a></li>
            <li>新款上市，诚邀加盟商家入驻<a href="#"></a></li>
            <li>新款上市，诚邀加盟商家入驻<a href="#"></a></li>
        </ul>
        <h2>企业资讯</h2>
        <ul>
            <li><a href="#">新款上市，诚邀加盟商家入驻</a></li>
            <li><a href="#">新款上市，诚邀加盟商家入驻</a></li>
            <li><a href="#">新款上市，诚邀加盟商家入驻</a></li>
            <li><a href="#">新款上市，诚邀加盟商家入驻</a></li>
        </ul>
        <h3><a href="#"><img src="img/sq-txt.gif" width="143" height="28" />
            </a></h3>
        <h3><a href="#"><img src="img/log-txt.gif" width="120" height="27" />
            </a></h3>
        <h3><a href="#"><img src="img/loglt-txt.gif" width="143" height="27" />
            </a></h3>
        <span id="hits">现在已经有[35468254]次点击</span>
</div>
/*右侧栏目内容*/
 <div id="right-cnt">
        <div class="col_center">
          <div class="sub-title"><h2>促销活动</h2><span><a href="#"
             class="cblue">more</a> </span><br class="clear" />
          </div>
          <ul>
              <li><a href="#">岁末大放送，新款家居全新推出，欢迎新老客户惠顾</a></li>
              <li><a href="#">岁末大放送，新款家居全新推出，欢迎新老客户惠顾</a></li>
              <li><a href="#">岁末大放送，新款家居全新推出，欢迎新老客户惠顾</a></li>
              <li><a href="#">岁末大放送，新款家居全新推出，欢迎新老客户惠顾</a></li>
              <li><a href="#">岁末大放送，新款家居全新推出，欢迎新老客户惠顾</a></li>
              <li><a href="#">岁末大放送，新款家居全新推出，欢迎新老客户惠顾</a></li>
          </ul>
        </div>
        <div class="col_center right">
          <div class="sub-title"><h2>公司简介</h2><span><a href="#"
             class="cblue">more</a> </span><br class="clear" /></div>
            <p id="intro">
              时尚家居主要以家居产品为主。从事家具、装潢、装饰等产品。公司以多元化的方式，致
```

```
              力提供完美、时尚、自然、绿色的家居生活。以人为本、以品质为先是时尚家居人
              的服务理念原则...[<a href="#" class="cgray">详细</a>]                       </p>
         </div><br class="clear" />
         <div id="m_adv"><img src="img/m-adv.gif" width="630" height="146" />
            </div>

         <div class="pages"><h2>产品展示</h2>
         <span>产品分类：家具 | 家纺 | 家饰 | 摆件 | 墙体 | 地板 | 门窗 | 桌柜 | 电器
            </span>
         <div id="more"><a href="#" class="cblue">more</a></div>
         <br class="clear" /></div>
          <ul id="products-list">
             <li>
             <img src="img/product1.jpg" alt=" " width="326" height="119" />
             <h3>产品展示</h3>
             <ul>
                 <li>规格：迷你墙体装饰书架</li>
                 <li>产地：江西南昌</li>
                 <li>价格：200 <span>[<a href="#" class="cdred">详细
                    </a>]</span></li>
             </ul>
             </li>
             <li>
             <img src="img/product2.jpg" alt=" " width="326" height="119" />
             <h3>产品展示</h3>
             <ul>
                 <li>规格：茶艺装饰台</li>
                 <li>产地：江西南昌</li>
                 <li>价格：800 <span>[<a href="#" class="cdred">详细
                    </a>]</span></li>
             </ul>
             </li>
             <li>
             <img src="img/product3.jpg" alt=" " width="326" height="119" />
             <h3>产品展示</h3>
             <ul>
                 <li>规格：壁挂电视装饰墙</li>
                 <li>产地：江西南昌</li>
                 <li>价格：5200 <span>[<a href="#" class="cdred">详细
                    </a>]</span></li>
             </ul>
             </li>
             <li>
             <img src="img/product4.jpg" alt=" " width="326" height="119" />
             <h3>产品展示</h3>
             <ul>
                 <li>规格：时尚家居客厅套装</li>
                 <li>产地：江西南昌</li>
                 <li>价格：100000 <span>[<a href="#" class="cdred">详细
                    </a>]</span></li>
             </ul>
             </li>
         </ul><br class="clear" />
   </div>
   <br class="clear" />
</div>
```

23.2.5 底部模块代码

网站底部设计较简单，包括一些快捷链接和版权声明信息，具体效果如图 23-6 所示。

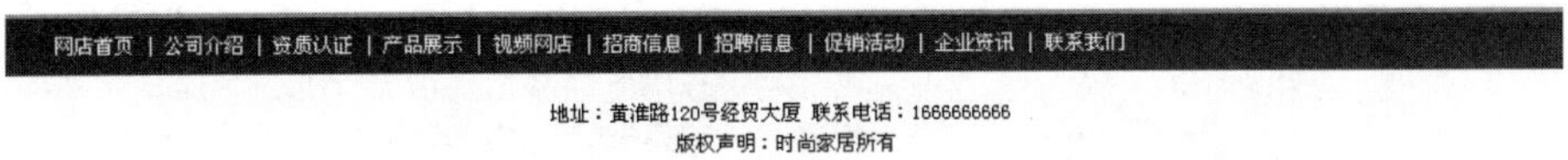

图 23-6 网页底部内容

网站底部的实现代码如下。

```
/*快捷链接*/
<div id="about" >
    <div class="content">
        <a href="#">网店首页</a> | <a href="#">公司介绍</a> | <a href="#">资质认证</a> | <a href="#">产品展示</a> | <a href="#">视频网店</a> | <a href="#">招商信息</a> | <a href="#">招聘信息</a> | <a href="#">促销活动</a> | <a href="#">企业资讯</a> | <a href="#">联系我们</a>
    </div>
</div>
/*版权声明*/
<p id="copyright">地址：黄淮路 120 号经贸大厦    联系电话：1666666666 <br>版权声明：时尚家居所有</p>
```

23.3 网站调整

网站设计完成后，如果需要完善或者修改，可以对其中的框架代码以及样式代码进行调整。下面简单介绍几项内容的调整方法。

23.3.1 部分内容调整

若修改网页背景，在 red.css 文件中 body 标记代码如下：

```
body{
    color:#000;
    background:#FDFDEE url(../img/bg1.gif) 0 0 repeat-x;
}
```

将其中的 background 属性删除，网页的背景就会变成"color:#000"，即白色。

网页中的内容修改比较简单，只要换上对应的图片和文字即可，比较麻烦的是对象样式的更换，需要先找到要调整的对象，然后找到控制该对象的样式进行修改即可。有时修改样式表后，可能会使部分网页布局错乱，这时需要单独对特定区域做代码调整。

23.3.2 模块调整

网页中的模块可以根据需求进行调整，此时注意，如果需要调整的模块尺寸发生了变化，要先设计好确切尺寸，然后才能确保调整后的模块是能正常显示的，否则很容易发生错乱。另外，调整时需要注意模块的内边距、外边距和 float 属性值，否则框架模块容易出现错乱。

下面尝试互换以下两个模块的位置，即将如图 23-7 所示的模块调整到如图 23-8 所示模块的下方。

图 23-7　促销活动与公司简介模块

图 23-8　产品展示模块

以上两个模块只是上下位置发生了变化，其尺寸宽度相当，所以只需要互换其对应代码位置即可。修改后网页主体右侧代码如下：

```
<div id="right-cnt">
    <div class="pages"><h2>产品展示</h2>
        <span>产品分类：家具 | 家纺 | 家饰 | 摆件 | 墙体 | 地板 | 门窗 | 桌柜 | 电器</span>
        <div id="more"><a href="#" class="cblue">more</a></div>
        <br class="clear" /></div>
        <ul id="products-list">
            <li>
                <img src="img/product1.jpg" alt=" " width="326" height="119" />
                <h3>产品展示</h3>
                <ul>
                    <li>规格：迷你墙体装饰书架</li>
                    <li>产地：江西南昌</li>
                    <li>价格: 200 <span>[<a href="#" class="cdred">详细
                        </a>]</span></li>
                </ul>
            </li>
            <li>
                <img src="img/product2.jpg" alt=" " width="326" height="119" />
                <h3>产品展示</h3>
                <ul>
                    <li>规格：茶艺装饰台</li>
                    <li>产地：江西南昌</li>
                    <li>价格: 800 <span>[<a href="#" class="cdred">详细
```

```html
        </a>]</span></li>
      </ul>
    </li>
    <li>
      <img src="img/product3.jpg" alt=" " width="326" height="119" />
      <h3>产品展示</h3>
      <ul>
        <li>规格：壁挂电视装饰墙</li>
        <li>产地：江西南昌</li>
        <li>价格：5200 <span>[<a href="#" class="cdred">详细
        </a>]</span></li>
      </ul>
    </li>
    <li>
      <img src="img/product4.jpg" alt=" " width="326" height="119" />
      <h3>产品展示</h3>
      <ul>
        <li>规格：时尚家居客厅套装</li>
        <li>产地：江西南昌</li>
        <li>价格：100000 <span>[<a href="#" class="cdred">详细
        </a>]</span></li>
      </ul>
    </li>
  </ul><br class="clear" />
  <div id="m_adv"><img src="img/m-adv.gif" width="630" height="146" />
  </div>
<div class="col_center">
  <div class="sub-title"><h2>促销活动</h2><span><a href="#"
     class="cblue">more</a></span><br class="clear" />
  </div>
    <ul>
      <li><a href="#">岁末大放送，新款家居全新推出，欢迎新老客户惠顾</a></li>
      <li><a href="#">岁末大放送，新款家居全新推出，欢迎新老客户惠顾</a></li>
      <li><a href="#">岁末大放送，新款家居全新推出，欢迎新老客户惠顾</a></li>
      <li><a href="#">岁末大放送，新款家居全新推出，欢迎新老客户惠顾</a></li>
      <li><a href="#">岁末大放送，新款家居全新推出，欢迎新老客户惠顾</a></li>
      <li><a href="#">岁末大放送，新款家居全新推出，欢迎新老客户惠顾</a></li>
      <li><a href="#">岁末大放送，新款家居全新推出，欢迎新老客户惠顾</a></li>
    </ul>
  </div>
  <div class="col_center right">
    <div class="sub-title"><h2>公司简介</h2><span><a href="#"
       class="cblue">more</a> </span><br class="clear" /></div>
       <p id="intro">
       时尚家居主要以家居产品为主。从事家具、装潢、装饰等产品。公司以多元化的方式，致
            力提供完美、时尚、自然、绿色的家居生活。以人为本、以品质为先是时尚家居人
            的服务理念原则...[<a href="#" class="cgray">详细</a>]     </p>
  </div><br class="clear" />
  </div>
 <br class="clear" />
</div>
```

23.3.3 调整后预览

通过以上调整，网页最终效果如图 23-9 所示。

图 23-9 网页最终效果